数据分析与 SPSS 软件应用

微课版

宋志刚 ◎ 主编　　谢蕾蕾 ◎ 编著

人 民 邮 电 出 版 社
北 京

图书在版编目（CIP）数据

数据分析与SPSS软件应用 ：微课版 / 宋志刚主编 ；谢蕾蕾编著. -- 北京 ：人民邮电出版社，2022.1
高等院校“十三五”规划教材. SPSS系列
ISBN 978-7-115-57102-1

Ⅰ. ①数… Ⅱ. ①宋… ②谢… Ⅲ. ①统计数据－统计分析－软件包 Ⅳ. ①O212.1

中国版本图书馆CIP数据核字(2021)第160006号

内 容 提 要

IBM SPSS 数据分析软件是目前应用最为广泛的数据分析软件之一，深受各行业用户的青睐。本书以 IBM SPSS 26.0 为基础，以数据分析理论为主线，参照数据分析课程教学大纲编写。全书由浅入深，共包括 10 章内容，涵盖数据分析的三个阶段，介绍了数据分析的基本概念和流程、SPSS 软件在数据获取与管理上的功能、概括性描述统计分析、探索性统计推断以及相关和回归分析、聚类和判别分析、因子分析等常用的基本数据分析方法的基本原理和操作应用。

本书每章末尾均配有习题，并且除第 1 章外，其余各章均配有案例分析题，可加深读者对所学内容的理解。此外，本书每章均配有微课，可帮助读者高效地学习软件；全书配有 PPT 课件、教学大纲、电子教案、数据源文件、课后习题答案、模拟试卷及答案等教学资源，可助力教师教学。

本书适合具有一定数据分析理论基础知识，且对应用数据分析软件进行实例分析有需求的读者学习。本书可供高等院校经济学、统计学、管理学等专业学生使用，并可作为通信、金融、制造、教育科研、商业咨询、市场调查、商业统计等行业的分析人员的实际应用工具手册。

◆ 主　　编　宋志刚
编　　著　谢蕾蕾
责任编辑　王　迎
责任印制　李　东　胡　南

◆ 人民邮电出版社出版发行　　北京市丰台区成寿寺路 11 号
邮编　100164　　电子邮件　315@ptpress.com.cn
网址　https://www.ptpress.com.cn
三河市君旺印务有限公司印刷

◆ 开本：787×1092　1/16
印张：13.75　　2022 年 1 月第 1 版
字数：334 千字　　2025 年 1 月河北第 7 次印刷

定价：49.80 元

读者服务热线：(010)81055256　印装质量热线：(010)81055316
反盗版热线：(010)81055315
广告经营许可证：京东市监广登字 20170147 号

前言

随着 IBM 的收购，IBM SPSS Statistics 的版本不断更新升级，并且定位为为用户提供更为标准化的数据分析服务。传统的字典式 SPSS 操作教程书籍已不能满足目前数据分析的市场需求。随着大数据时代的发展，不仅是院校的学生，就连各行各业的相关人员也对数据分析理论和实际操作的需求呈现爆炸式增长，广大的数据分析人员和爱好者迫切需要一本不仅以介绍软件操作方法为目的，而且结合大量实战案例的参考书，以便迅速提升自身的数据处理和分析能力。同时，数据分析初学者或无任何基础的读者则需要一本提供与软件操作相结合的数据分析基础知识介绍，但难度和深度又不是太大的数据分析软件教材，使其能根据软件输出结果做出科学合理的判断。

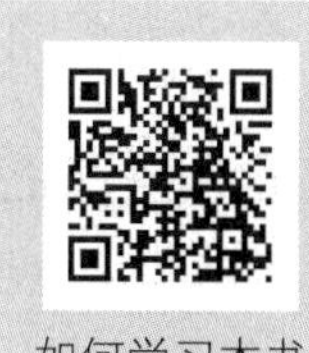
如何学习本书

本书内容

本书是帮助读者全面认识、了解 IBM SPSS 数据分析软件，并使用软件解决实际问题的专业书籍。本书以 IBM SPSS 26.0 为基础，以数据分析理论为主线，参照数据分析课程教学大纲编写。全书由浅入深，共包括 10 章内容，涵盖数据分析的三个阶段，具体如下。

第一阶段：SPSS 软件的操作入门与数据管理。主要包括数据分析的基本概念和流程、SPSS 软件在数据获取与管理上的功能，具体内容包含在第 1 章～第 2 章。

第二阶段：数据预分析。主要包括概括性描述统计分析和探索性统计推断，具体包含在第 3 章～第 6 章。

第三阶段：统计模型精准分析。主要包括相关和回归分析、聚类和判别分析、因子分析等常用的数据分析方法的基本原理和操作应用，具体内容包含在第 7 章～第 10 章。

本书特色

为了使读者更好地学习 IBM SPSS 软件的操作与应用，本书将数据分析方法原理与软件操作有机结合，以案例分析的方式由浅入深地讲解各种数据分析方法的软件操作和结果解读。本书的特色具体介绍如下。

（1）内容全面。编者按照数据分析项目的完整流程安排章节内容，将每一环节可能用到的数据分析方法的原理和软件相关操作技能进行系统的介绍。

（2）简单易学。本书简化数据分析方法原理的推导过程，注重方法的实用性；软件操作流程详细，对可能遇到的问题及解决方法进行充分介绍，便于各类读者学习。

（3）案例分析辅助。编者在书中以案例分析的方式提供医疗、经济、管理等行业的真实案例，从研究目的出发，对从数据类型的选择到适用方法的综合运用的全流程进行讲解，使本书具有较高的实用价值。

在本书的写作、出版和发行过程中，我们得到了学校领导和同事的鼓励、帮助和支持，这里一并表示由衷的感谢。

由于编者水平有限，书中难免存在表达欠妥之处。编者由衷希望本书能够帮助读者更加深入地了解数据分析方法，进一步促进数据分析方法在各行各业的应用，也希望广大读者朋友和专家学者能够拨冗提出宝贵的修改建议，修改建议可直接反馈至编者的电子邮箱：xieleilei@ncwu.edu.cn。

编者

2021 年春于郑州

目录

第 1 章 数据分析与 SPSS 软件概述

数据分析是以收集的数据资料为依据，根据不同的数据类型，以合理的数据分析方法为手段，将定量分析和定性分析相结合去认识事物的一种研究活动。完整的数据分析流程包括项目计划、数据获取与准备、概括性描述统计分析、探索性统计推断、统计模型精准分析和形成结果报告 6 个阶段。目前有多种数据分析软件可进行数据分析，其中 IBM SPSS 以其突出的优势，成为使用最为广泛的数据分析软件之一。

1-1 数据分析与 SPSS 软件概述

学习目标

（1）了解数据和数据分析方法的基本类型。

（2）熟悉 SPSS 软件的特点，以及安装和启动等操作，并了解其与其他数据分析软件的区别。

（3）掌握和理解数据分析的基本流程。

知识框架

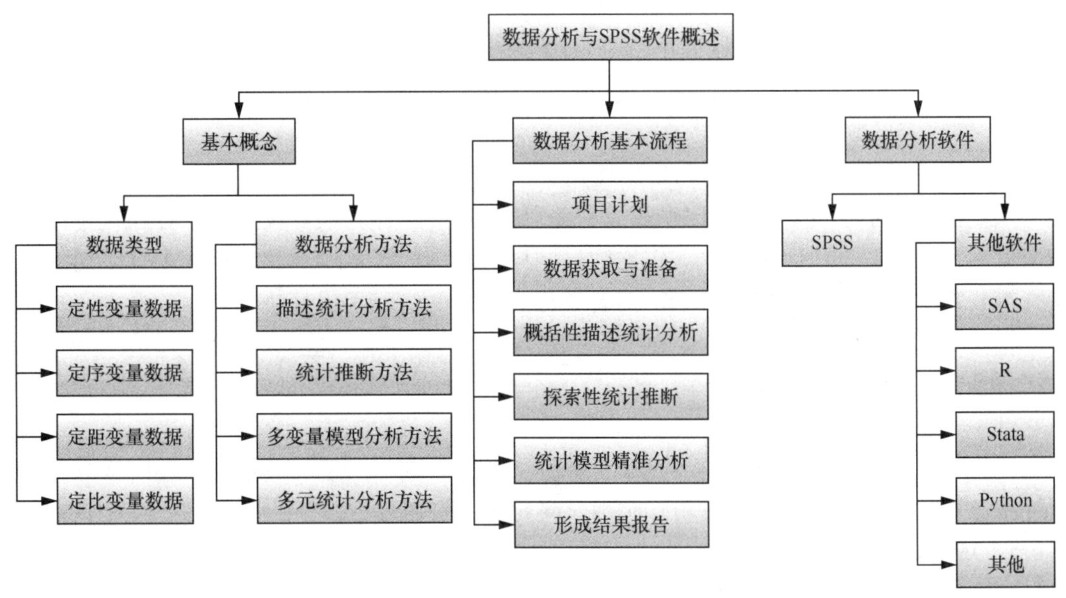

1.1 数据分析基本概念

了解数据分析的基本概念是学习数据分析的基础，其中数据类型是最为重要的基础概念，也是选择数据分析方法的依据。根据测量精度，统计数据可分为 4 种类型，分别为定性变量数据、定序变量数据、定距变量数据和定比变量数据。

1. 定性变量数据

定性变量又称名义变量。这是一种测量精度最低、最粗略的基于“质”因素的变量，它的取值只代表观测对象的不同类别或水平，如“姓名”变量、“性别”变量等。定性变量的取值称为定性数据或名义数据，这种数据是枚举型的，即由计数而得。唯一适合于定性数据的数学关系是“等价关系”。最常用来综合定性数据的统计量是频数、比率、百分比等。

2. 定序变量数据

定序变量又称有序变量、顺序变量，它的取值大小能够表示观测对象的某种顺序关系（等级、方位或大小等）。定序变量也是基于“质”因素的变量。例如，“最高学历”变量的取值可以是：1—小学；2—初中；3—高中；4—大学专科；5—大学本科；6—研究生。由小到大的取值代表由低到高的学历。定序变量的取值称为定序数据或有序数据。适用于定序数据的数学关系是“大于（>）”“小于（<）”和“等于（=）”关系。在定序数据中，同一组内各单位是等价的，相邻组之间的单位是不等价的，它们存在“大于”或“小于”的关系。最适合用于综合定序数据的统计量是中位数。

3. 定距变量数据

定距变量又称间隔变量，它的取值之间可以比较大小，可以用加、减法计算出差异的大小。定距变量的取值称为定距数据或间隔数据。定距数据是一些真实的数值，具有公共的、不变的测定单位，可以进行加、减、乘、除运算。定距数据的基本特点是两个相同间隔的数值的差异相等。对于定距数据，不仅可以规定“等价关系”“大于关系”和“小于关系”，也可以规定任意两个相同间隔的数值的比值或差值。将每个数值分别乘以一个正的常数再加上一个常数，即进行正线性变换，这并不影响定距数据原有的基本信息。因此，常用的统计量（如均值、标准差、相关系数等）都可直接用于定距数据。

4. 定比变量数据

定比变量又称比率变量，它与定距变量意义相近，差别在于定距变量中的“0”值只表示某一取值，不表示“没有”；定比变量具有绝对零点，即“0”表示没有或不存在。定比变量的取值称为定比数据或比率数据。定比数据同样可以进行算术运算和线性变换等。通常，定距变量和定比变量无须再加以区别，两者统称为定距变量或间隔变量。

1.2 数据分析基本流程

任何一个数据分析项目都要经过项目计划、数据获取与准备、概括性描述统计分析、探索性统计推断、统计模型精准分析和形成结果报告 6 个阶段。

1. 项目计划

在数据分析项目的初始阶段，首先要制订详细的项目计划，以免浪费资源。项目计划的内容包括确定研究问题、研究对象、样本抽取方法、样本量、数据收集方式、数据分析方法和分析工具、项目预算等。

2. 数据获取与准备

按照项目计划收集数据。项目所需数据有些是二手数据，可以直接获取，有些则需要分析人员通过调查或访问获得，即原始数据或一手数据。不论是通过哪种形式获得的数据，都需要被读入分析软件中，从而进行下一步的数据分析。

收集来的数据并不能直接用于数据分析，还需完成数据准备阶段，该阶段的主要任务包括数据清理、数据转换、缺失数据插补，以及数据的合并、汇总、拆分等工作。

3. 概括性描述统计分析

概括性描述统计分析阶段是对数据进行的初步探讨，通过参数估计输出相关统计量，并辅以统计表或统计图，从而让分析人员对数据的集中趋势、离散趋势、分布特征等信息有详细的了解。

4. 探索性统计推断

探索性统计推断阶段主要是对数据进行深层次的分析尝试，通过探索分析、方差分析、相关分析等方法对不同变量数据的内在联系进行探讨，为后续的统计模型精准分析奠定基础。

5. 统计模型精准分析

统计模型精准分析是指在上述预分析的基础上，选择最优的统计模型，寻求变量间数据信息的完美呈现和解释。该阶段的分析工作需要分析人员具备较为扎实的统计知识和专业知识，该阶段可利用多变量模型分析、多元统计分析等多种方法展开研究。

6. 形成结果报告

形成结果报告这一阶段将整个数据分析项目的结果以合适的方式表达出来，从而使决策者或者读者能快速理解和掌握核心内容，并能据此做出科学决策。统计分析报告可采用文本、表格、图形或者网页等多种形式。

1.3 数据分析基本方法

按照数据分析的目的和实现途径，常用的数据分析方法可以概括为以下4类。

1. 描述统计分析方法

描述统计分析方法用于初步认识数据指标。根据统计指标的特征，该方法可分为集中趋势描述、离散趋势描述、分布状态描述，以及其他趋势的描述指标分析。数据类型不同，描述统计分析方法的应用也有所区别。对于连续型变量，描述统计分析方法主要进行参数的点估计和区间估计；对于分类变量，除集中、离散、分布状态的描述指标分析外，还可以应用频数分析、多变量的交叉列联分析、多选项的统计描述分析等。

2. 统计推断方法

统计推断是指应用统计假设检验的方法对事件发生概率的判断。根据变量组合的不同，统计推断方法分为单变量的统计推断方法和双变量的统计推断方法。

对于单变量的统计推断可以分为3种情况：针对数据独立性或随机性的检验、针对分布类型的检验、在假定分布类型后对某个分布参数的检验。在双变量统计推断中，根据变量的主次关系，分为自变量和因变量，因此双变量统计推断方法分为4种情况：无序分类因变量的统计推断、有序分类因变量的统计推断、连续性因变量的统计推断，以及部分变量主次关系的相关分析方法。

3．多变量模型分析方法

多变量模型分析中，不仅变量根据主次关系分为因变量和自变量，而且可以有多个自变量或因变量。多变量模型种类较多，常见的有方差分析（一般线性模型）、广义线性模型、混合线性模型、回归模型等方法，其中方差分析包括单变量和多变量的方差分析模型，回归模型包括线性回归模型、非线性回归模型、结构方程模型等。除了这些常用的多变量模型之外，较为常用的模型还包括生存分析模型、对数线性模型、时间序列模型等。

4．多元统计分析方法

在多元统计分析方法中，变量很难区分出主次关系，因此多元统计模型的分析重点在于探讨各变量或元素的内在关联结构和分类上。常用的多元统计分析方法包括着重于探讨变量间内在结构关联的主成分分析和因子分析，着重于数据分类的聚类分析和判别分析，着重于元素间关联关系的对应分析、多维尺度分析和信效度分析等。

除此之外，还有一些数据分析方法，虽然也是研究多变量之间的关系，但是由于不具备简单的模型表达，因此多归纳为数据挖掘方法，如神经网络、支持向量机、树模型、贝叶斯网络、最近邻元素分析等。

1.4 常用数据分析软件

目前常用的数据分析软件包括 SPSS、SAS、R、Stata、Python 和 Microsoft Excel 等，每种软件的简介如下。

1．SPSS

SPSS 软件是全球专业数据分析软件之一，一直致力于为企事业单位提升运用数据科学方法进行决策的能力。被 IBM 公司收购后，SPSS 软件更名为 IBM SPSS Statistics，并且定位为提供更为标准化的数据分析服务。IBM SPSS Statistics 具有高度的易用性，并能满足医疗、银行、证券、保险、科研、教育等各行业的实战需求。除了专业的统计分析和数据挖掘人员，普通的数据分析爱好者也可以通过 SPSS 软件实现数据获取、基本统计分析、统计推断、模型分析，以及统计报告的分析全流程，因此市场对 SPSS 软件的需求呈现出爆发式增长。

2．SAS

SAS 系统于 1966 年由美国北卡罗来纳州立大学开始研制，1976 年，美国 SAS 软件研究所成立，并开始对 SAS 系统进行维护、开发、销售和培训工作。SAS 软件研究所自成立以来，就以 SAS 系统的卓越技术和可靠技术支撑闻名于世，随之逐渐发展成为全球最大的独立软件开发商。

SAS 系统是世界领先的信息系统，是一款大型规模化的集成应用软件，具有完备的数据存取、管理、分析和显示的功能。SAS 统计分析软件使用灵活方便、功能齐全，SAS 语言编程性能强且简单易学，将数据处理和统计分析融为一体，在医学、管理学、经济学、教育和生产等领域有广泛的应用。

3．R

R 软件是一款共享的数据分析软件，也是一种数学计算环境。它提供了弹性的、互动的环境来分析和处理数据。R 软件提供若干统计软件包，以及一些集成的统计工具和各种数学计算、统计计算的函数，用户只需要根据统计模型，设置相应的数据库及相关的参数，即可灵活地进行数据分析工作，甚至使用者可以根据自己的需求构建全新的统计计算方法。R 软件提供了从数据存取，到计算结果分享的简洁的计算工作环境，在简化数据分析过程的同时，通过内嵌统计函数，帮助使用者学习和掌握 R 软件的语法，也为使用者进行计算方法的创新提供条件。

4．其他统计分析软件

除了 SPSS、SAS 和 R 软件外，在数据处理和统计分析领域，可利用的软件还包括 Stata、Python 和 Microsoft Excel 等。

Stata 软件是一种数据处理和统计分析的专业软件程序，该软件基于功能强大、运算速度快、语法简单、结果简单易读和框架开放的特点，迅速在医学、社会学，以及一些数理学科的教学和研究中得到广泛应用。

Python 是由荷兰人吉多·范罗苏姆（Guido van Rossum）于 1989 年发明的，并于 1991 年首次公开发行。它是一种简单易学的编程工具，代码具有简洁、易读和易维护等特点。Python 原本主要应用于系统维护和网页开发，随着大数据时代的到来，Python 在数据挖掘、机器学习、人工智能等领域获得了广泛的应用。

Microsoft Excel 是大家最为熟悉的分析软件之一。Excel 具有丰富的数据预处理及图表制作功能，简单易学，但是其局限性在于处理的数据量偏小，并且除非用户熟悉 VBA 的编程语言，否则针对同一数据集绘制一张图表十分烦琐和困难。

1.5　SPSS 软件介绍

1968 年，美国斯坦福大学的 3 位学生开发了最早的 SPSS 系统，并基于这一系统于 1975 年在芝加哥合作成立了 SPSS 公司。20 世纪 80 年代以前，SPSS 主要应用于企事业单位。1984 年，SPSS 总部推出了世界上第一个统计分析软件微机版本 SPSS/PC+，开创了 SPSS 计算机系列产品的开发方向，从而确立了该软件在个人用户市场第一的地位。随着 SPSS 被 IBM 公司并购，IBM SPSS Statistics 应用于通信、医疗、银行、证券、保险、市场研究、科研教育等多个领域和行业，是世界上应用最广泛的专业数据分析软件之一。

1．软件基本特点

SPSS 的基本特点如下。

（1）简便易学。软件操作界面极为友好，操作简单，易于学习，用户无须花大量时间记忆命令、过程、选项等，是非专业统计人员的首选数据分析软件。

（2）方法与模型丰富。软件囊括了各种成熟的数据分析方法与模型，为数据分析用户提供了全方位的统计学算法，为各种研究提供了相应的数据分析方法。

（3）数据转换便捷。在 SPSS 中不仅可以进行数据录入工作，还可以非常方便地与其他软件数据进行转换。这样不仅减少了工作量，并且避免了用户在数据复制过程中的失误。

（4）图表功能强大。SPSS 具有非常完善的图表功能，图形和表格制作简单，输出结果美观、形式丰富。

2．软件模块结构

SPSS 采用模块式结构，即将所有功能分放在不同的模块上。用户可以根据分析任务中可能用到的数据处理和统计分析方法，自行选择购买需要的模块。

SPSS 软件共有 11 个模块，分别是 SPSS Base、SPSS Advance Models、SPSS Categories、SPSS Complex Sample、SPSS Conjoint、SPSS Exact Test、SPSS Maps、SPSS Missing Value Analysis、SPSS Regression、SPSS Tables 和 SPSS Trends。其中 SPSS Base 是必需的，SPSS 的整体框架、基本数据的获取、数据准备和整理等基本功能都集中在这一模块上，其他模块只有在该模块的基础上才能工作。SPSS 模块及其功能如表 1-1 所示。一旦模块被安装，在 SPSS for Windows 菜单中就会出现相应的菜单项，因此不同用户的 SPSS for Windows 菜单会有所不同。

表 1-1　SPSS 模块及其功能

SPSS 模块	功能
SPSS Base	整体框架、基本数据的获取、数据准备和整理等基本功能
SPSS Advance	一般线性模型、混合线性模型、对数线性模型、生存分析等
SPSS Categories	对应分析、感知图、Proxscal 等
SPSS Complex Sample	多阶段复杂抽样技术等
SPSS Conjoint	正交设计、联合分析等
SPSS Exact Test	精确 *P* 值计算、随机抽样 *P* 值计算等
SPSS Maps	在地图上展示数据等
SPSS Missing Value Analysis	缺失数据的报告与填补等
SPSS Regression	*Logistic* 回归、非线性回归、*Probit* 回归等
SPSS Tables	交互式创建各种表格（如堆积表、嵌套表、分层表等）
SPSS Trends	ARIMA 模型、指数平滑、自回归等

3．软件的安装

SPSS 的安装较为简单，跟随安装向导即可完成安装。SPSS 支持的操作系统有 AIX UNIX、HP UNIX、Linux、Windows NT 等，下面介绍 Windows 操作系统下的软件安装步骤。

（1）在安装软件中寻找 Windows 文件下的“setup”安装程序，如图 1-1 所示。

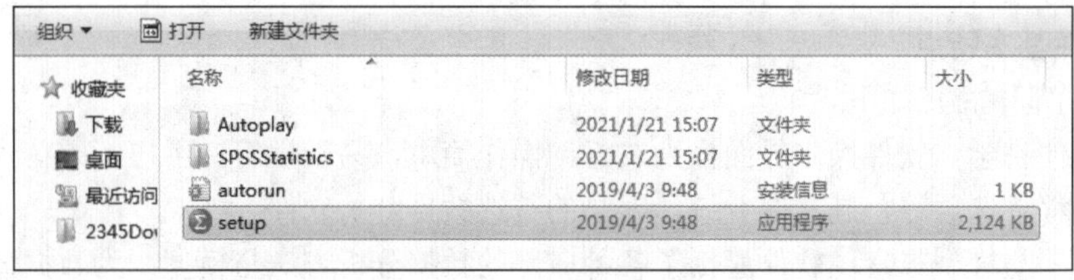

图 1-1　安装程序位置

（2）双击“setup”安装程序，出现图 1-2 所示的界面，选择“安装 IBM SPSS Statistics 26”选项，即可进入软件安装过程。

（3）阅读“安装说明”，按照安装向导指引完成安装操作，部分中间过程如图 1-3 所示。安装完成后，单击“完成”按钮。

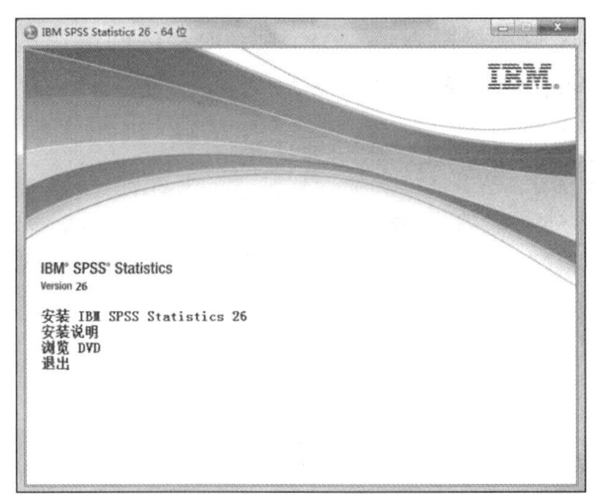

图 1-2 “IBM SPSS Statistics 26” 安装向导（一）

图 1-3 “IBM SPSS Statistics 26” 安装向导（二）

4．软件的运行方式

SPSS 主要有批处理、完全窗口菜单运行和程序运行 3 种运行方式。

（1）批处理方式

把已编写好的程序（语句程序）保存为一个文件，将其在 SPSS 的 Production Facility 程序中打开并运行。

（2）完全窗口菜单运行方式

完全窗口菜单运行方式通过窗口菜单和对话框完成各种操作，用户无须学会编程，简单易用。本书中各个统计功能的实现都采用这种方式。

（3）程序运行方式

程序运行方式是在命令（Syntax）对话框中直接运行编写好的程序，或者在脚本（Script）对话框中运行脚本程序。使用 Syntax 对话框方式要求用户掌握 SPSS 的语法。

5．软件的界面

在 Windows“开始”菜单中依次选择“开始-程序-IBM SPSS Statistics 26”命令，或者双击桌面快捷方式，启动 SPSS。启动后，SPSS 提供了 4 种窗口以供相关的分析和操作，分别是数据窗口、结果输出窗口、语法窗口和脚本窗口。

（1）数据窗口

数据窗口下方有两个标签：“数据视图”和“变量视图”。这两种视图提供了一种类似于电子表格的方法，用以产生和编辑 SPSS 数据文件中的数据和变量。“数据视图”对应的表格用于查看、输入和修改数据，“变量视图”对应的表格用于输入和修改变量的定义。这样使用者可以非常方便地进行数据的输入和变量类型的定义。

“数据视图”窗口由标题栏、菜单栏、工具栏、变量名栏、内容区、视图切换标签按钮和状态栏组成，如图 1-4 所示。菜单栏中列出了 SPSS 的菜单，每个菜单对应一组功能。其中“文件”是 SPSS 文件的操作菜单；“编辑”是 SPSS 文件的编辑菜单；“查看”是设置用户界面的菜单；“数据”是数据文件的建立和编辑菜单；“转换”是数据基本处理菜单；“分析”是数据分析菜单，SPSS 主要的数据分析功能都集中在该菜单中；“图形”是统计图形菜单；“实用程序”是相关应用和设置菜单；“扩展”是对各种模型的说明菜单；“窗口”是 SPSS 各窗口切换的菜单；“帮助”是 SPSS 的帮助菜单。

内容区列出了所有个案在变量中的取值。SPSS 中每一行表示一个个案。内容区的最左边是行的标号，这与 Excel 类似。SPSS 软件数据文件的扩展名为“*.sav”。

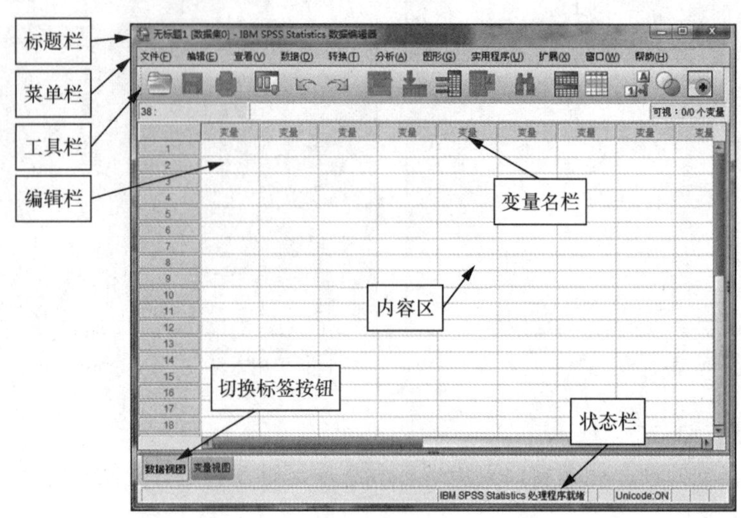

图 1-4 “数据视图”窗口

（2）结果输出窗口

结果输出窗口分成左右两个部分。左边部分是索引输出区，用于显示已有的分析结果标题和内容索引；右边部分是各个分析的具体结果，称为详解输出区，如图 1-5 所示。SPSS 软件结果输出文件的扩展名为“*.spv”。

图 1-5 结果输出窗口

（3）语法窗口

在语法窗口中，使用者可以根据 SPSS 的语言规则编写程序，然后选中要执行的程序语句，单击工具栏中的“▶”按钮，开始运行程序，如图 1-6 所示。SPSS 软件语法文件扩展名为“*.sps”。

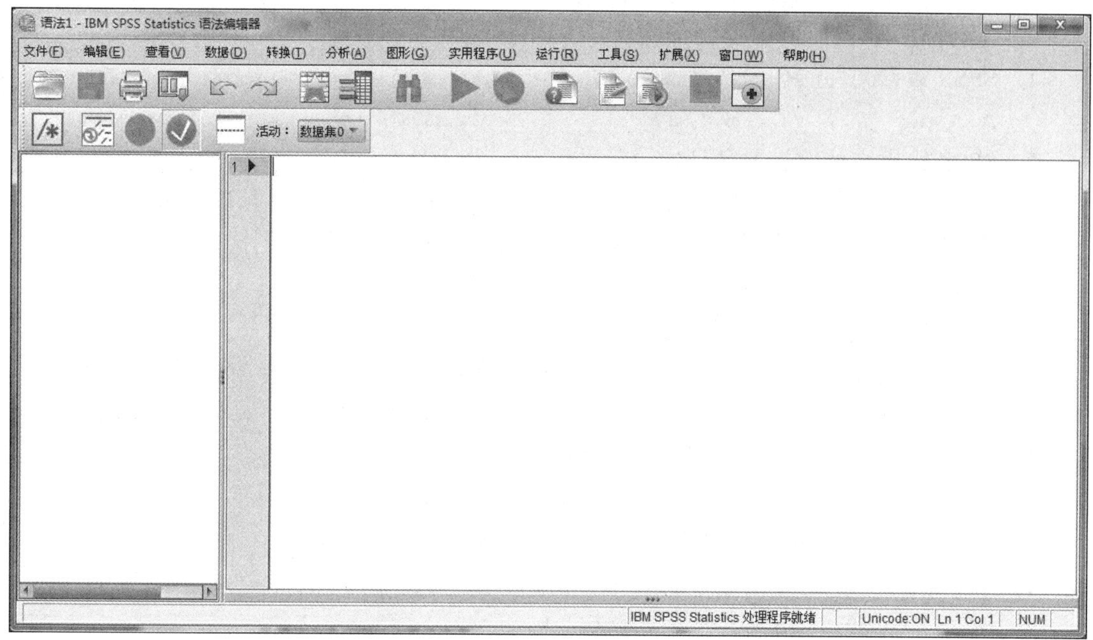

图 1-6　语法窗口

（4）脚本窗口

在脚本窗口中，IBM SPSS Statistics 软件提供了几种相关的程序编辑语言，用户可以在这些编程语言脚本下进行程序编辑，并执行相应命令，如图 1-7 所示。

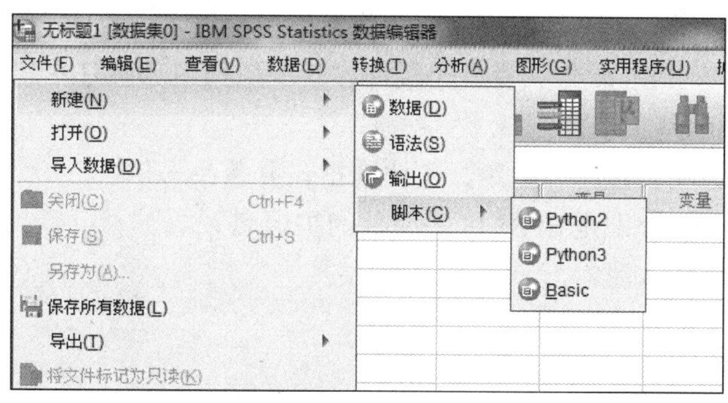

图 1-7　脚本窗口

习　题

一、填空题

1. 数据分析所使用的数据可以分为________、________、________和________四种类型。
2. 常用的多元统计分析方法有________、________、________、________和________。
3. 数据分析的数据收集阶段，主要任务包括________、________、________和________。
4. SPSS 软件包含的运行方式有批处理方式、________和 ________。
5. 在 SPSS 的安装过程中，必须安装的模块是________。

二、选择题

1．SPSS 数据文件的扩展名是（　　）。

A．.spv　　B．.sav　　C．.sas　　D．.sps

2．SPSS 输出文件的扩展名是（　　）。

A．.spv　　B．.sav　　C．.sas　　D．.sps

3．在 SPSS 中，语法对话框中 SPSS 程序的文件扩展名是（　　）。

A．.spv　　B．.sav　　C．.sas　　D．.sps

4．以下哪两个窗口是 SPSS 最基本的窗口？（　　）

A．数据编辑器窗口、结果查看器窗口　　B．数据编辑窗口、语法窗口

C．语法窗口、结果查看器窗口　　D．数据编辑器窗口、状态输出窗口

5．在 SPSS 中，以下哪种方式不属于 SPSS 的基本运行方式？（　　）

A．完全窗口菜单运行方式　　B．批处理方式

C．程序运行方式　　D．混合运行方式

三、判断题

1．SPSS Base 是 SPSS 必须安装的模块。（　　）

2．SPSS 可以用于多种格式数据之间的转换。（　　）

3．定距变量数据和定比变量数据无区别。（　　）

4．编写和提交 SPSS 程序是在 SPSS 的“数据视图”窗口中进行的。（　　）

5．SPSS 软件不可以进行多元统计分析。（　　）

四、简答题

1．目前常用的数据分析工具或软件有哪些？你使用过哪些？它们之间的区别在哪里？

2．试查看自己的 SPSS 软件共有几个模块，其中包括了哪些基本功能，并思考平时的统计分析任务需要用到哪些模块。

3．阐述什么是定性、定序、定距、定比数据，并各举一例。

4．.sav、.spv、.sps 分别是 SPSS 哪类文件的扩展名？

5．简述数据分析基本流程。

第2章 数据的获取与管理

在利用 SPSS 软件进行数据分析之前，还需完成数据准备。SPSS 支持多种数据准备阶段的相关操作，包括数据清理、数据转换、缺失数据插补，以及数据的合并、汇总、拆分等。熟练掌握变量数据的操作技巧有助于提高工作效率。

学习目标

（1）了解创建和读入不同类型数据文件的方法。

（2）熟悉数据清理、转换和整理的相关基本操作。

（3）掌握应用软件操作满足数据处理目标的方法。

知识框架

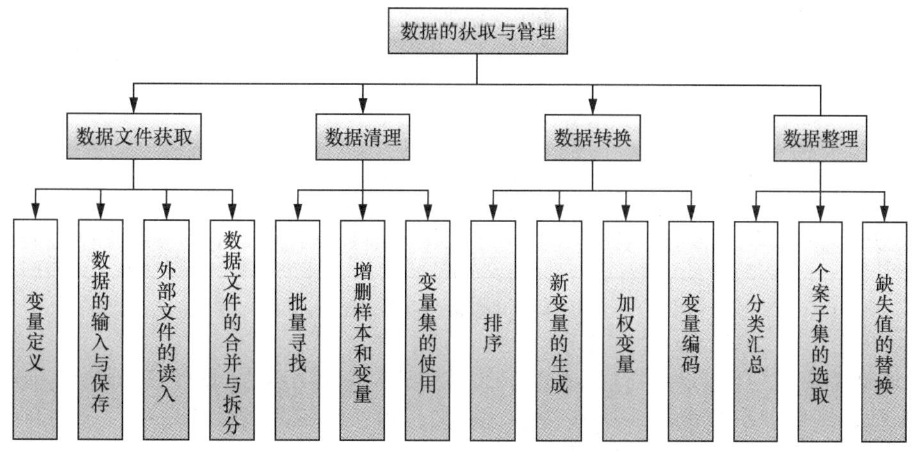

2.1 数据的获取与软件实现

2-1 数据的获取与软件实现

获取和创建数据文件是进行数据分析的前提。常用的数据文件获取和创建方式包括直接录入和读入外部数据文件两种。不论采用何种方式获得数据文件，都需对变量进行定义。对于已生成的数据文件，根据研究目的可进一步进行合并和拆分。

2.1.1 变量的定义

启动 SPSS 软件后，出现图 2-1 所示的“数据视图”窗口。一般在录入或读入数据之前，要先对数据文件中的变量进行定义。

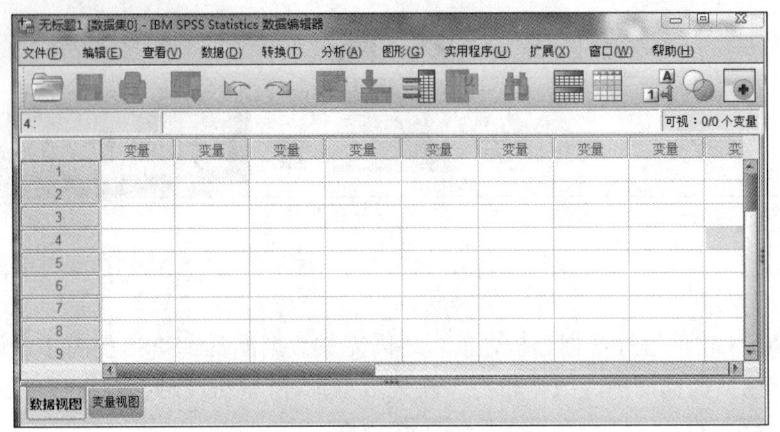

图 2-1 “数据视图”窗口

变量的定义在“变量视图”窗口中完成。单击“变量视图”标签，切换到“变量视图”窗口，如图 2-2 所示。

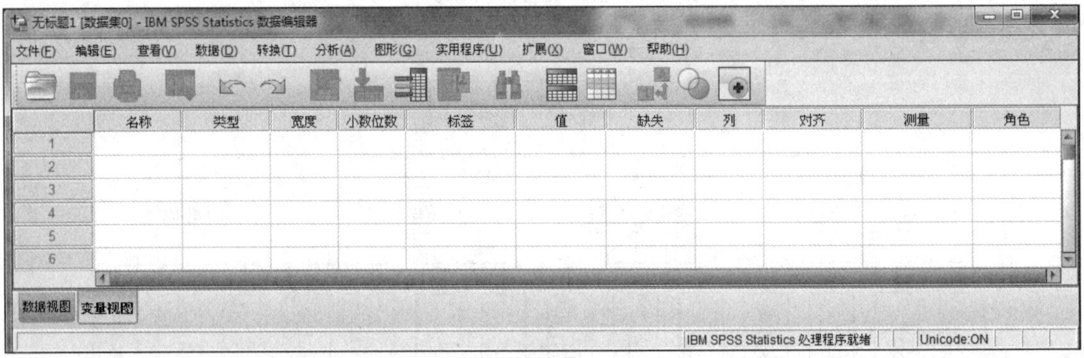

图 2-2 “变量视图”窗口

“变量视图”窗口中的每一行代表一个变量的属性编辑，编辑的内容包括 11 项，分别是名称、类型、宽度、小数位数、标签、值、缺失、列、对齐、测量和角色。分别介绍如下。

（1）名称

在任一行的“名称”单元格内即可写入变量名称。SPSS 默认的变量名称为 VAR00001、VAR00002 等，用户也可以根据自己的需要来命名变量。SPSS 和一般的编程语言一样，有一定的命名规则，具体内容如下。

- 变量名（Name）必须以字母、汉字或字符@开头，其他字符可以是任意字母、数字或_、@、#、$等符号。
- 变量名最后一个字符不能是句号。
- 不能使用空白字符或其他特殊字符（如“!”“？”等）。

- 变量名必须唯一，不能有两个相同的变量名。
- 在 SPSS 中不区分大小写。
- SPSS 的保留字（如 ALL、AND、WITH、OR 等）不能作为变量的名称。

（2）类型

单击任一行“类型”单元格，会在单元格内出现按钮，单击该按钮，弹出图 2-3 所示的对话框。在对话框中选择合适的变量类型并单击“确定”按钮，即可完成变量类型的定义。

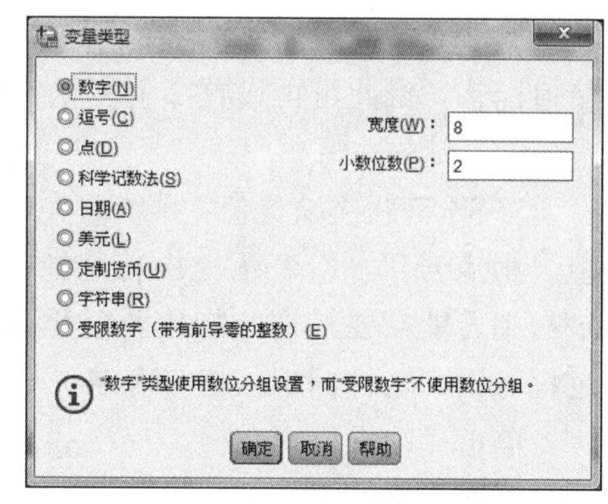

图 2-3 “变量类型”对话框

SPSS 的主要变量类型及解释如表 2-1 所示。

表 2-1 SPSS 的主要变量类型及解释

类型	解释
数字	定义数值的宽度，即整数部分+小数点+小数部分的位数，默认为 8 位；定义小数位数，默认为 2 位
逗号	加显逗号的数值型，即整数部分每 3 位数加一逗号，其余定义方式同“数字”类型一样，也需要定义数值的宽度和小数位数
点	3 位加点数值型，无论数值大小，均以整数形式显示，每 3 位加一小点（但不是小数点）；可定义小数位数，但都显示为 0，且小数点用逗号表示
科学记数法	同时定义数值宽度和小数位数，在“数据视图”窗口中以指数形式显示
日期	用户可从系统提供的多种日期显示格式中选择自己需要的格式
美元	用户可从系统提供的多种货币显示格式中选择自己需要的格式，并定义数值宽度和小数位数，显示格式为在数值前加 $ 符号
定制货币	用户自定义型，如果没有定义，则默认显示为整数部分每 3 位加一逗号，用户可定义数值宽度和小数位数
字符串	用户可定义字符长度以便输入字符
受限数字（带有前导零的整数）	用于设置带有前导零的整数

（3）宽度

变量的宽度可通过组合框设置或调整，当变量为日期型时无效。

（4）小数位数

变量的小数位数可通过组合框设置或调整，当变量为日期型时无效。

（5）标签

变量标签是对变量名的进一步描述。变量标签可长达 120 个字符，变量标签可显示大小写，需要时可用变量标签对变量名的含义加以解释。

（6）值

变量值是对变量的每一个可能取值的进一步描述。当变量是定性或定序变量时，设置变量值是非常有用的。例如，在统计中经常用 1 代表男性，用 2 代表女性等。其具体的设置方法为：单击相应的“值”单元格，单击单元格右侧出现的按钮，弹出“值标签”对话框；

在“值”文本框中输入 1，在“标签”文本框中输入“男性”；单击“添加”按钮，添加该变量值标签。依此可再设置 2 的变量值标签，如图 2-4 所示。

（7）缺失

SPSS 有两类缺失值：系统缺失值和用户缺失值。任何空的数字单元都被认为是系统缺失值，用点号“·”表示。由特殊情况造成的信息缺失值，称为用户缺失值。例如，在统计过程中可能需要区别一些被调查者不愿意回答的问题，然后将它们标识为用户缺失值，统计过程可识别这种标识，将带有缺失值的观测结果特别处理。

单击“缺失”单元格，单击...按钮，弹出图 2-5 所示的“缺失值”对话框。该对话框用于设置缺失值的定义方式，在 SPSS 中有 3 种定义缺失值的方式。

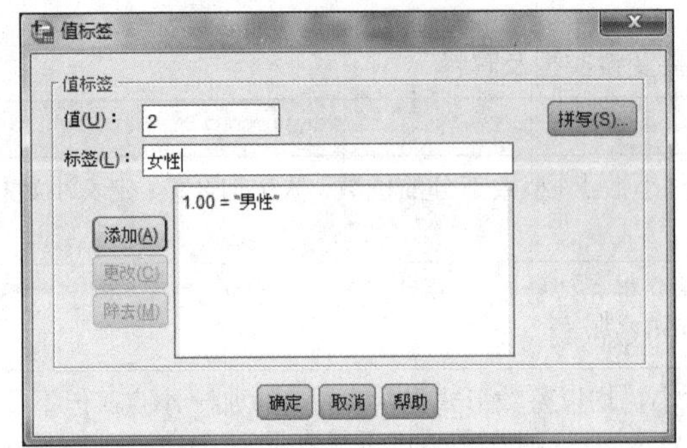

图 2-4 “值标签”对话框

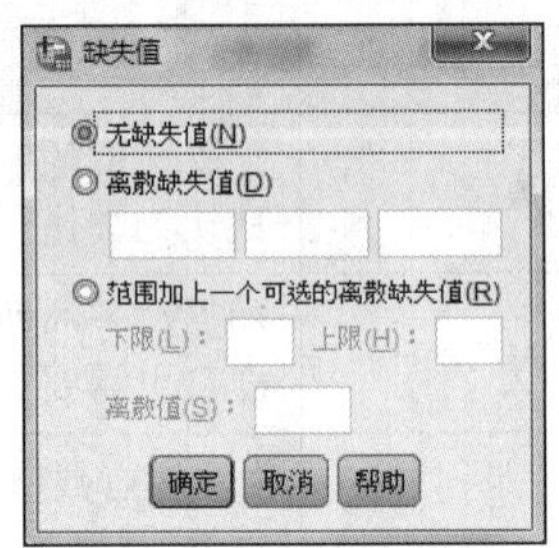

图 2-5 “缺失值”对话框

- 无缺失值。
- 离散缺失值：可以定义 3 个单独的缺失值。
- 范围加上一个可选的离散缺失值：可以定义一个缺失值范围和一个单独的缺失值。

（8）列、对齐

列是指输入变量的显示宽度，默认为 8 位。对齐是指变量值显示时的对齐方式，有左对齐、右对齐、居中对齐 3 种方式，默认是右对齐。

（9）测量

变量按测量精度可以分为标度、有序和名义变量 3 种。

标度变量包括定距变量和定比变量两种类型，变量取值之间既可以比较大小，也可以用加、减法计算出差异的大小。

有序变量即定序变量，是基于“质”因素的变量，前文已有详细介绍，故此处不再赘述。

名义变量即定性变量，是一种测量精度最低、最粗略的基于“质”因素的变量。它的取值只代表观测对象的不同类别或水平，数据的特点是用不多的名称来加以表达，并由被研究变量每一组出现的次数及其总计数所组成。

根据研究变量的要求，在“测量”单元格内选择对应的变量测量类型，如图 2-6 所示。

（10）角色

SPSS 设置了 6 种变量角色，分别为输入、目标、两者、无、分区、拆分，如图 2-7 所示。其中“输入”是最为常用的变量角色。

图 2-6　“测量”下拉列表

图 2-7　“角色”下拉列表

2.1.2　数据的直接输入与保存

1．数据的直接输入

定义所有变量后，单击“数据视图”标签，即可在出现的“数据视图”窗口中输入数据。“数据视图”窗口中黑框所在的单元为当前的数据单元，表示用户正在对该数据单元输入数据，或正在修改该单元中的数据。因此，在输入数据前，用户应先将黑框移至想要输入数据的单元格上。

输入数据时可以逐行输入，即输入完一个数据后，按“Tab”键，黑框自动移动到当前行的下一列上；也可以逐列输入，即输入完一个数据后，按“Enter”键，黑框自动移动到当前列的下一行上。

2．数据保存

在输入数据后，应及时保存，防止数据丢失，以便再次使用（如下次再追加数据，做其他统计处理，或转成其他格式的数据文件供别的软件打开使用等），具体步骤如下。

选择“文件”菜单中的“保存”命令，可直接保存为 SPSS 默认的数据文件格式（*.sav）；选择“文件”菜单中的“另存为”命令，弹出“将数据另存为”对话框，如图 2-8 所示。

用户确定盘符、路径、文件名，以及文件格式后单击“保存”按钮，即可保存为指定类型的数据文件。SPSS 支持常见的数据文件格式，主要包括 SPSS 数据文件、文本数据文件、Excel 数据文件、数据库数据文件、SAS 数据文件、Stata 数据文件等。用户可根据自身需求选择对应的数据文件格式进行数据保存。

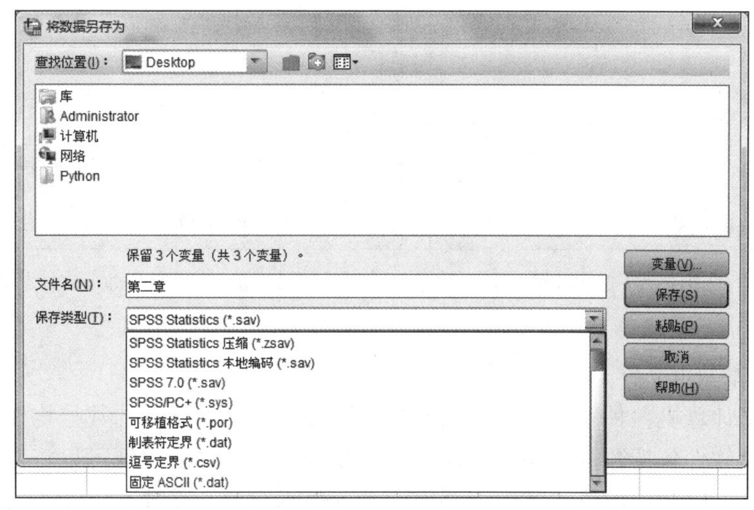

图 2-8　“将数据另存为”对话框

2.1.3 外部数据文件的读入

SPSS 软件可以将数据保存为其他格式的文件，同样也可以读入其他格式的数据文件，包括 Excel 文件、文本文件、数据库文件、SAS 文件、Stata 文件等。这里介绍使用最为频繁的两类数据文件——Excel 文件和文本文件的读入方法。

1. 读入 Excel 数据文件

Excel 软件是 Windows 操作系统中使用非常多的数据表格软件。SPSS 提供了与 Excel 的接口，可以方便地将 Excel 文件读入“数据视图”窗口。具体的操作过程如下。

案例分析 1

数据：“第二章数据 1.xls”。

操作要求：利用 SPSS 读入数据文件。

软件实现如下。

第 1 步：选择“文件”菜单“打开”子菜单中的“数据”命令，弹出“打开数据”对话框。

第 2 步：在对话框的文件类型下拉列表中选择“Excel (*.xls、*.xlsx 和*.xlsm)”选项，然后打开要读入的 Excel 文件，如图 2-9 所示。

第 3 步：在弹出的“读取 Excel 文件”对话框中，对 Excel 文件的工作表、数据读取范围进行设置，对话框下方会呈现数据预览效果，如图 2-10 所示。

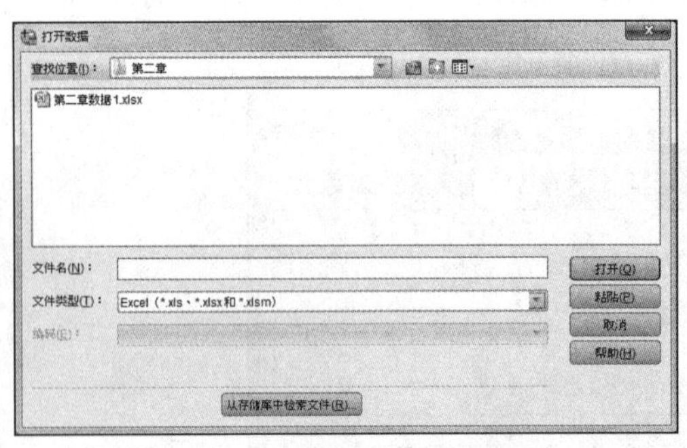

图 2-9 打开 Excel 数据文件

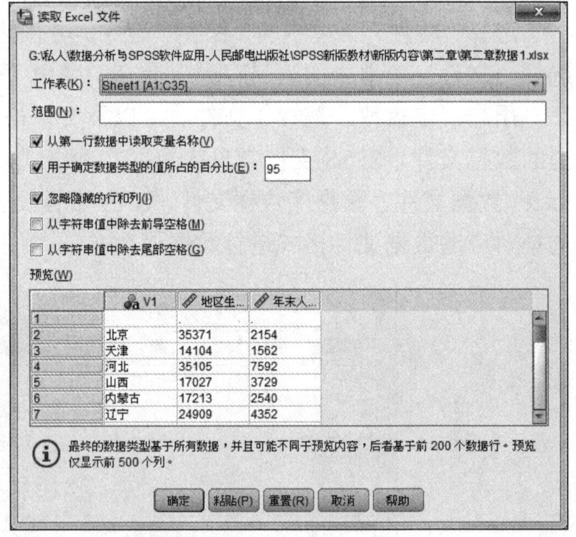

图 2-10 “读取 Excel 文件”对话框

2. 读入文本数据文件

文本文件是计算机各种软件中通用的一种格式文件。文本文件的数据均以 ASCII 存储，文件较小。各种软件包括数据库软件、表格操作软件、字处理软件都可以将自己的格式数据转换成文本文件。因此，如果 SPSS 能够方便读入文本文件，就提高了读入其他软件数据的能力。根据文本文件中数据的排列方式，可将文本文件分成固定格式文本文件和自由格式文本文件两种。

两种格式的文本文件的读入过程较为相似，这里只介绍自由格式文本文件的读入方法。自由格式文本文件每个个案的变量数目、排列顺序固定，一个个案数据可以占据若干行。和固定格式文本文件不同的是，自由格式文本文件的数据项之间必须有分隔符（分隔符可以是逗号、空格、Tab 键等），但数据的长度可以变化。

案例分析 2

数据："自由格式文本文件.txt"。数据内容如图 2-11 所示。

操作要求：利用 SPSS 软件读入文件。

软件实现如下。

第 1 步：选择"文件"菜单"导入数据"子菜单中的"文本数据"命令，在弹出的"打开数据"对话框中打开"自由格式文本文件.txt"，弹出"文本导入向导-第 1/6 步"对话框。在该对话框中可以看见文本文件中的数据信息，如图 2-12 所示。

图 2-11　自由格式文本文件的数据内容

第 2 步：单击"下一步"按钮，弹出"文本导入向导-第 2/6 步"对话框；在"变量如何排列？"选项组中选择"定界"单选项，表示读入的是自由格式文本文件的内容，其他内容保持默认选项，如图 2-13 所示。

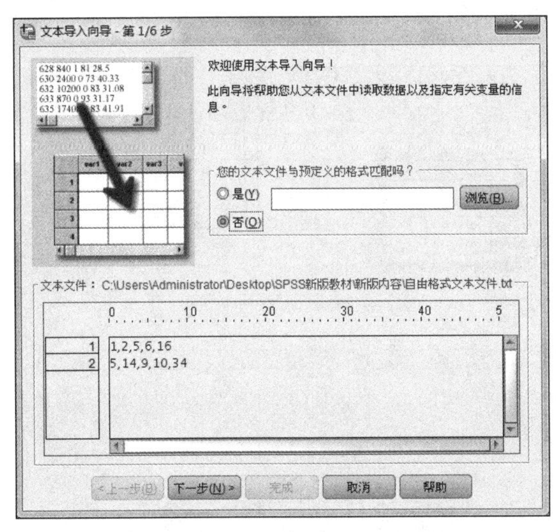

图 2-12　"文本导入向导-第 1/6 步"对话框

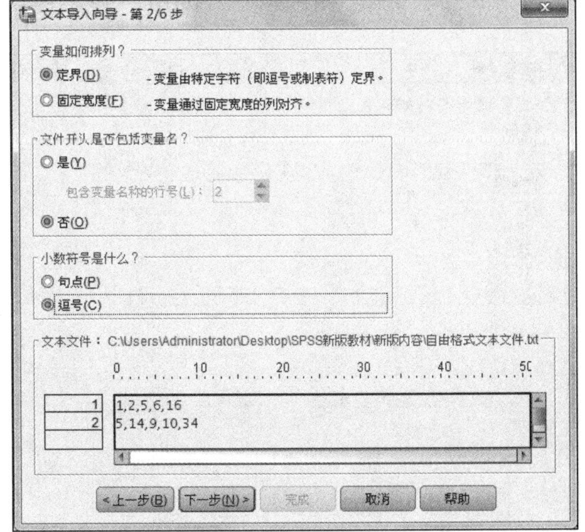

图 2-13　"文本导入向导-第 2/6 步"对话框

第 3 步：单击"下一步"按钮，弹出"文本导入向导-定界，第 3/6 步"对话框；在"第一个数据个案从哪个行号开始？"组合框中输入"1"，表示个案数据从第 1 行开始；在"个案的表示方式如何？"选项组中选择"每一行表示一个个案"单选项，如图 2-14 所示。

第 4 步：单击"下一步"按钮，弹出"文本导入向导-定界，第 4/6 步"对话框；在"变量之间存在哪些定界符？"选项组中选择文本文件的分隔符，其中有"制表符""空格""逗号""分号"和"其他"几种选项，SPSS 会根据文件内容自动选择，这里选择逗号为分隔符，如图 2-15 所示。

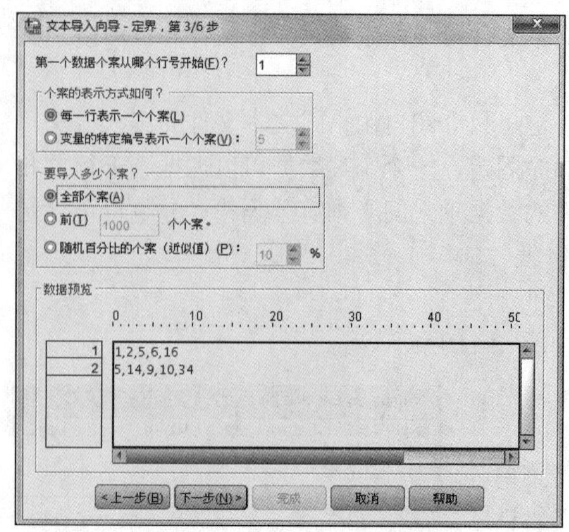
图 2-14 “文本导入向导-定界，第 3/6 步”对话框

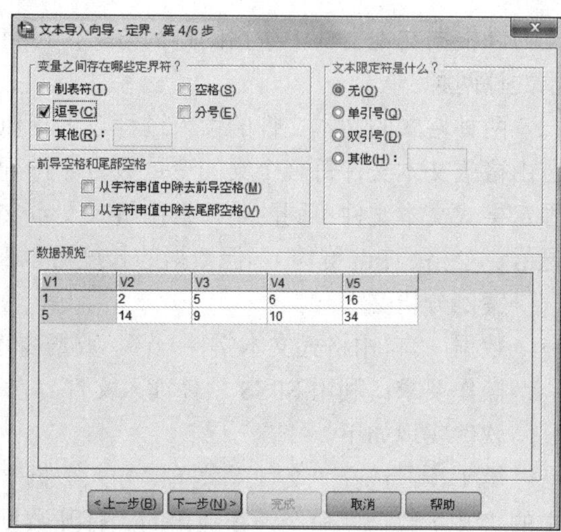
图 2-15 “文本导入向导-定界，第 4/6 步”对话框

第 5 步：单击“下一步”按钮，弹出图 2-16 所示的“文本导入向导-第 5/6 步”对话框。

该对话框的下半部分是数据文件的预览，从中可以看出 SPSS 已经将这两行数据读入，同时根据要求，将逗号分隔的数据分别赋值给了 5 个变量，每个变量的名称和数据格式可以在此界面进行设定，也可以生成 SPSS 数据文件后再修改。

第 6 步：单击“下一步”按钮，弹出图 2-17 所示的“文本导入向导-第 6/6 步”对话框。

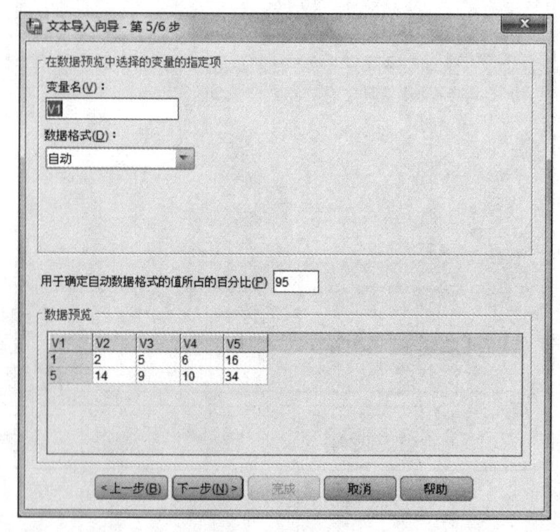
图 2-16 “文本导入向导-第 5/6 步”对话框

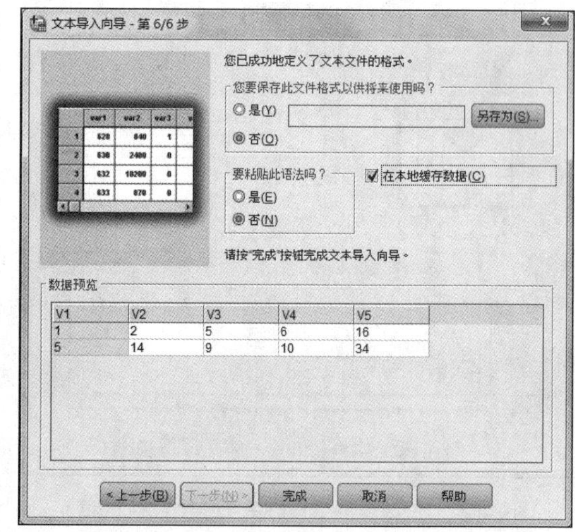
图 2-17 “文本导入向导-第 6/6 步”对话框

该对话框提供了数据保存格式，以及最终数据文件的预览。

第 7 步：单击“完成”按钮，SPSS 即可成功读入自由格式文本文件的内容。

2.1.4 数据文件的合并

在数据收集阶段，往往会采用多人同时进行数据采集的方式，这样就需要将不同的数据文件进行合并。根据数据采集方式的不同，数据文件的合并方式可分为两种：一种是纵向合并，即“添加个案”；另一种是横向合并，即“添加变量”。这两种合并方式均可在 SPSS 的“合并文件”中实现。

1. 纵向合并——“添加个案”

纵向合并就是将一个 SPSS 数据文件的个案追加到“数据视图”窗口当前个案数据的后面，然后将合并后的数据重新显示在“数据视图”窗口中。

案例分析 3

数据：“纵向合并 1.sav”和“纵向合并 2.sav”。文件内容分别如图 2-18 和图 2-19 所示。这两个数据文件分别记录了不同的个案，但具有相同的变量。

	编号	语文	英语	政治	数学	物理	化学
1	01	98.00	82.00	89.00	88.00	90.00	96.00
2	02	88.00	81.00	95.00	89.00	89.00	89.00
3	03	95.00	88.00	92.00	86.00	91.00	84.00
4	04	85.00	87.00	91.00	92.00	93.00	95.00
5	05	82.00	86.00	89.00	86.00	84.00	93.00

图 2-18 “纵向合并 1.sav”数据

	编号	语文	英语	政治	数学	物理	化学
1	06	79.00	90.00	88.00	84.00	83.00	89.00
2	07	89.00	81.00	87.00	92.00	86.00	81.00
3	08	93.00	79.00	90.00	89.00	89.00	83.00
4	09	94.00	78.00	83.00	91.00	91.00	85.00
5	10	88.00	82.00	81.00	86.00	85.00	91.00

图 2-19 “纵向合并 2.sav”数据

操作要求：将数据文件“纵向合并 1.sav”和“纵向合并 2.sav”进行合并。

软件实现如下。

第 1 步：同时打开两个数据文件，在“纵向合并 1.sav”的“数据视图”窗口中，选择“数据”菜单“合并文件”子菜单中的“添加个案”命令，弹出“添加个案至 纵向合并 1.sav”对话框；由于已经打开待合并文件，因此直接选择“打开数据集”列表框中的“纵向合并 2.sav”文件，如图 2-20 所示。

若需要合并的数据文件未打开，则选择“外部 SPSS Statistics 数据文件”单选项，然后单击“浏览”按钮，选择需要合并的外部 SPSS 数据文件。

第 2 步：单击“继续”按钮，出现图 2-21 所示的对话框。在该对话框中，两个待合并的数据文件中共有的变量会被自动对应匹配，并出现在“新的活动数据集中的变量”列表框中。共有变量被 SPSS 默认为具有相同数据含义，自动成为合并后新数据文件中的变量。用户如果不接受这种默认设置，可以将它们转移到“非成对变量”列表框中。

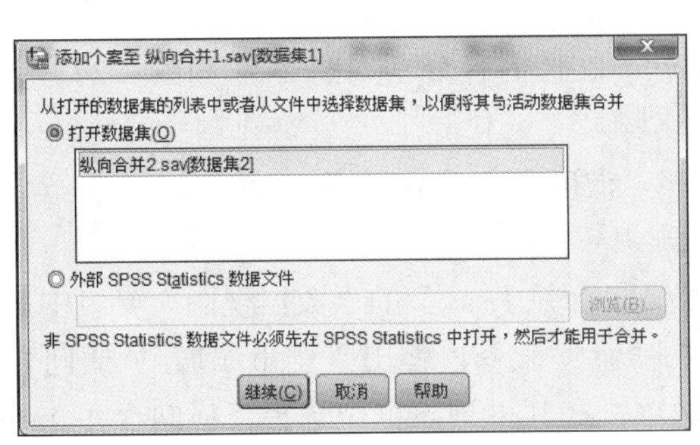

图 2-20 “添加个案至 纵向合并 1.sav” 对话框

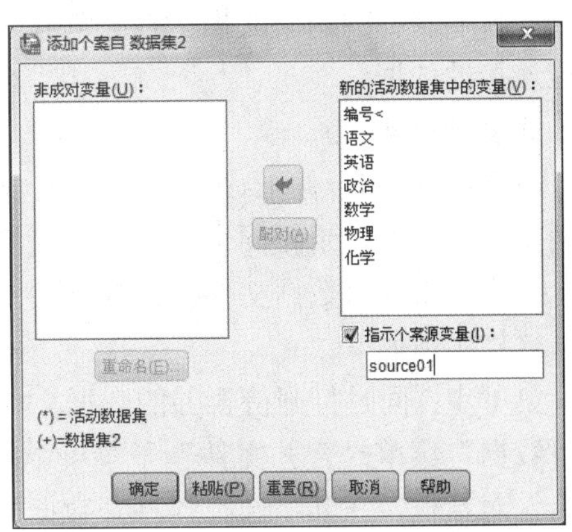

图 2-21 “添加个案自 数据集 2”对话框

若两个合并文件中存在名称不一致的变量，则这些变量会自动出现在“非成对变量”列表框中，变量后面附有“*”号或“+”号。“*”号表示该变量是当前“数据视图”窗口中的变量，“+”号表示该变量是用户指定的要合并的文件中的变量。“非成对变量”列表框中的变量名，不是待合并的两个文件所共有的变量，SPSS 默认不将它们放入合并后的“数据视图”窗口中。用户可以手动选择两个变量名，然后单击“配对”按钮指定配对，表示它们具有相同的数据含义；也可以单击“重命名”按钮更名后再进行配对；或直接单击按钮，使其直接进入“新的活动数据集中的变量”列表框中。

如果用户希望合并后的数据文件中能分辨出个案来自的源数据文件，可以选中“指示个案源变量”复选框。如此，合并后的数据文件中会出现名为“source01”的变量，取值为“0”或“1”，其中“0”表示该个案来自第一个数据文件，“1”表示该个案来自第二个数据文件。该变量名称可根据需要进行修改。

第 3 步：单击“确定”按钮，完成合并。纵向合并后的效果如图 2-22 所示，“纵向合并 1.sav”数据文件已经合并完成，并产生了新变量“source01”。

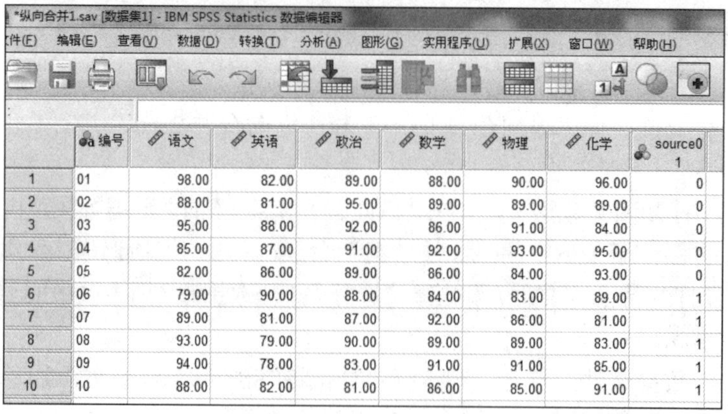

*纵向合并1.sav [数据集1] - IBM SPSS Statistics 数据编辑器

	编号	语文	英语	政治	数学	物理	化学	source01
1	01	98.00	82.00	89.00	88.00	90.00	96.00	0
2	02	88.00	81.00	95.00	89.00	89.00	89.00	0
3	03	95.00	88.00	92.00	86.00	91.00	84.00	0
4	04	85.00	87.00	91.00	92.00	93.00	95.00	0
5	05	82.00	86.00	89.00	86.00	84.00	93.00	0
6	06	79.00	90.00	88.00	84.00	83.00	89.00	1
7	07	89.00	81.00	87.00	92.00	86.00	81.00	1
8	08	93.00	79.00	90.00	89.00	89.00	83.00	1
9	09	94.00	78.00	83.00	91.00	91.00	85.00	1
10	10	88.00	82.00	81.00	86.00	85.00	91.00	1

图 2-22　纵向合并后的效果

2．横向合并——“添加变量”

横向合并是将两个或两个以上的具有相同个案的数据文件连在一起，即按照个案对应进行左右对接，然后将合并后的数据文件显示在“数据视图”窗口中。要想实现数据文件的横向合并，要合并的两个数据文件必须有一个相同的关键变量，这个变量是两个数据文件横向对应连接的依据。

案例分析 4

数据：“横向合并 1.sav”和“横向合并 2.sav”。文件内容分别如图 2-23 和图 2-24 所示。这两个数据文件记录相同个案的不同变量。

操作要求：将数据文件“横向合并 1.sav”和“横向合并 2.sav”进行合并。

软件实现如下。

第 1 步：同时打开待合并的数据文件，在“横向合并 1.sav”的“数据视图”窗口中，选择“数据”菜单“合并文件”子菜单中的“添加变量”命令，弹出“变量添加至 横向合并 1.sav”对话框，在其中选择“打开数据集”单选项，在其下列表框中选择“横向合并 2.sav”文件，如图 2-25 所示。该对话框的操作规则与纵向合并相同。

横向合并1.sav [数据集3] - IBM SPSS Statistics 数据编辑器

	学生编号	语文	英语	政治
1	01	98.00	82.00	89.00
2	02	88.00	81.00	95.00
3	03	95.00	88.00	92.00
4	04	85.00	87.00	91.00
5	05	82.00	86.00	89.00
6	06	79.00	90.00	88.00
7	07	89.00	81.00	87.00
8	08	93.00	79.00	90.00
9	09	94.00	78.00	83.00
10	10	88.00	82.00	81.00

图 2-23　“横向合并 1.sav” 数据

*横向合并2.sav [数据集4] - IBM SPSS Statistics 数据编辑器

	学生编号	数学	物理	化学
1	01	88.00	90.00	96.00
2	02	89.00	89.00	89.00
3	03	86.00	91.00	84.00
4	04	92.00	93.00	95.00
5	05	86.00	84.00	93.00
6	06	84.00	83.00	89.00
7	07	92.00	86.00	81.00
8	08	89.00	89.00	83.00
9	09	91.00	91.00	85.00
10	10	86.00	85.00	91.00

图 2-24　“横向合并 2.sav” 数据

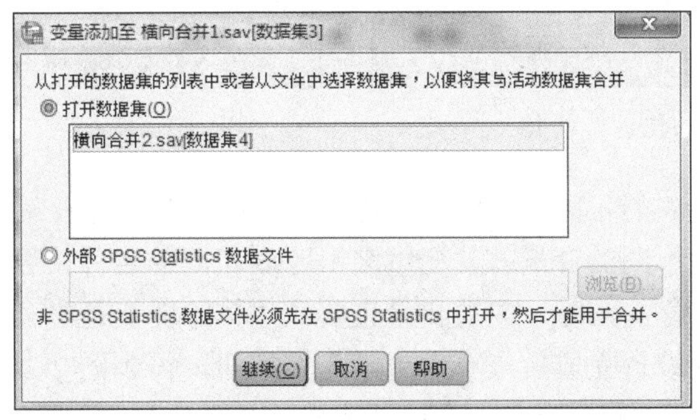

图 2-25　“变量添加至 横向合并 1.sav” 对话框

第 2 步：设置合并方法。

单击“继续”按钮，进入“变量添加自 数据集 4”对话框，该对话框的“合并方法”选项卡中提供了 3 种数据合并的方法。

- 基于文件顺序的一对一合并：不论个案是否匹配，直接将多个数据文件中相同行号的变量进行对接。
- 基于键值的一对一合并：SPSS 的默认选项，即指定关键变量，不同数据文件中，若关键变量取值相同，则为匹配个案，可将变量进行对接。关键变量一定是两个数据文件中均含有的变量，并且每个个案的变量值应该是唯一的。
- 基于键值的一对多合并：根据关键变量进行一个文件与多个文件的数据对接。

本例选择“基于键值的一对一合并”单选项，并将“学生编号”设置为关键变量。需要注意的是，如果选择“基于键值的一对一合并”单选项，就必须在合并前按键值的顺序对文件进行排序，如图 2-26 所示。

第 3 步：设置合并变量。

“变量添加自 数据集 4”对话框的“变量”选项卡中会显示合并后的变量设置。

两个待合并数据文件中的所有变量名都出现在“包含的变量”列表框中。变量后面同样有“*”号或“+”号，如图 2-27 所示。

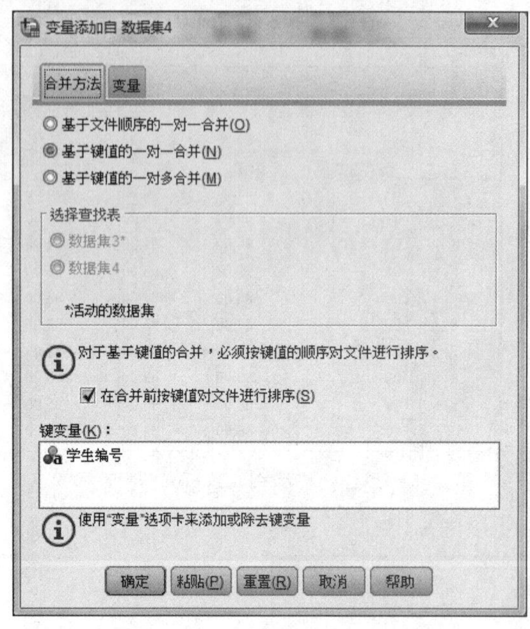

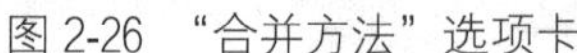
图 2-26 “合并方法”选项卡

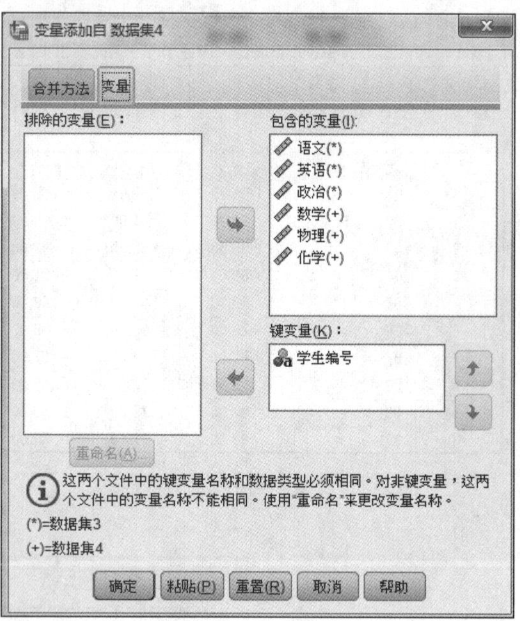

图 2-27 “变量”选项卡

两个待合并数据文件的相同名称的变量出现在“排除的变量”列表框中。在合并的两个数据文件中，数据含义不同的变量，其变量名不应取相同的名称，否则可以单击“重命名”按钮改变这些变量的名称。同时，关键变量也要从“排除的变量”列表框中选取。

第 4 步：所有参数设置完成后，单击“确定”按钮，得到图 2-28 所示的数据合并结果，在原“横向合并 1.sav”文件数据的基础上，添加了“数学”“物理”“化学”3 个变量。

*横向合并1.sav [数据集3] - IBM SPSS Statistics 数据编辑器

文件(F) 编辑(E) 查看(V) 数据(D) 转换(T) 分析(A) 图形(G) 实用程序(U) 扩展(X) 窗口(W) 帮助

15 :

	学生编号	语文	英语	政治	数学	物理	化学
1	01	98.00	82.00	89.00	88.00	90.00	96.00
2	02	88.00	81.00	95.00	89.00	89.00	89.00
3	03	95.00	88.00	92.00	86.00	91.00	84.00
4	04	85.00	87.00	91.00	92.00	93.00	95.00
5	05	82.00	86.00	89.00	86.00	84.00	93.00
6	06	79.00	90.00	88.00	84.00	83.00	89.00
7	07	89.00	81.00	87.00	92.00	86.00	81.00
8	08	93.00	79.00	90.00	89.00	89.00	83.00
9	09	94.00	78.00	83.00	91.00	91.00	85.00
10	10	88.00	82.00	81.00	86.00	85.00	91.00

图 2-28 横向合并效果

2.1.5 数据文件的拆分

在进行数据分析时，有时需要对不同类型的个案进行相同的操作，如果将相同类型的个案挑选出来后分别进行分析，那么过程将十分烦琐。这时可先将数据文件直接进行拆分，即将个案分为几个不同的组，给予一个指令便可在各组进行相同的操作。这种个案分组是在系统内定义的，在数据管理器中并不一定明确体现，故亦可称为分割。

注：用户一旦设置了分组，那么此后的所有分析都将按这种分组进行，除非取消数据分组的命令。

在 SPSS 中实现数据分组的步骤如下。

案例分析 5

数据："第二章数据 1.sav"。

操作要求：按照东、中、西的地理区位将原数据拆分为 3 组，并统计各组"年末人口"的均值。

软件实现如下。

第 1 步：选择"数据"菜单中的"拆分文件"命令，弹出 "拆分文件"对话框。

该对话框中提供了拆分文件的 3 种方式，如下。

- 分析所有个案，不创建组：SPSS 的默认选项，可作为撤销拆分文件的选项。
- 比较组：统计运算结果并放在同一表格内，表格按分组输出结果。
- 按组来组织输出：与比较组的输出结果相同，只是结果放在不同表格中。

第 2 步：选择"比较组"单选项，并将"地理区位"作为分组标志选入"分组依据"列表框中，如图 2-29 所示。SPSS 默认会对数据文件按照分组依据变量进行排序。单击"确定"按钮完成拆分文件任务。

第 3 步：选择所要做的统计分析。在本例中，欲求各组年末人口的均值。因此选择"分析"菜单"描述统计"子菜单中的"描述"命令，进行相关设置后，得到图 2-30 所示的输出结果。可以看到，原数据按照 3 个不同的地理区位组分别进行均值的计算。

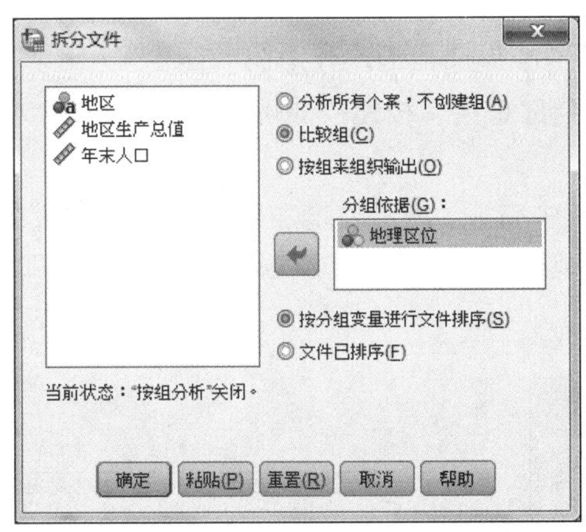

图 2-29　"拆分文件"对话框

描述统计

地理区位		N	均值
1	年末人口	12	5289.75
	有效个案数（成列）	12	
2	年末人口	9	5136.44
	有效个案数（成列）	9	
3	年末人口	10	3068.00
	有效个案数（成列）	10	

图 2-30　拆分文件后均值的计算结果

2.2　数据的清理与软件实现

2-2　数据的清理与软件实现

得到数据后，首先需要根据逻辑关系及研究要求对数据进行清理，使得保存下来的数据是可用的。常用的数据清理操作包括数据的批量寻找，个案数值的修改、增加和删除，变量的增加和删除，以及变量集的设置和使用。

2.2.1 数据的寻找、增加和删除

1. 数据的批量寻找

可用方向键或鼠标指针将黑框移动到要修改的单元，输入新值。如果数据文件较大且知道要修改的数据单元的行号，可选择“编辑”菜单中的“转到个案”命令，打开“转到”对话框，在“转到个案号”文本框中输入行号来查找特定行，如图 2-31 所示。

如果要查找某变量中的特定值或值标签，首先选择对应变量，再选择“编辑”菜单中的“查找”命令，打开“查找和替换-数据视图”对话框，在“查找”文本框中输入要查找的数值即可开始查找，如图 2-32 所示。

图 2-31 “转到”对话框

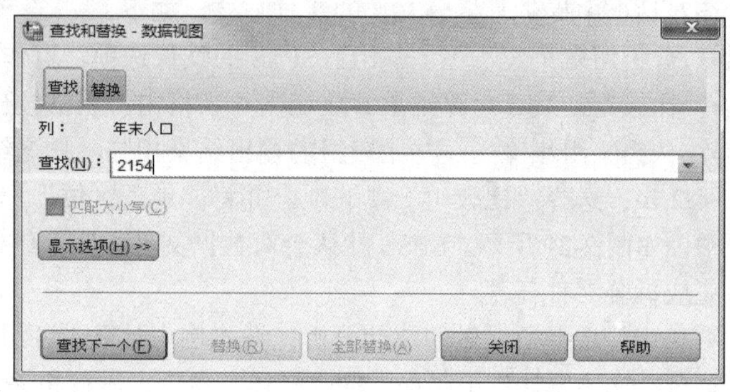

图 2-32 “查找”选项卡

2. 个案数值的修改、增加和删除

在“查找和替换-数据视图”对话框中单击“替换”选项卡，分别在“查找”和“替换内容”文本框中输入相应内容，单击“替换”或“全部替换”按钮，即可进行逐个替换或一次性全部替换，如图 2-33 所示。

增加或删除某个个案都可在“数据视图”窗口中完成。激活要增加或删除的个案所在行，右击打开图 2-34 所示的快捷菜单，选择“插入个案”“清除”“剪切”或“复制”命令即可对个案进行相应操作。

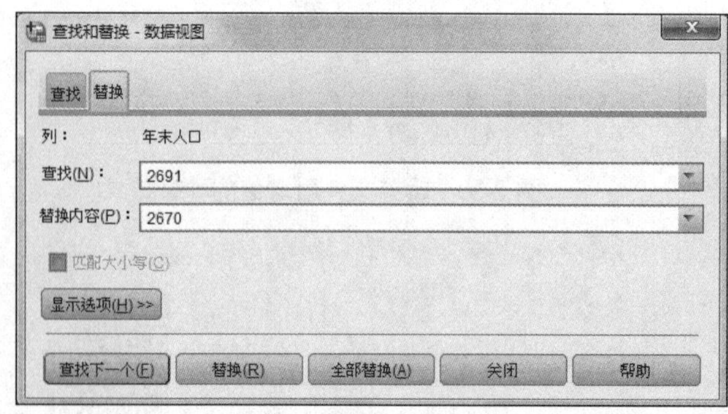

图 2-33 “替换”选项卡

	地区	地区生产总值	年末人口
1	北京	35371	2154
2		14104	1562
3		35105	7592
4		17027	3729
5		17213	2540
6		24909	4352
7		11727	2691
8	黑龙	13613	3751
9	上海	38155	2428

剪切(T)
复制(C)
粘贴(P)
清除(E)
插入个案(I)

图 2-34 增加或删除个案操作

3. 变量的增加和删除

增加或删除变量可在“数据视图”窗口中完成。激活要增加或删除的变量所在列，右击

打开图 2-35 所示的快捷菜单，选择“插入变量”或“清除”命令即可。

	地区	地区生产总值	年末人口
1	北京	35371	
2	天津	14104	
3	河北	35105	
4	山西	17027	
5	内蒙	17213	
6	辽宁	24909	
7	吉林	11727	
8	黑龙	13613	
9	上海	38155	
10	江苏	99632	
11	浙江	62352	
12	安徽	37114	
13	福建	42395	

剪切(T)
复制(C)
与变量名称一起复制(N)
与变量标签一起复制(L)
粘贴(P)
清除(E)
插入变量(A)
升序排序(A)
降序排序(D)
变量信息(V)...
描述统计(D)
拼写(S)...

图 2-35　增加或删除变量操作

2.2.2　变量集的设置和使用

一项研究通常会收集多个变量的数据。在利用 SPSS 软件进行数据处理和统计分析时，所有变量都会显示在“数据视图”窗口中，用户需要在众多变量中选择几个变量进行处理及分析，这个过程相对麻烦。当其中某些变量会经常被同时使用时，便可通过设置和使用变量集来简化变量挑选和对应分析过程。

所谓变量集是指一些变量的集合。SPSS 变量集有两类：系统变量集和用户自定义变量集。

系统变量集是 SPSS 系统已经定义好的，它包括以下两个集合。

- ALL VARIABLES：存放“数据视图”窗口中所有的变量。
- NEW VARIABLES：存放“数据视图”窗口中所有尚未保存的新定义变量。

用户自定义变量集是用户根据实际数据分析需要定义的，它可以有许多个。一般把需要经常处理的、处理过程类似的若干变量存放在一个用户自定义变量集中。

案例分析 6

数据：“第二章数据 2.sav”。

操作要求：根据文件内的变量设置“理科”和“文科”两个变量集。

软件实现如下。

通过用户自定义变量集来简化变量选择的过程，可以分成下面两个步骤来完成。

第一步：设置变量集。将一些需要进行相同处理和分析的变量定义在一个集合中。第二步：指定使用用户自定义变量集。指定使用相应用户自定义变量集后，在以后的 SPSS 数据分析过程中，就可以只对包含在对应用户自定义变量集中的变量进行操作。

1．定义/删除用户自定义变量集

打开“第二章数据 2.sav”文件，该文件包含 10 个学生的 6 门课程成绩，现需要将 6 门成绩指标设置成“理科”和“文科”两个变量集。示例操作过程如下。

（1）选择“实用程序”菜单中的“定义变量集”命令，弹出“定义变量集”对话框。

（2）在“集合名称”文本框中输入用户自定义变量集的名称，这里为“理科”。

（3）从左下方的变量名列表框中选择“数学”“物理”“化学”选项，并将它们添加到“集合中的变量”列表框中，表示这几个变量组成了这个用户自定义变量集，如图 2-36 所示。

（4）单击“添加集合”按钮，即可将上述定义的“理科”变量集加入 SPSS 变量集。在“定义变量集”对话框中选择集合名称中已设置好的变量集选项，如“文科”，单击“除去集合”按钮，如图 2-37 所示，即可删除对应变量集。

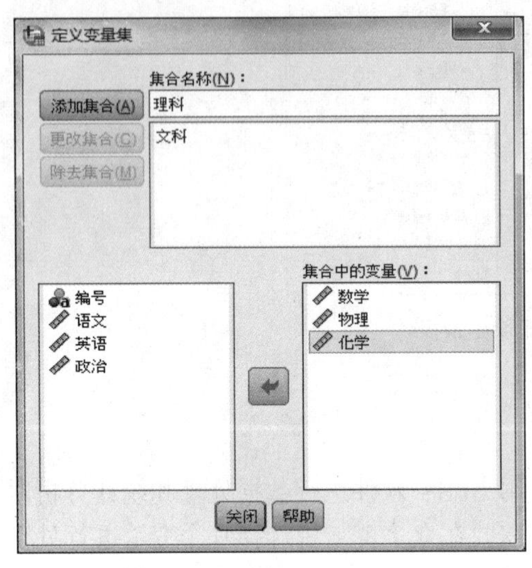

图 2-36 “定义变量集”对话框

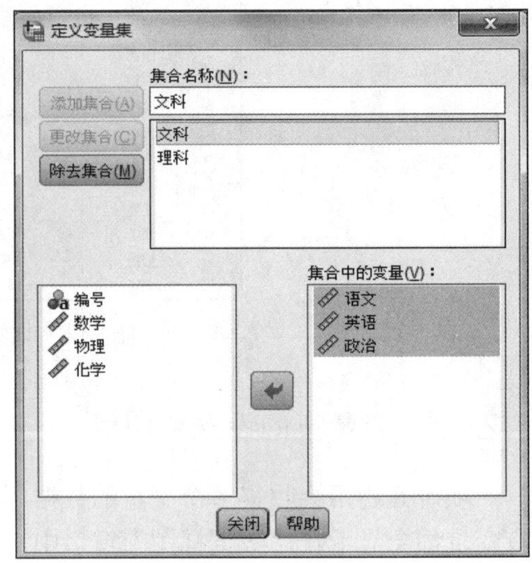

图 2-37 删除“文科”变量集

2．用户自定义变量集的使用

设置好的用户自定义变量集必须要指定 SPSS 进行使用才会发生作用，否则 SPSS 默认使用系统变量集。

指定使用用户自定义变量集的具体操作过程如下。

（1）选择“实用程序”菜单中的“使用变量集”命令，弹出“使用变量集”对话框。在其中可以看到“选择要应用的变量集”列表框中列出了 4 个变量集。其中“ALL VARIABLES”和“NEW VARIABLES”表示的是两个系统变量集，为默认值。

（2）若要选用“理科”变量集，则取消选中“ALL VARIABLES”和“NEW VARIABLES”复选框，并选中“理科”复选框，如图 2-38 所示。单击“确定”按钮，“数据视图”窗口中就会只列出“理科”变量集中的变量，如图 2-39 所示。

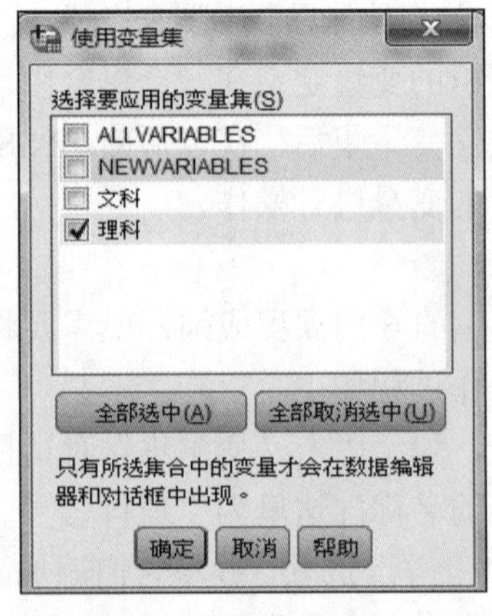

图 2-38 “使用变量集”对话框

文件(F) 编辑(E) 查看(V) 数据(D) 转换(T) 分析(

8:

	数学	物理	化学
1	88.00	90.00	96.00
2	89.00	89.00	89.00
3	86.00	91.00	84.00
4	92.00	93.00	95.00
5	86.00	84.00	93.00
6	84.00	83.00	89.00
7	92.00	86.00	81.00
8	89.00	89.00	83.00
9	91.00	91.00	85.00
10	86.00	85.00	91.00

图 2-39 使用“理科”变量集后的“数据视图”窗口

2.3 数据的转换与软件实现

2-3 数据的转换与软件实现

根据研究目的，可对现有数据进行转换。常用的数据转换操作包括数据排序、根据已有变量计算新变量、设置加权变量，以及对变量进行编码。

2.3.1 数据排序

案例分析 7

数据：“第二章数据 1.sav”。该文件包含我国 31 个省、直辖市、自治区（不包含港、澳、台地区）的 3 个指标，分别是地区生产总值、年末人口，以及地理区位。其中地理区位变量为分类变量（1、2、3），1 代表东部地区、2 代表中部地区、3 代表西部地区。部分数据如图 2-40 所示。

*第二章数据1.sav [数据集1] - IBM SPSS Statistics 数据编辑器

	地区	地区生产总值	年末人口	地理区位
1	北京	35371	2154	1
2	天津	14104	1562	1
3	河北	35105	7592	1
4	山西	17027	3729	2
5	内蒙古	17213	2540	2
6	辽宁	24909	4352	1
7	吉林	11727	2691	2
8	黑龙江	13613	3751	2
9	上海	38155	2428	1
10	江苏	99632	8070	1
11	浙江	62352	5850	1
12	安徽	37114	6366	2
13	福建	42395	3973	1
14	江西	24756	4666	2
15	山东	71068	10070	1
16	河南	54259	9640	2
17	湖北	45828	5927	2

图 2-40 “第二章数据 1.sav”的部分数据

注：数据来源《中国统计年鉴 2020》

操作要求：按照地区生产总值从小到大的顺序对 31 个地区进行排序。

软件实现如下。

SPSS 提供的数据排序常用操作有两种，分别为“个案排序”和“个案排秩”，操作过程分别如下。

（1）个案排序

选择“数据”菜单中的“个案排序”命令，弹出“个案排序”对话框，如图 2-41 所示。在变量名列表框中选择“地区生产总值”选项，单击按钮使之添加到“排序依据”列表框中，然后在“排列顺序”选项组中选择“升序”单选项，单击“确定”按钮即可。排序结果如图 2-42 所示。可见该操作下，原有的个案排列顺序被更改了。

图 2-41 “个案排序”对话框

*第二章数据1.sav [数据集1] - IBM SPSS Statistics 数据编辑器

	地区	地区生产总值	年末人口	地理区位
1	西藏	1698	351	3
2	青海	2966	608	3
3	宁夏	3748	695	3
4	海南	5309	945	1
5	甘肃	8718	2647	3
6	吉林	11727	2691	2
7	新疆	13597	2523	3
8	黑龙江	13613	3751	2
9	天津	14104	1562	1
10	贵州	16769	3623	3
11	山西	17027	3729	2
12	内蒙古	17213	2540	2
13	广西	21237	4960	1
14	云南	23224	4858	3
15	重庆	23606	3124	3

图 2-42 个案排序处理后的“数据视图”窗口

（2）个案排秩

选择“转换”菜单中的“个案排秩”命令，弹出“个案排秩”对话框。在该对话框中可以设置数据排序的次序。

在变量名列表框中选择“地区生产总值”选项，单击➡按钮使之添加到“变量”列表框中，表示该变量值大小作为排秩的依据，如图 2-43 所示。若选择一个或多个变量添加到“依据”列表框，则系统在排秩时将按进入“依据”列表框的变量值分组排序。

对话框左下角的“将秩 1 赋予”选项组用于指定次序排列方式，其中“最小值”表示最小值用 1 标注，之后为 2，3，4…，即从小到大排序；“最大值”表示最大值用 1 标注，之后为 2，3，4…，即从大到小排序。选择“最小值”单选项，单击“确定”按钮，可得个案排秩操作后的“数据视图”窗口，如图 2-44 所示。

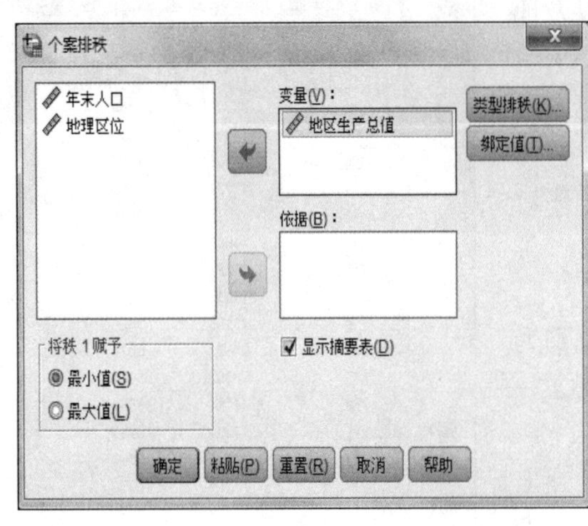

图 2-43 “个案排秩”对话框

	地区	地区生产总值	年末人口	地理区位	R地区
1	北京	35371	2154	1	20.000
2	天津	14104	1562	1	9.000
3	河北	35105	7592	1	19.000
4	山西	17027	3729	2	11.000
5	内蒙古	17213	2540	2	12.000
6	辽宁	24909	4352	1	17.000
7	吉林	11727	2691	2	6.000
8	黑龙江	13613	3751	2	8.000
9	上海	38155	2428	1	22.000
10	江苏	99632	8070	1	30.000
11	浙江	62352	5850	1	28.000
12	安徽	37114	6366	2	21.000
13	福建	42395	3973	1	24.000

图 2-44 个案排秩操作后的“数据视图”窗口

个案排秩操作后，原数据文件中个案的排列顺序并没有发生变化，只是在“数据视图”窗口中新建了一个变量名为“R 地区”的变量，用于放置秩值。秩值即按地区生产总值从小到大的顺序排列时对应地区的位次，如北京的位置秩值为 20，即第 20 位。

2.3.2 新变量的产生

案例分析 8

数据：“第二章数据 1.sav”。

操作要求：利用已有数据计算新变量“人均地区生产总值”的值，计算公式为“人均地区生产总值=地区生产总值/年末人口”。

软件实现如下。

选择“转换”菜单中的“计算变量”命令，弹出“计算变量”对话框。在该对话框中的“目标变量”文本框中输入“人均地区生产总值”，目标变量可以是现存变量或新变量。

“数字表达式”文本框用于输入计算目标变量值的表达式。表达式中能够使用左侧变量名列表框中列出的现存变量名、计算器板列出的算术运算符和常数。此外“函数组”列表框显示了各种函数。可以在文本框中直接输入和编辑表达式，也可以使用变量名列表框、计算器板和函数组列表框将元素粘贴到文本框中。

计算器板包括数字、算术运算符、关系运算符和逻辑运算符，用户可以像使用计算器一样使用它们。计算器板上的算术运算符有+（加）、－（减）、*（乘）、/（除）、**（指数）、()（运算符顺序）；关系运算符有<（小于）、>（大于）、<=（小于等于）、>=（大于等于）、=（等于）、~=（不等于）；逻辑运算符有&（与）、|（或）、～（非）。

函数组中共有 70 多个函数，包括算术函数、统计函数、分布函数、逻辑函数、日期和时间汇总与提取函数、缺失值函数、字符串函数、随机变量函数等。例如，自然对数 LN( )、绝对值函数 ABS( )、求和函数 SUM( )等。

本例中，从左侧现存变量框中先选择“地区生产总值”放置在数据表达式文本框中，再从计算器板上选择“/（除）”放置在“地区生产总值”后，最后选取“年末人口”放置在“/（除）”符号之后，完成新变量的设置，如图 2-45 所示。点击“确定”，得到数据视图对话框，如图 2-46 所示。

在“计算变量”对话框的下面有一个“如果”按钮，该按钮用于个案的选择，具体操作方法在 2.4.2 节中介绍。

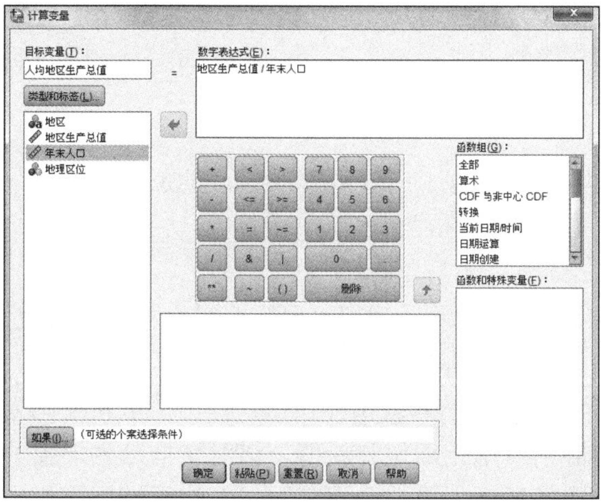
计算变量
目标变量(T)：
人均地区生产总值
数字表达式(E)：
地区生产总值 / 年末人口
类型和标签(L)...
地区
地区生产总值
年末人口
地理区位
函数组(G)：
全部
算术
CDF 与非中心 CDF
转换
当前日期/时间
日期运算
日期创建
函数和特殊变量(F)：
删除
如果(I)...
(可选的个案选择条件)
确定
粘贴(P)
重置(R)
取消
帮助

图 2-45　“计算变量”对话框

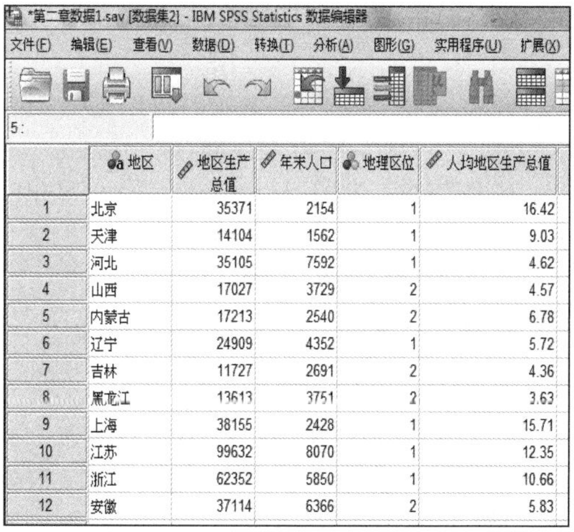
*第二章数据1.sav [数据集2] - IBM SPSS Statistics 数据编辑器
文件(F)
编辑(E)
查看(V)
数据(D)
转换(T)
分析(A)
图形(G)
实用程序(U)
扩展(X)
5:

	地区	地区生产总值	年末人口	地理区位	人均地区生产总值
1	北京	35371	2154	1	16.42
2	天津	14104	1562	1	9.03
3	河北	35105	7592	1	4.62
4	山西	17027	3729	2	4.57
5	内蒙古	17213	2540	2	6.78
6	辽宁	24909	4352	1	5.72
7	吉林	11727	2691	2	4.36
8	黑龙江	13613	3751	2	3.63
9	上海	38155	2428	1	15.71
10	江苏	99632	8070	1	12.35
11	浙江	62352	5850	1	10.66
12	安徽	37114	6366	2	5.83

图 2-46　生成新变量

执行操作后，可见在原数据文件的变量后，新生成了“人均地区生产总值”变量，并且 SPSS 自动计算出了各个案的指标值。该变量的属性如需修改，可在“变量视图”窗口中进行。

2.3.3　设置加权变量

案例分析 9

数据：“第二章数据 3.sav”。该数据为某超市统计的苹果、香蕉、橙子 3 种水果一天的销售情况，如图 2-47 所示。

操作要求：计算 3 种水果的平均售价。这是经过汇总整理后的二手数据，3 种水果的平均售价是以销售量为权重计算的加权平均数，因此首先要设置加权变量。

软件实现如下。

SPSS 对加权变量的设置和使用操作如下。

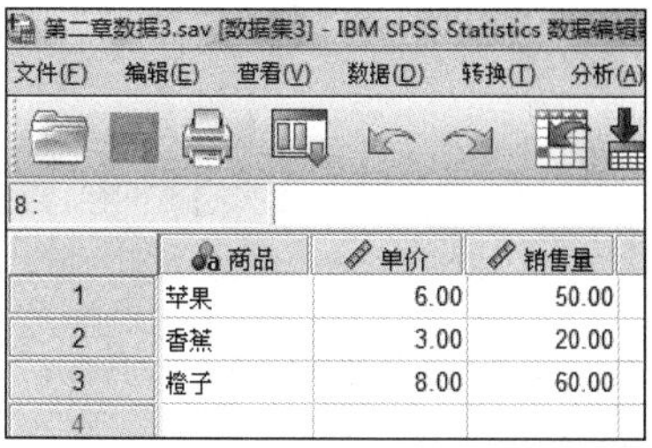
第二章数据3.sav [数据集3] - IBM SPSS Statistics 数据编辑器
文件(F)
编辑(E)
查看(V)
数据(D)
转换(T)
分析(A)
8:

	商品	单价	销售量
1	苹果	6.00	50.00
2	香蕉	3.00	20.00
3	橙子	8.00	60.00
4			

图 2-47　“第二章数据 3.sav”数据

选择“数据”菜单中的“个案加权”命令，弹出“个案加权”对话框。其中，“不对个案加权”单选项表示不做加权，是 SPSS 系统默认的选项，也可用于取消加权操作；“个案加权依据”单选项表示选择一个变量作为加权变量。选择“销售量”并将其放置在“频率变量”文本框中，如图 2-48 所示，单击“确定”按钮，即完成加权变量的设置。若要撤销加权变量的设置，只需在“个案加权”对话框中，选择“不对个案加权”单选项，单击“确定”按钮即可。

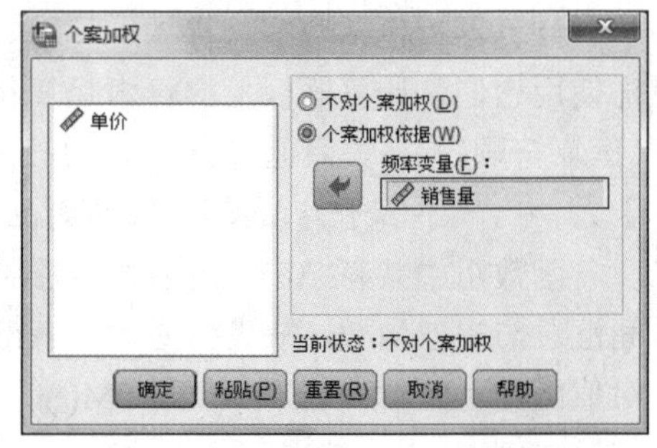

图 2-48 “个案加权”对话框

2.3.4 变量编码

在数据编辑过程中，用户可对个案的某个变量的数值进行编码。这种操作只适用于数值型变量。SPSS 提供了两种变量编码方式，分别对应“转换”菜单中的“重新编码为相同的变量”和“重新编码为不同变量”命令。其中前者是对变量自身进行重新编码，后者是对其他变量或新生成的变量进行编码。

案例分析 10

数据：“第二章数据 1.sav”。

操作要求：将年末人口大于等于 5000（单位：万人）的个案编码为 1，其余编码为 0。

软件实现如下。

（1）重新编码为相同的变量

选择“转换”菜单中的“重新编码为相同的变量”命令，弹出“重新编码为相同的变量”对话框。先在变量名列表框中选择“年末人口”选项，将其添加到“数字变量”列表框中，表示对该变量进行编码，如图 2-49 所示，然后单击“旧值和新值”按钮，弹出“重新编码为相同变量：旧值和新值”对话框。用户根据实际情况确定旧值和新值，该对话框分为旧值和新值左右两个区域，旧值区域用于指定需要更改的原数据值或数据范围，新值区域用于设定编码数值。

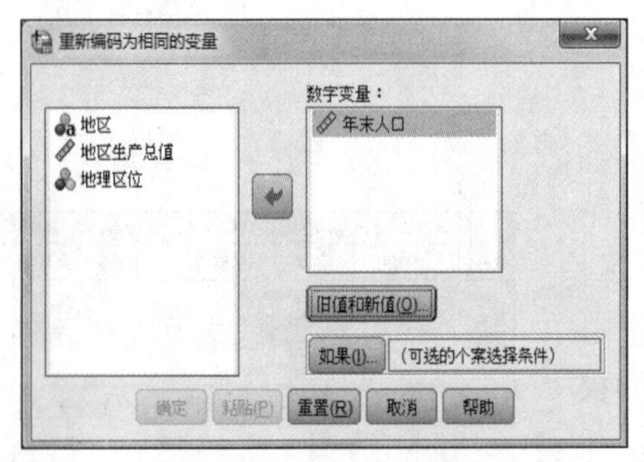

图 2-49 “重新编码为相同的变量”对话框

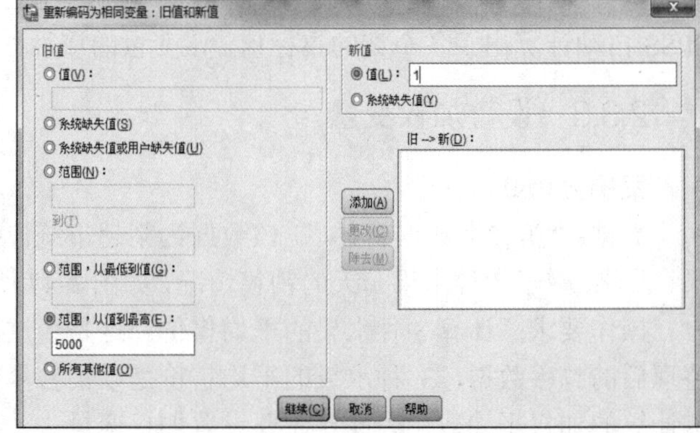

图 2-50 “重新编码为相同变量：旧值和新值”对话框

本例中，选择“旧值”选项组中的“范围，从值到最高”单选项，并在其下方文本框中输入“5000”，在新值区域的“值”文本框中输入“1”，如图 2-50 所示。单击“添加”按钮完成编码过程，即将原年末人口数值在[5000,+∞)区域内的个案指标值统一替换为新的编码值1。进行相似操作将其他个案指标值替换为新的编码值 0，如图 2-51 所示。编码设置完成后，单击“继续”按钮，返回图 2-49 所示的对话框，再单击“确定”按钮即可。经过对同一变量的重新编码，原年末人口指标值发生改变，均变为 0 或 1 的数值，如图 2-52 所示。

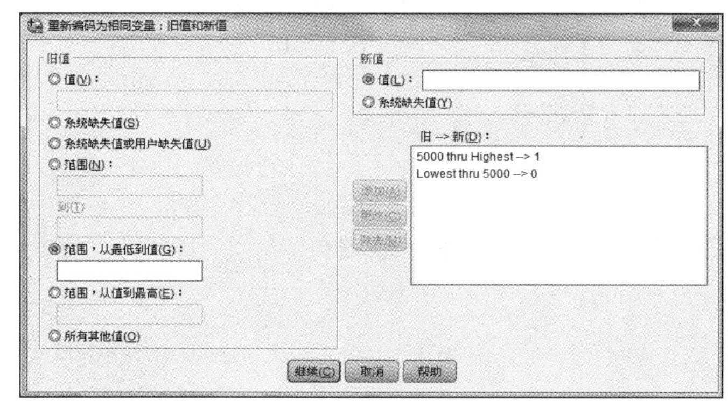

图 2-51　旧值与新值设置完成

	地区	地区生产总值	年末人口	地理区位
1	北京	35371	0	1
2	天津	14104	0	1
3	河北	35105	1	1
4	山西	17027	0	2
5	内蒙古	17213	0	2
6	辽宁	24909	0	1
7	吉林	11727	0	2
8	黑龙江	13613	0	2
9	上海	38155	0	1
10	江苏	99632	1	1

图 2-52　重新编码为相同变量后的“数据视图”窗口

（2）重新编码为不同变量

选择“转换”菜单中的“重新编码为不同变量”命令，弹出“重新编码为不同变量”对话框。在变量名列表框中选择“年末人口”选项，将其添加到“数字变量→输出变量”列表框中，同时在“输出变量”选项组中为新变量命名，输入新的变量名称后单击“变化量”按钮，则新变量名进入“数字变量→输出变量”列表框中，如图 2-53 所示。其后单击“旧值和新值”按钮，弹出“重新编码为不同变量：旧值和新值”对话框，如图 2-54 所示，该对话框的设置方法与重新编码为相同的变量的相同。完成设置后，单击“继续”按钮返回图 2-53 所示的对话框，再单击“确定”按钮即可。

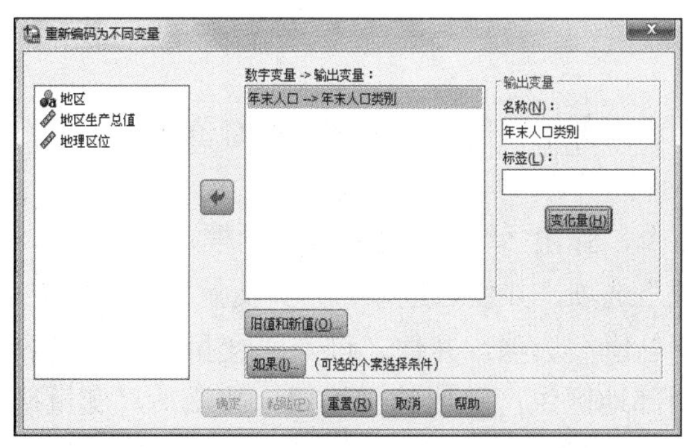

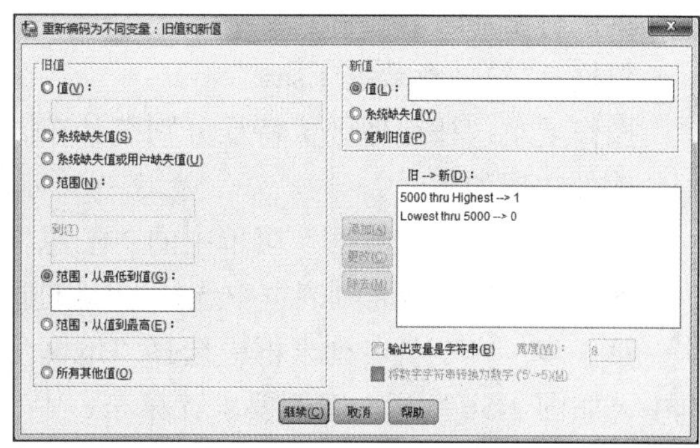

图 2-53　“重新编码为不同变量”对话框　　图 2-54　“重新编码为不同变量：旧值和新值”对话框

这种编码方式下，原年末人口指标值并未改变，只是生成了新的变量，用以存放编码值，如图 2-55 所示。

在上述两种编码方式下，用户均可通过单击“如果”按钮指定条件来确定参与重新编码的个案。与前面根据已存在的变量建立新变量的方法不同的是：变量的重新编码不能进行运算，只能根据指定变量值做数值转换，且这种转换是单一数值的转换。

	地区	地区生产总值	年末人口	地理区位	年末人口类别
1	北京	35371	2154	1	.00
2	天津	14104	1562	1	.00
3	河北	35105	7592	1	1.00
4	山西	17027	3729	2	.00
5	内蒙古	17213	2540	2	.00
6	辽宁	24909	4352	1	.00
7	吉林	11727	2691	2	.00
8	黑龙江	13613	3751	2	.00
9	上海	38155	2428	1	.00
10	江苏	99632	8070	1	1.00

图 2-55　重新编码为不同变量后的“数据视图”窗口

2.4　数据的整理与软件实现

2-4　数据的整理与软件实现

可根据研究目的对数据进行初步整理。常用的数据整理操作包括数据的分类汇总、个案子集的选取、缺失值的替换。

2.4.1　数据的分类汇总

有时用户希望对现有数据资料按照某个指定变量的数值进行归类分组汇总，如了解不同性别的学生的数学平均成绩。这时便可用到 SPSS 的数据分类汇总功能。

在 SPSS 中，实现数据的分类汇总需要 3 个步骤。

首先，需要指定分类变量和汇总变量。然后，计算机根据分类变量的若干不同取值将个案数据分成若干类，并对每类个案计算汇总变量的描述统计量。最后，将分类汇总计算结果保存到一个文件中。

案例分析 11

数据：“第二章数据 1.sav”。

操作要求：按地理区位特征分别统计东、中、西部地区的平均地区生产总值。

软件实现如下。

第 1 步：选择“数据”菜单中的“汇总”命令，弹出 “汇总数据”对话框。

第 2 步：在变量名列表框中选择 “地理区位”选项，并使之进入“分类变量”列表框中。

第 3 步：在变量名列表框中选择“地区生产总值”选项，并使之进入“变量摘要”列表框中，如图 2-56 所示。案例要求计算东、中、西部地区生产总值的平均值，故激活“变量摘要”列表框中的变量。单击“函数”按钮，弹出“汇总数据：汇总函数”对话框。SPSS 提供了四大类共 15 种统计量，根据案例要求，选择“平均值”单选项，如图 2-57 所示，单击“继续”按钮，返回图 2-56 所示的对话框。

第 4 步：单击“名称与标签”按钮，可以重新指定结果文件中的变量名或加入变量名标签。SPSS 默认的结果文件中的变量名为原变量后加上“_1”，如图 2-58 所示。如有需要，可重新设置名称。本例中将名称改为“地区生产总值均值”，单击“继续”按钮，图 2-56 所示的界面会发生改变。

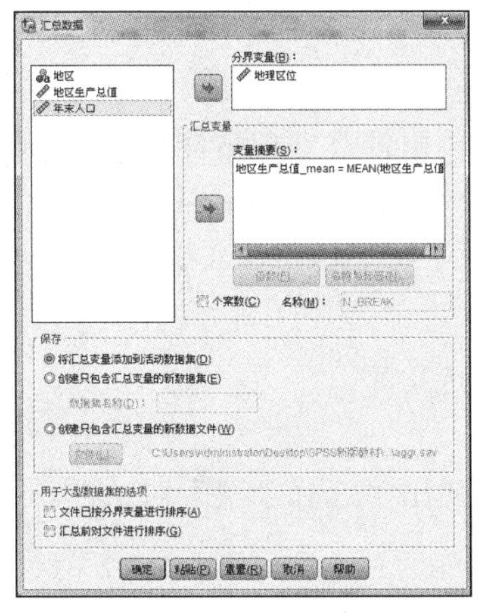

图 2-56　“汇总数据”对话框

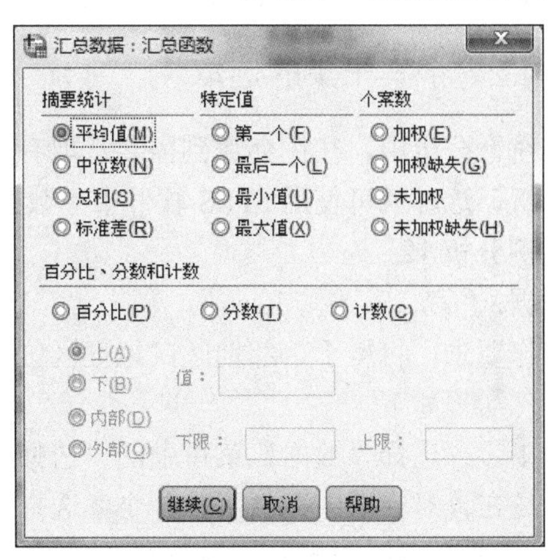

图 2-57　“汇总数据：汇总函数”对话框

第 5 步：指定分类汇总结果的保存位置。在图 2-56 所示的“保存”选项组中，SPSS 提供了 3 种选择：第 1 种为“将汇总变量添加到活动数据集”，表示把分类汇总的结果增加到当前“数据视图”窗口中；第 2 种为“创建只包含汇总变量的新数据集”，表示把结果生成为一个新的数据集，若选择该单选项，则需要为新数据集命名；第 3 种为“创建只包含汇总变量的新数据文件”，表示用户可以指定结果文件名和保存路径，默认文件名为 aggr.sav。选择第一个单选项，单击“确定”按钮，可见在“数据视图”窗口中，在原变量后新增变量“地区生产总值均值”，该变量的取值只有 3 种，分别表示东、中、西部地区的地区生产总值均值，如图 2-59 所示。

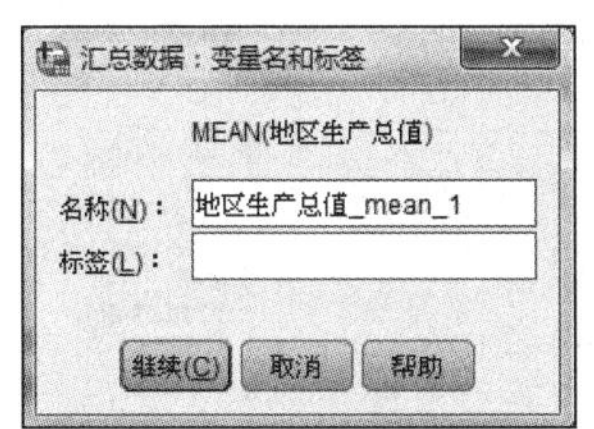

图 2-58　“汇总数据：变量名和标签”对话框

*第二章数据1.sav [数据集2] - IBM SPSS Statistics 数据编辑器

文件(F)　编辑(E)　查看(V)　数据(D)　转换(T)　分析(A)　图形(G)　实用程序(U)　扩展(X)

15：

	地区	地区生产总值	年末人口	地理区位	地区生产总值均值
1	北京	35371	2154	1	46442.33
2	天津	14104	1562	1	46442.33
3	河北	35105	7592	1	46442.33
4	山西	17027	3729	2	29032.11
5	内蒙古	17213	2540	2	29032.11
6	辽宁	24909	4352	1	46442.33
7	吉林	11727	2691	2	29032.11
8	黑龙江	13613	3751	2	29032.11
9	上海	38155	2428	1	46442.33
10	江苏	99632	8070	1	46442.33

图 2-59　数据汇总结果

注：如果要处理的数据量较大，并且数据已经按照分类变量进行了排序整理，则可在“用于大型数据集的选项”选项组中选中“文件已按分界变量进行排序”复选框；若选中“汇总前对文件进行排序”复选框，则输出结果在进行分类汇总时会先排序。

2.4.2 个案子集的选取

在统计分析中，往往会遇到需要从现有数据资料中挑选出符合某项特征的部分数据进行统计分析，这时就可使用 SPSS 软件中“数据”菜单中的“选择个案”命令。

案例分析 12

数据：“第二章数据 1.sav”。

操作要求：将属于东部地区（地理区位=1）的个案挑选出来。

软件实现如下。

第 1 步：选择“数据”菜单中的“选择个案”命令，弹出“选择个案”对话框。

系统在该对话框中提供了 5 种个案选择方式。

- 所有个案：选择所有的个案（行），也可用于撤销先前的选择。
- 如果条件满足：按指定条件选择。
- 随机个案样本：对观察单位进行随机抽样。单击“样本”按钮，弹出“选择个案：随机样本”对话框。这里有两种选择方式：一种是大概抽样，即输入抽样比例后由系统随机抽取；另一种是精确抽样，即要求从第几个观察值起抽取多少个。
- 基于时间或个案范围：顺序抽样。单击“范围”按钮，弹出“选择个案：范围”对话框，用户可定义从第几个观察值抽到第几个观察值。
- 使用过滤变量：用指定的变量做过滤。用户先选择 1 个变量，系统自动在数据管理器中将该变量值为 0 的观察单位标上删除标记，系统对有删除标记的观察单位不做分析。

第 2 步：选择“如果条件满足”单选项，如图 2-60 所示，单击“如果”按钮，弹出“选择个案：If”对话框。在右上方的文本框内输入个案挑选条件，变量名列表框、计算器板和函数组的使用规则在“2.3.2 新变量的产生”节中已有介绍，用户可根据要求选择。根据本例要求，输入选择条件“地理区位=1”，如图 2-61 所示。单击“继续”按钮，返回图 2-60 所示的对话框。

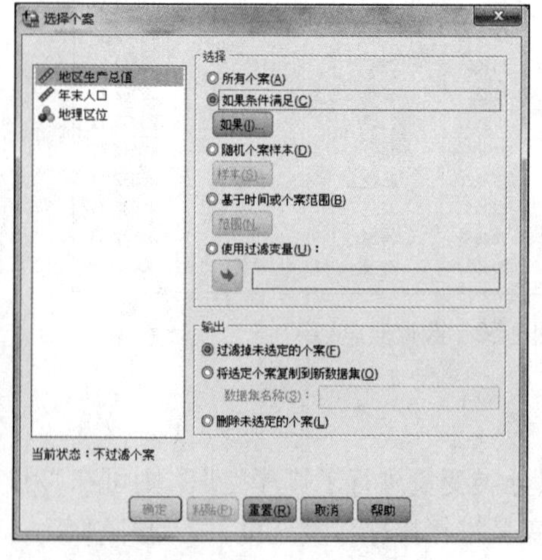

图 2-60 “选择个案”对话框

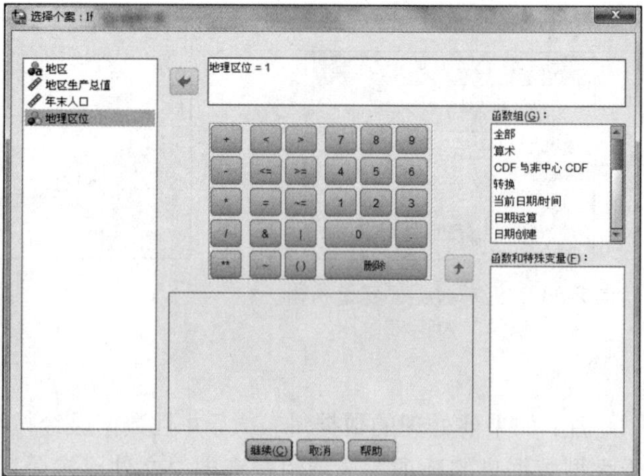

图 2-61 “选择个案：If”对话框

第 3 步：选择输出方式。

当“选择”选项组中的设置完成后，“输出”选项组将变为可用。SPSS 系统提供了 3 种输出方式。

- 过滤掉未选定的个案：过滤掉没有被选择的个案。系统会对已选择的个案标记“选择”。
- 将选定个案复制到新数据集：将已选择的个案复制到一个新的数据集中。可以在其下的“数据集名称”文本框中输入要保存的数据集的名称。
- 删除未选定的个案：系统将删除所有被标上删除标记的个案。删除个案后数据不可复原，建议慎用该单选项。

本例选择“过滤掉未选定的个案”选项，单击“确定”按钮。数据处理结果在“数据视图”窗口中显示，如图 2-62 所示，主要变化有两点：一是生成了一个新变量“filer_$”，该变量的取值为 0 或 1，0 代表未被选择，1 代表符合选择条件；二是在未被选择的个案行号处会以“/”进行标记。

注：若要撤销“选择个案”的指令，只需重新打开“选择个案”对话框，选择“所有个案”单选项，单击“确定”按钮即可。

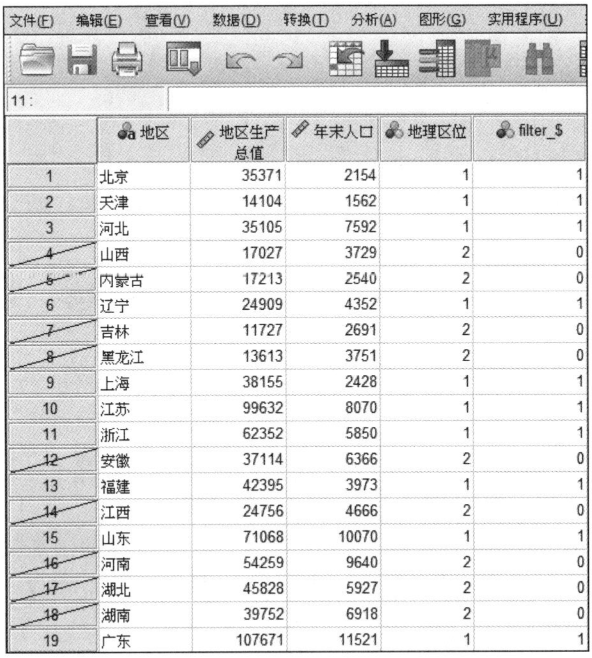

文件(F)　编辑(E)　查看(V)　数据(D)　转换(T)　分析(A)　图形(G)　实用程序(U)

11 :

	地区	地区生产总值	年末人口	地理区位	filter_$
1	北京	35371	2154	1	1
2	天津	14104	1562	1	1
3	河北	35105	7592	1	1
4	山西	17027	3729	2	0
5	内蒙古	17213	2540	2	0
6	辽宁	24909	4352	1	1
7	吉林	11727	2691	2	0
8	黑龙江	13613	3751	2	0
9	上海	38155	2428	1	1
10	江苏	99632	8070	1	1
11	浙江	62352	5850	1	1
12	安徽	37114	6366	2	0
13	福建	42395	3973	1	1
14	江西	24756	4666	2	0
15	山东	71068	10070	1	1
16	河南	54259	9640	2	0
17	湖北	45828	5927	2	0
18	湖南	39752	6918	2	0
19	广东	107671	11521	1	1

图 2-62　“数据视图”窗口中显示的数据处理结果

2.4.3　缺失值的替换

当分析数据中存在系统或用户指定的缺失值时，首先要替换缺失值。SPSS 软件“转换”菜单中的“替换缺失值”命令可用于处理该类问题。

案例分析 13

数据：“第二章数据 1.sav”。

操作要求：将北京的“年末人口”数值删除，形成缺失值，并对该指标值进行替换。

软件实现如下。

第 1 步：选择“转换”菜单中的“替换缺失值”命令，弹出“替换缺失值”对话框。在变量名列表框中选择存在缺失值的变量，本例中为“年末人口”，并将其添加到“新变量”列表框中，这时系统自动产生用于替换缺失值的新变量，也可在“名称和方法”选项组中自定义替换缺失值的新变量名，如图 2-63 所示。本例中输入的新变量名“年末人口新”。单击“变化量”按钮，完成新变量名称设置，如图 2-64 所示。

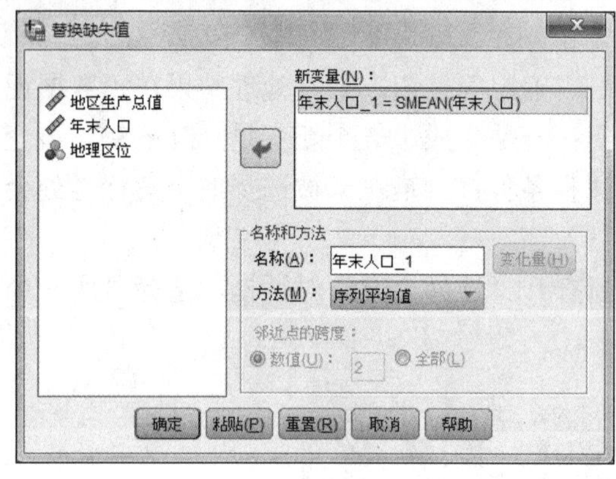

图 2-63 “替换缺失值”对话框

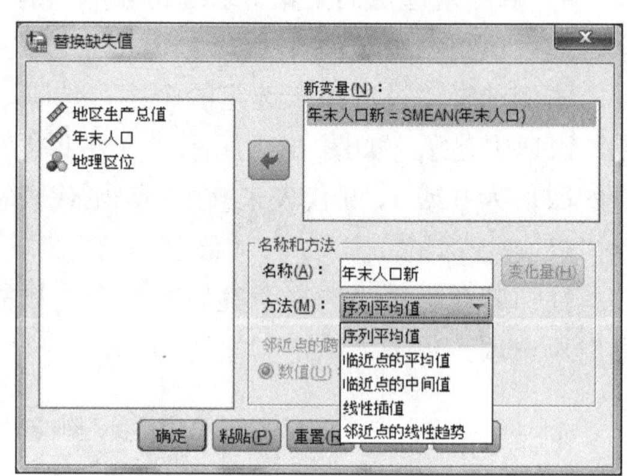

图 2-64 设置新变量名称

第 2 步：选择替换方法。

在“方法”下拉列表框中选择缺失值的替换方式，共有以下几种。

- 序列平均值：用该变量的所有非缺失值的均值做替换。
- 临近点的平均值：用缺失值相邻点的非缺失值的均值做替换，取多少个相邻点可任意定义。
- 临近点的中间值：用缺失值相邻点的非缺失值的中位数做替换，取多少个相邻点可任意定义。
- 线性插值：用缺失值相邻两点的非缺失值的中点值做替换。
- 临近点的线性趋势：用线性拟合方式确定替换值。

本例中选择“序列平均值”选项，单击“确定”按钮，可见在“数据视图”窗口中，新生成“年末人口新”变量，该变量下北京年末人口数据替换为 4607.7，其他地区的数值未发生改变，如图 2-65 所示。

*第二章数据1.sav [数据集2] - IBM SPSS Statistics 数据编辑器

文件(F) 编辑(E) 查看(V) 数据(D) 转换(T) 分析(A) 图形(G) 实用程序(U) 扩

5：

	地区	地区生产总值	年末人口	地理区位	年末人口新
1	北京	35371	.	1	4607.7
2	天津	14104	1562	1	1562.0
3	河北	35105	7592	1	7592.0
4	山西	17027	3729	2	3729.0

图 2-65 “替换缺失值”数据处理结果

习 题

一、填空题

1．SPSS 中________菜单操作可以修改原有变量的值。

2．SPSS 中________菜单操作可以在数据中插入新的个案。

3．SPSS 中可以进行变量转换的命令有________。

4．SPSS 中有 ________、________两种基本的数据组织形式。

5．数据菜单中，命令“个案加权”的意义是________。

二、选择题

1．下列不是 SPSS 对变量名称制定的规则的是（　　）。

A．变量名最后一个字符不能是句号

B．不能使用空白字符或其他特殊字符（如“!”“？”等）

C．变量命名必须唯一，不能有两个相同的变量名

D．变量名称有大小写的区分

2．在进行数据文件的横向合并时，不属于 SPSS 提供的合并方式的是（　　）。

A．基于文件顺序的一对一合并　　B．基于键值的一对一合并

C．基于键值的一对多合并　　D．基于文件顺序的多对多合并

3．设置变量属性时，不属于 SPSS 提供的变量类型的是（　　）。

A．数值型　　B．日期型　　C．小数型　　D．字符型

4．SPSS 可以对缺失变量进行定义，下列不属于缺失值定义方式的是（　　）。

A．定义 3 个单独的缺失值　　B．定义一个缺失范围

C．定义一个单独的缺失值　　D．定义两个缺失范围

5．下列说法正确的是（　　）。

A．删除变量只能在“变量视图”窗口中完成

B．数值型变量小数点的位数最少要保留 2 位

C．“个案排序”操作会改变原有数据的样本排列顺序

D．SPSS 无法读入数据库格式的文件

三、判断题

1．SPSS 中可将“.”用于变量命名，且“.”可以位于变量名末尾。（　　）

2．SPSS 可以用于多种格式数据文件之间的转换。（　　）

3．SPSS 进行追加记录操作时，要求对应变量的数据结构完全一致。（　　）

4．在 SPSS 数据文件中进行随机抽样时，进行的是有放回的抽样，即抽样获得的个案可以重复。（　　）

5．变量名命名格式 a/b 正确。（　　）

四、简答题

1．试述“个案排序”和“个案排秩”两种排序操作的区别。

2．如何进行变量集的定义和使用？

3．简述数据排序在数据分析过程中的目的。

4．对于缺失值，如何利用 SPSS 进行科学替换？

5．在计算数据的加权平均数时，如何对变量进行加权？

案例分析题

1．根据下述调查问卷中的题目，完成变量的设置和编码。

“4．请问您的家庭月收入：

a．3000 以下　　b．3000～4999　　c．5000～6999

d．7000～9999　　e．10000 以上”

2．请根据表 2-2 所示数据建立 SPSS 数据文件，并完成相关数据操作。

表 2-2　　数据

ID	年龄	体重（千克）	性别
1	25	69.0	男
2	27	68.5	男
3	19	48.3	女
4	29	51.6	女
5	19	45.9	女
6	22	70.5	男
7	23	48.6	女
8	22	66.7	男
9	24	67.3	男
10	26	50.2	女

（1）请采用多种方法根据体重指标值对样本进行排序（升序排列）。

（2）对“性别”变量设置变量值标签，使其对应 0 或 1 值。

3．现有自由格式的文本文件，其中包含 4 个样本，每个样本为一行，每个样本测度 6 个指标，如下所示：

23；45；3；46；65；12

46；89；56；12；4；13

55；1；23；61；41；20

41；20；61；20；1；30

请将文本文件数据信息导入 SPSS 软件中，并对数据文件进行保存。

第3章 描述统计分析与 SPSS 实现

描述统计分析是进行其他统计分析的基础和前提。通过对数据进行基本描述统计分析，可以对数据的总体特征有较为准确的把握，从而有助于选择其他更为深入的统计分析方法。根据变量类型的差异，描述统计分析分为连续变量的描述统计分析和分类变量的描述统计分析。前者主要包括常用的描述统计量的输出及较为复杂的深入探索分析，后者主要包括交叉列联表分析和多选项分析。

学习目标

（1）了解连续变量的常用描述统计量的计算原理及软件操作。

（2）熟悉深入探索分析的基本步骤和分析流程。

（3）熟悉交叉列联表的构建和独立性检验，以及多选项分析方法的应用。

（4）掌握连续变量和分类变量描述统计分析方法的 SPSS 实现过程。

知识框架

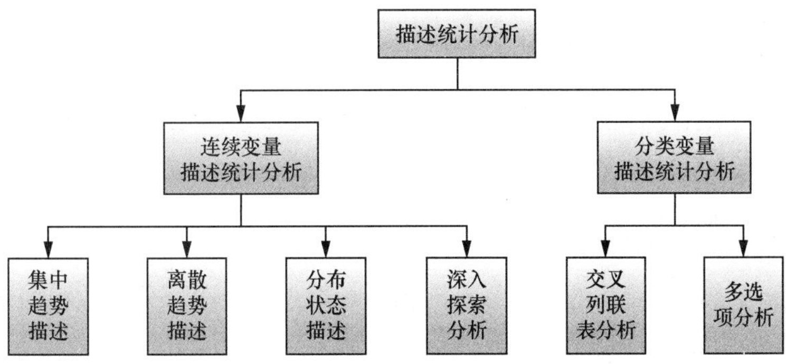

3.1 连续变量描述统计分析

3-1 连续变量描述统计分析

连续变量的描述统计分析按照研究深度不同，分为初步认识和深入探究两个层次，其中初步认识集中于数据的集中趋势、离散趋势和分布状态等统计指标量的计算；深入探究主要集中于探索性分析内容。

3.1.1 集中趋势描述

常用的表示数据集中趋势的统计量有均值、中位数和众数。其中均值是参数统计量，中位数和众数是位置统计量。

1．均值

均值（平均值、平均数，Mean）表示的是某变量所有取值的集中趋势或平均水平，分为总体均值和样本均值。

若一组数据 $X_1, X_2, \cdots, X_N$，代表一个大小为 N 的有限总体，则总体均值的表达式为：

$$\mu = \frac{\sum_{i=1}^{N} X_i}{N}$$

若一组数据 $x_1, x_2, \cdots, x_n$，代表一个大小为 n 的有限样本，则样本均值的表达式为：

$$\overline{x} = \frac{\sum_{i=1}^{n} x_i}{n}$$

样本数据来自总体。样本的统计描述量可以反映总体数据的特征，但由于是抽样，样本数据不一定能够完全准确地反映总体，样本参数可能与总体参数的真实值之间存在一定的差异。进行不同次抽样，会得到若干不同的样本均值，它们与总体均值存在着不同的差异。

2．中位数

把一组数据按递增或递减的顺序排列，处于中间位置上的变量值就是中位数。它是一种位置代表值，所以不会受到极端数值的影响，具有较高的稳定性。

求一个大小为 N 的数列的中位数，首先应把该数列按变量值从大到小（或从小到大）的顺序排列好。如果 N 为奇数，那么该数列的中位数就是 $\frac{N+1}{2}$ 位置上的数值；如果 N 为偶数，则中位数是该数列中第 $\frac{N}{2}$ 与第 $\frac{N}{2}+1$ 位置上两个数值的平均数。

3．众数

众数是指一组数据中，出现次数最多的那个变量值。众数在描述数据集中趋势方面有一定的意义。通常通过统计各个数值的出现频次来确定众数。

3.1.2 离散趋势描述

常用的表示数据离散趋势的统计量有方差、标准差、全距、分位数和均值标准误差。

1．方差和标准差

方差（Variance）是所有变量值与平均数偏差平方和的平均值，它表示了一组数据分布的离散程度。标准差（Standard Deviation）是方差的平方根，它表示了一组数据关于均值的平均离散程度。方差和标准差越大，说明变量值之间的差异越大，距离均值这个“中心”的离散趋势越大。

总体方差：$\sigma^2 = \frac{\sum_{i=1}^{N}(x_i-\mu)^2}{N}$　　总体标准差：$\sigma = \sqrt{\sigma^2}$

样本方差：$s^2 = \frac{\sum_{i=1}^{N}(x_i - \bar{x})^2}{n-1}$　　　　样本标准差：$s = \sqrt{s^2}$

其中：μ为总体均值；$\bar{x}$为样本均值；N为总体单位总量；n为样本量。

2. 全距

全距也称为极差，是数据的最大值与最小值之间的绝对差。在相同样本容量情况下的两组数据，全距大的一组数据要比全距小的一组数据更为分散。

3. 分位数

分位数是位置统计量，常用的分位数统计量有四分位数、十分位数和百分位数。

四分位数是将一组个案由小到大（或由大到小）排序后，用3个点将全部数据分为4等份，与3个点位置上相对应的变量称为四分位数，分别记为Q_1（第一四分位数）、Q_2（第二四分位数）、Q_3（第三四分位数）。其中，Q_3到Q_1之间的距离的一半又称为四分位差，记为Q。四分位差越小，说明中间部分的数据越集中；四分位差越大，则意味着中间部分的数据越分散。

十分位数是将一组数据由小到大（或由大到小）排序后，用9个点将全部数据分为10等份，与9个点位置上相对应的变量称为十分位数，分别记为D_1，D_2，…，D_9，表示10%的数据落在D_1下，20%的数据落在D_2下，…，90%的数据落在D_9下。

百分位数是将一组数据由小到大（或由大到小）排序后分割为100等份，与99个分割点位置上相对应的变量称为百分位数，分别记为P_1，P_2，…，P_{99}，表示1%的数据落在P_1下，2%的数据落在P_2下，…，99%的数据落在P_{99}下。

4. 均值标准误差

均值标准误差是描述这些样本均值与总体均值之间平均差异程度的统计量。

均值标准误差的表达式为：$SE=\frac{s}{\sqrt{n}}$。

3.1.3 分布状态描述

常用的数据分布形态的描述统计量是偏度和峰度。

1. 偏度

偏度是描述某变量取值分布对称性的统计量。具体的计算公式为：

$$Skewness = \frac{1}{n-1}\sum_{i=1}^{n}(x_i - \bar{x})^3 / \sigma^3$$

这个统计量是与正态分布相比较的量，偏度为0表示其数据分布形态与正态分布偏度相同；偏度大于0表示正偏差数值较大，为正偏或右偏，即有“一条长尾巴”拖在右边；偏度小于0表示负偏差数值较大，为负偏或左偏，即有“一条长尾巴”拖在左边。而偏度的绝对值数值越大表示分布形态的偏斜程度越大。

2. 峰度

峰度是描述某变量所有取值分布形态陡缓程度的统计量。这个统计量是与正态分布相比较的量，峰度为0表示其数据分布与正态分布的陡缓程度相同；峰度大于0表示比正态分布的高峰要更加陡峭，为尖顶峰；峰度小于0表示比正态分布的高峰要平坦，为平顶峰。具体的计算公式为：

$$Kurtosis = \left[\frac{1}{n-1}\sum_{i=1}^{n}(x_i - \overline{x})^4 / \sigma^4\right] - 3$$

3．标准化 Z 分数及线性转换

不论是一手数据还是二手数据，往往都存在着指标单位、数量级等不一致的问题，这会给后续的统计模型构建和分析带来阻碍，因此在数据的预处理阶段，通常需要进行数据标准化。常用的数据标准化方法较多，其中 Z 分数标准化方法充分利用了所有数据的分布信息，具有较优良的统计性质。

Z 分数是指从平均数为 μ、标准差为 σ 的总体中抽出一个变量值为 x 的样本，Z 分数表示的是此样本变量值大于或小于平均数几个标准差。由于 Z 分数分母的单位与分子相同，故 Z 分数没有单位，因此能够用来比较两个从不同单位总体中抽出的变量值。Z 分数的计算表达式为：

$$Z = \frac{x-\mu}{\sigma}$$

将原始数据直接转换为 Z 分数时，常会出现负数和带小数点的值，实际使用起来很不方便。因此，在有些情况下，可以对 Z 分数进行线性转换，使之成为正的数值。最典型的一种 Z 分数线性转换就是 T 分数，其表达式为：

$$T = 10Z + 50$$

3.1.4 深入探索分析

深入探索分析是在一般描述性统计指标输出的基础上，增加有关研究对象其他特征的文字与图形描述，从而对变量进行更为深入详尽解读的描述性统计分析方法，有助于用户思考对数据进行进一步分析的方案。

深入探索分析的内容包括 3 个方面。第一，检查数据是否有错误。过大或过小的数据均有可能是奇异值、影响点或错误数据。要找出这样的数据，并分析原因，然后决定是否从分析中删除这些数据。因为奇异值和影响点往往对分析的影响较大，不能真实反映数据的总体特征。第二，获得数据分布特征。很多统计分析方法都要求数据服从正态分布，因此检验数据是否符合正态分布，就决定了它们是否能用只对正态分布数据适用的分析方法。第三，对数据规律的初步观察。初步观察获得数据的一些内部规律。例如，分组变量之间的方差齐性问题。

对于数据错误的检验，可直接通过特殊统计量的计算得到；对数据正态分布特征的探索，常用 Q-Q 图及正态性分布假设检验的方法；当数据存在分组特征时，还需要比较各个分组的方差是否相同，即方差齐次性检验。在深入探索分析中可以使用莱文（Levene）检验对数据进行方差齐次性检验，该检验对数据正态分布的约束较为宽松。它先计算出各个观测值减去组内均值的差，然后再通过这些差值的绝对值进行单因素方差分析。如果得到相伴概率值小于显著性水平，那么就可以拒绝方差相同的零假设。如果通过分析发现各组方差不同，那么就需要对数据进行转换使方差尽可能相同。

3.1.5 案例详解及软件实现

数据：“第三章数据 1.sav”。某医院收集的一批体检人员的部分体检指标，包括年龄、血钾、血钠、血钙、血氯、是否高血压、性别。

研究目的如下。

① 基本描述统计分析：计算血钾、血纳、血钙、血氯 4 个指标的均值和标准差，并生成对应的 Z 标准化数值。

② 深入探索分析：观察血钾指标是否存在异常值；血钾指标分布是否符合正态分布；不同性别的血钾指标数据方差是否相同。

软件实现如下。

（1）基本描述统计分析

第 1 步：选择“分析”菜单“描述统计”子菜单中的“描述”命令，如图 3-1 所示。

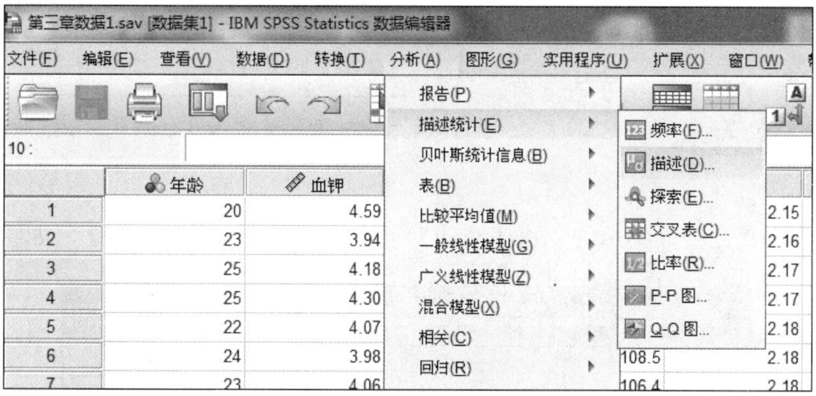

图 3-1 选择“描述”命令

第 2 步：在弹出的“描述”对话框左侧的变量名列表框中选择“血钾”“血纳”“血氯”“血钙”选项，单击按钮使之添加到“变量”列表框中；选中“将标准化值另存为变量”复选框，输出 4 个变量的 Z 标准化数值，如图 3-2 所示。

第 3 步：单击右侧的“选项”按钮，弹出“描述：选项”对话框；选中要计算的统计量前的复选框，本例为平均值和标准差，如图 3-3 所示，选好后单击“继续”按钮返回“描述”对话框，单击“确定”按钮开始计算。

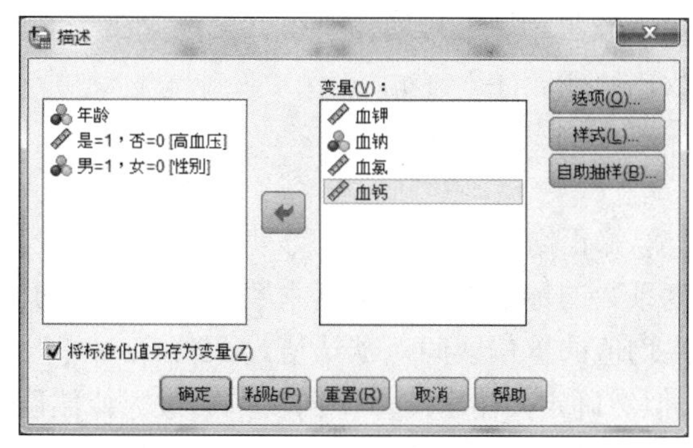

图 3-2 “描述”对话框

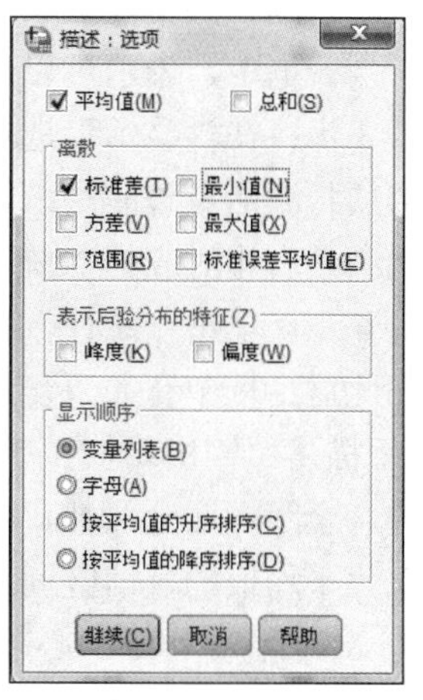

图 3-3 “描述：选项”对话框

第 4 步：输出结果解读。

图 3-4 所示是 4 个变量的均值和标准差的输出结果。图 3-5 显示了 4 个变量的 Z 标准化数值，均是以新生成变量的形式放在原有指标的后面。

描述统计

	N	均值	标准 偏差
血钾	285	4.1784	.30323
血钠	285	141.81	1.930
血氯	285	104.862	1.9855
血钙	285	2.4295	.12049
有效个案数（成列）	285		

图 3-4 “描述统计”输出结果

Z血钾	Z血钠	Z血氯	Z血钙
1.35730	-.41804	.32128	-2.32001
-.78626	.61798	1.83226	-2.23702
.00521	-3.00809	-.18238	-2.15402
.40094	-2.49008	-.18238	-2.15402
-.35755	-3.00809	-.98823	-2.07103
-.65435	-.41804	1.83226	-2.07103
-.39053	-.93605	.77458	-2.07103
1.22539	.61798	.92567	-2.07103
.20308	-.93605	.62348	-1.98804
.46690	-1.45406	-.23274	-1.98804
-.81924	-1.45406	.42201	-1.98804
-.29159	-1.45406	.22055	-1.82205

图 3-5 变量 Z 标准化输出结果

（2）深入探索分析

第 1 步：在“分析”菜单的“描述统计”子菜单中选择“探索”命令，如图 3-6 所示。

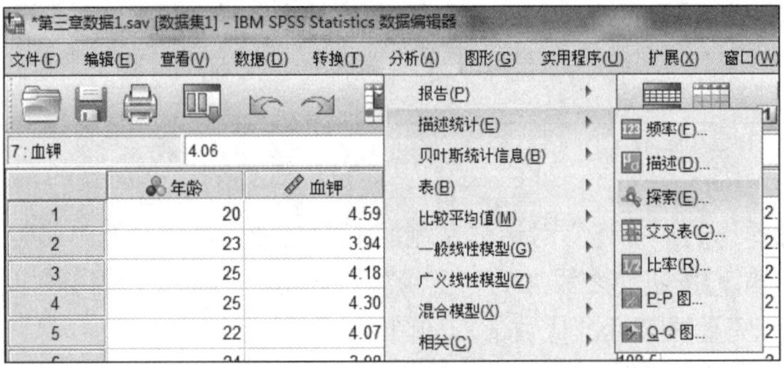

图 3-6 选择“探索”命令

第 2 步：在弹出的“探索”对话框左侧的变量名列表框中选择“血钾”作为分析变量，并将其添加到“因变量列表”列表框中；选择“性别”作为分组变量，并将其添加到“因子列表”列表框中，表示可以以性别为分组变量对因变量进行相关分析，如图 3-7 所示。

第 3 步：在“显示”选项组中选择“两者”单选项，表示输出图形和描述统计量。选择此单选项将激活右边的“统计”和“图”两个按钮。如果只选择“统计”或“图”单选项，则只能激活右边对应的“统计”或“图”按钮，如图 3-7 所示。

第 4 步：单击“统计”按钮，弹出“探索:统计”对话框。

在此对话框中有如下复选框。

- 描述：输出均值、中位数、众数、5%修正均数、标准误、方差、标准差、最小值、最大值、全距、四分位数、峰度系数、峰度系数的标准误差、偏度系数、偏度系数的标准误差。在“平均值的置信区间”文本框中输入均值的置信区间，默认值为 95%。
- M-估计量：做中心趋势的粗略最大似然确定，输出 4 个不同权重的最大似然确定数。当数据分布均匀，并且两“尾巴”较长，或当数据中存在极端值时，M-估计量可以提供比较合理的估计。

- 离群值：输出 5 个最大值与 5 个最小值。
- 百分位数：输出第 5%、10%、25%、50%、75%、90%，以及 95%百分位数。

本例要寻找血钾指标的特殊值和分布状态，因此选中“M-估计量”和“离群值”复选框，如图 3-8 所示。单击“继续”按钮，返回“探索”对话框。

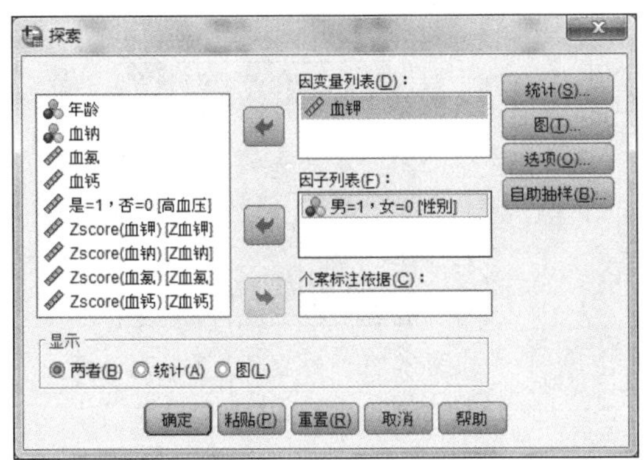

图 3-7 “探索”对话框

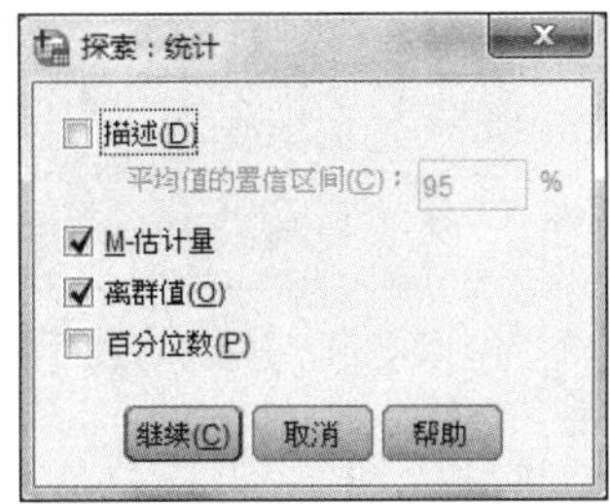

图 3-8 “探索：统计”对话框

第 5 步：在“探索”对话框中单击“图”按钮，弹出“探索：图”对话框。SPSS 在该对话框中提供了 4 种图形。

“箱图”选项组中包括 3 个单选项：①因子级别并置，为每个因变量生成一个箱图，比较同一因变量在分组变量值不同水平上的分布情况；②因变量并置，所有因变量生成一个箱图，这样可以比较分组变量同一水平上各个因变量值的分布情况；③无，表示不显示箱图。

“描述图”选项组中提供了两种选项，分别为茎叶图和直方图。

选中“含检验的正态图”复选框会输出正态分布图形，并同时输出科尔莫戈洛夫-斯米诺夫检验及夏皮洛-威尔克检验两种方法的参数检验结果。这两种方法的零假设均为数据服从正态分布，通过构造不同的检验统计量，计算相伴概率，并做出最终判断。

“含莱文检验的分布-水平图”选项组用于设置输出散布-层次图，其中包括回归直线斜率及方差齐次性的莱文（Levene）检验。如果没有指定分组变量，那么此选项组呈灰色状态。该选项组中提供了 4 个单选项：①无，表示不生成散布-层次图；②效能估算，转换幂值估计，表示对每一组数据产生一个中位数范围的自然对数与四分位范围的自然对数的散点图；③转换后——对原始数据进行转换，由用户在“幂”下拉列表框中指定幂变换使用的幂值，“幂”下拉列表框中包含立方、平方根和自然对数等选项；④未转换，表示不对原始数据进行转换。

本例要验证血钾变量的正态分布特征，以及对不同性别样本的血钾方差齐性进行判断，因此选中“含检验的正态图”复选框，选择“含莱文检验的分布-水平图”选项组中的“效能估算”单选项，如图 3-9 所示。单击“继续”按钮，返回“探索”对话框。

第 6 步：单击右上方的“选项”按钮，弹出“探索：选项”对话框。

该对话框用来选择缺失值处理方法，SPSS 一般提供 3 种处理方法：①成列排除个案，表示去除所有含缺失值的个案后再进行分析；②成对排除个案，表示当分析计算涉及含有缺失值的变量时，去掉在该变量上是缺失值的个案；③报告值，表示分组变量中的缺失值将被单独分为一组，输出频数表时包括缺失值，但将标出分组变量的缺失值。

选择“成列排除个案”单选项，如图 3-10 所示，单击“继续”按钮，返回“探索”对话框，再单击“确定”按钮，SPSS 即开始深入探索分析。

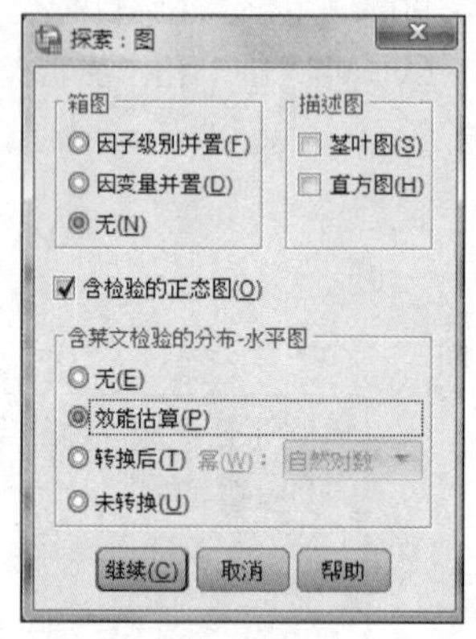

图 3-9 “探索：图”对话框

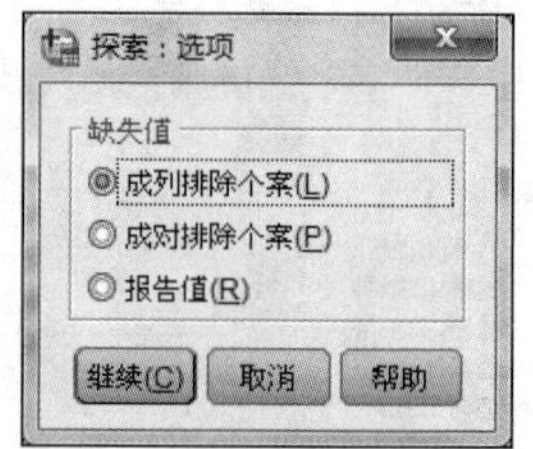

图 3-10 “探索：选项”对话框

结果解读如下。

（1）从个案观察量摘要表中可以看出男性个案有 138 个，女性个案有 147 个，共 285 个样本，无缺失值，如图 3-11 所示。M-估计量表输出 4 个不同权重下做中心趋势的粗略最大似然确定数。表格下面的 a、b、c、d 表示 4 种加权常量。如果 4 种不同权重下的粗略最大似然确定数与估计结果差异不大，则说明数据分布与正态分布较为相似。反之，对于伴有长拖尾的对称分布数据或带有个别极端数值的数据，用粗略最大似然确定数替代均值或中位数，结果会更准确。

（2）异常值判断。图 3-12 所示为极值输出表，该表输出了男性和女性样本中血钾数值最大和最小的样本个案号和对应的数值。如果样本数据中存在极端值，那么在极值输出表中就有所体现。从输出结果看，样本数据无明显极值出现。

男=1，女=0

个案处理摘要

	男=1，女=0	有效 N	有效 百分比	缺失 N	缺失 百分比	总计 N	总计 百分比
血钾	.00	147	100.0%	0	0.0%	147	100.0%
	1.00	138	100.0%	0	0.0%	138	100.0%

M 估计量

	男=1，女=0	休伯 M 估计量[a]	图基双权[b]	汉佩尔 M 估计量[c]	安德鲁波[d]
血钾	.00	4.1241	4.1154	4.1245	4.1149
	1.00	4.1794	4.1732	4.1896	4.1732

a. 加权常量为 1.339。

b. 加权常量为 4.685。

c. 加权常量为 1.700、3.400 和 8.500

d. 加权常量为 1.340*pi。

图 3-11 M-估计量结果

极值

	男=1，女=0			个案号	值
血钾	.00	最大值	1	202	4.92
			2	117	4.89
			3	190	4.83
			4	252	4.83
			5	128	4.76
		最小值	1	132	3.55
			2	250	3.58
			3	189	3.60
			4	274	3.66
			5	118	3.68
	1.00	最大值	1	251	5.41
			2	153	4.88
			3	185	4.85
			4	114	4.84
			5	216	4.83
		最小值	1	279	3.56
			2	152	3.62
			3	50	3.64
			4	113	3.73
			5	180	3.74

图 3-12 极值输出表

（3）数据正态分布检验结果。SPSS 提供了两种观察数据正态性分布特征的方式。一是正态性分布参数检验。从科尔莫戈洛夫–斯米诺夫检验结果看，女性样本的相伴概率值为 0.200，高于显著性水平 0.05，因此接受零假设，认为女性样本数据分布服从正态分布。男性样本显著性（即相伴概率值）为 0.052，略高于 0.05，也可认为其近似服从正态分布，如图 3-13 所示。

正态性检验

	男=1，女=0	柯尔莫戈洛夫-斯米诺夫(V)[a]			夏皮洛-威尔克		
		统计	自由度	显著性	统计	自由度	显著性
血钾	.00	.064	147	.200*	.979	147	.024
	1.00	.075	138	.052	.976	138	.015

*. 这是真显著性的下限。

a. 里利氏显著性修正

图 3-13　正态性检验结果

二是正态分布 Q-Q 图。Q-Q 图中的斜线是正态分布的标准线，散点图是实际数据的取值，散点图组成的曲线越接近斜线，表示数据分布越接近正态分布。从图 3-14 中可以看出，女性样本大部分点都接近图中的斜线，由此可以认为女性样本血钾分布接近正态分布。而男性样本中大部分散点靠近标准线，但是有一个特殊点，从而导致其与正态性分布特征有所差异，如图 3-15 所示。

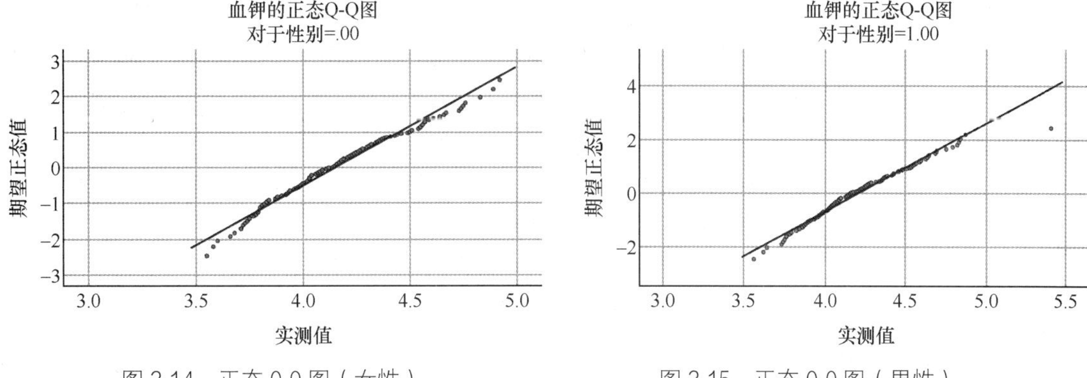

图 3-14　正态 Q-Q 图（女性）　　图 3-15　正态 Q-Q 图（男性）

（4）不同性别的血钾指标方差齐性的判断。方差齐性检验给出了 4 种不同基础的检验结果，对应的 4 种检验方法的零假设均为各性别水平的指标方差相等。血钾指标的方差齐性检验结果显示，4 种方法的相伴概率值均大于 0.05，都支持接受零假设，即男性和女性样本的血钾方差是相等的，也就是说男性和女性样本血钾数据的离散程度是相当的，如图 3-16 所示。

方差齐性检验

		莱文统计	自由度 1	自由度 2	显著性
血钾	基于平均值	.034	1	283	.853
	基于中位数	.012	1	283	.914
	基于中位数并具有调整后自由度	.012	1	281.729	.914
	基于剪除后平均值	.028	1	283	.868

图 3-16　方差齐性检验输出结果

3.2 分类变量描述统计分析

3-2 分类变量描述统计分析

3.1 节介绍的是针对连续变量数据的描述统计分析方法，当数据类型为定性（分类）变量时，根据研究目的，可采用交叉列联表分析、多选项分析方法。

3.2.1 交叉列联表分析

在实际分析中，往往需要掌握多个变量在不同取值情况下的数据分布情况，从而进一步深入分析变量之间的相互影响和关系，这种分析就称为交叉列联表分析。

例如，需要了解不同性别的患者在服用同一种药物后的治愈状态的差异，就需要进行两个变量的交叉列联表分析，性别和治愈状态这两个变量分别称为交叉列联表分析的行变量和列变量。

交叉列联表分析除了列出交叉分组下的频数分布外，还需要分析两个变量之间是否具有独立性或一定的相关性。要获得变量之间的相关性，仅靠频数分布的数据是不够的，还需要借助一些变量间相关程度的统计量和非参数检验的方法。

常用的测度变量间相关程度的统计量是简单相关系数（参见本书 7.1 节）。但在交叉列联表分析中，由于行列变量往往不是连续变量，不符合计算简单相关系数的前提条件，因此需要根据变量的性质，选择其他的相关系数，如肯德尔（Kendall）等级相关系数、Eta 值等。

SPSS 提供了多种适用于不同相关系数的相关关系假设检验方法，这些检验的零假设是：行和列变量之间彼此独立，不存在显著的相关关系。SPSS 将自动给出检验的相伴概率值，如果相伴概率值小于显著性水平 0.05，那么应拒绝零假设，认为行列变量之间彼此相关。

相关计算公式介绍如下。

（1）卡方统计量检验是常用的检验行、列变量之间是否相关的方法。交叉列联表的卡方检验零假设是行、列变量之间独立，卡方统计量的计算公式为：

$$\chi^2=\sum\frac{(f_0-f_e)^2}{f_e}$$

其中，f_0 表示实际观察频数；f_e 表示期望频数。

卡方统计量服从（行数−1）×（列数−1）个自由度的卡方分布，SPSS 在自动计算卡方统计量后，还会给出相应的相伴概率。

（2）列联系数用于名义变量之间的相关系数计算。其计算公式由卡方统计量的公式修改而得，公式为：

$$C=\sqrt{\frac{\chi^2}{\chi^2+N}}$$

其中，N 为样本系数。

（3）ψ 系数用于名义变量之间的相关系数计算（通常用 V 统计量表示 ψ 系数的计算结果）。计算公式由卡方统计量的公式修改而得，公式为：

$$V=\sqrt{\frac{\chi^2}{N(K-1)}}$$

计算结果介于0和1之间，其中K为行数和列数中较小的实际数。

3.2.2 多选项分析

多选项分析多用于对市场调查过程中出现的调查问卷多选项问题的分析。多选项问题是指一个问题的答案都是顺序变量或名义变量，并且允许选择的答案有多种组合，如“从下列手机品牌中挑选出你最喜欢的3个品牌”。对于这类问题，不同的人会有不同的答案。那么如何对这类问题进行统计分析呢？

对于单选项问题，一个问题只对应一个答案。在统计的过程中，只需要将一个问题设为一个变量，用来存放该问题的答案就可以了。

但对于多选项问题，答案不止一个。如果一个问题只设置一个变量，那么无法存放多个答案，也就是说SPSS无法直接对多选项问题进行处理。要处理多选项问题，需要设计一个好的编码方案，对原问题进行重新编码。也就是将一个问题转换成多个子问题，设置多个SPSS变量，分别存放几个可能的答案。

对于多选项问题，编码方案的方法有两种。

1．多选项二分法

多选项二分法将每个可能的答案设置为一个SPSS变量，变量的取值为0或1，0表示没选中，1表示选中。这种方法较为简单，但需要的变量数比较多。例如，一道题目有6个选项，则一个多选项问题就需要用6个变量来表示。

2．多选项分类法

多选项分类法首先估计多选项问题可能出现的答案个数。例如，一个多选项问题如果最多有3个答案，那么就设置3个SPSS变量，分别用来存放3个可能的答案。如果某个案的答案只有2个，那么第3个SPSS变量的取值为缺失值。SPSS变量的取值为备选答案的代码，常用数字1，2，3…表示不同的备选答案。

多选项二分法和多选项分类法只是在变量编码方式上有区别，不论采用哪种编码方式，对于相同数据进行统计分析的结果是相同的，并且可以相互转换和比较。

3.2.3 案例详解及软件实现

案例分析1

数据：“第三章数据1.sav”。

研究目的：构建包含“性别”和“高血压”两个变量的交叉列联表，并判断是否患有高血压与性别有无相关关系。

软件实现如下。

第1步：在“分析”菜单的“描述统计”子菜单中选择“交叉表”命令，如图3-17所示。

第2步：在弹出的“交叉表”对话框的变量名列表框中，选择“高血压”添加到“行”列表框中；选择“性别”添加到“列”列表框中，如图3-18所示。

如果还有其他变量参与分析，则在该对话框中将其指定为层控制变量，添加到“层”选项组的列表框中。有多个层控制变量时，需要根据实际的分析要求确定它们的层次（也可以将它们都指定在同一层次）。

“显示簇状条形图”复选框用来指定是否显示各个变量不同交叉取值下的关于频数的直方图。

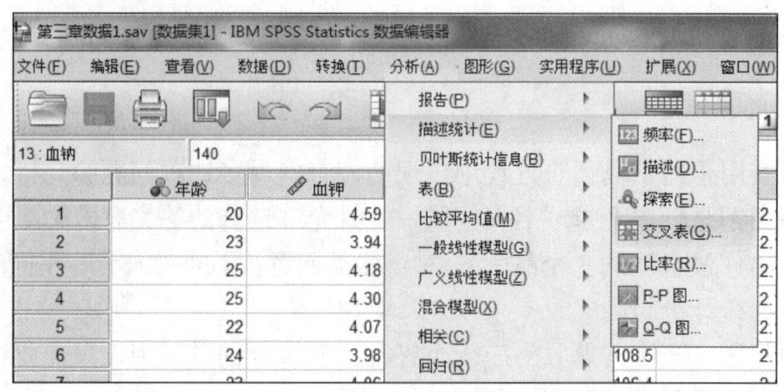

图 3-17　选择“交叉表”命令

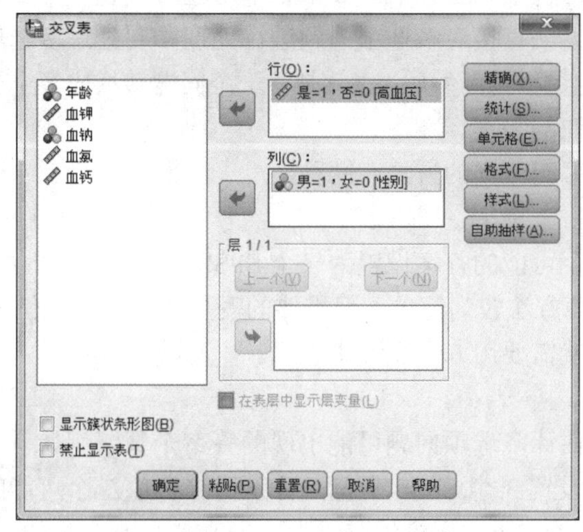

图 3-18　“交叉表”对话框

“禁止显示表”复选框表示不显示具体表格，而直接显示交叉列联表分析过程中的统计量。如果没有选中统计量，则不产生任何结果。

第 3 步：单击“统计”按钮，弹出“交叉表：统计”对话框。

该对话框主要用于统计行、列变量的关联性，以关联系数及相关的统计检验输出为主。根据行、列变量的属性不同，相关系数的计算规则和函数各不相同。

①如果行、列变量均是定距变量，则可选中“相关性”复选框，以提供交叉表行、列两变量的 Pearson 相关系数或 Spearman 相关系数，并配合卡方检验。

②如果行、列变量均是定性变量，SPSS 提供了 4 种关联指标，包括列联系数、Phi 和克莱姆 V、Lambda（在自变量预测中用于反映比例缩减误差，其值为 1 时表明自变量预测因变量好，为 0 时表明自变量预测因变量差）、不确定性系数（以熵为标准的比例缩减误差，其值接近 1 时表明后一变量的信息在很大程度上来自前一变量，其值接近 0 时表明后一变量的信息与前一变量无关）。

③如果行、列变量均是定序变量，SPSS 提供了 4 种关联指标，包括 Gamma（0～1，值为 1 表示两个变量之间有很强的相关性，为 0 表示互相独立）、萨默斯 d（取值范围为[−1,1]）、肯德尔 tau-b（考虑次序或等级变量关联性的非参数检验，将相同的观察值选入计算过程中，取值范围为[−1,1]）、肯德尔 tau-c（不考虑有次序或等级变量关联性的非参数检验，相同的观察值不选入计算过程中，取值范围为[−1,1]）。

④如果行、列变量一个为定性变量，另外一个为定距变量，SPSS 提供了 5 种关联指标，包括 Eta（其平方值可认为是因变量受不同因素影响所致方差的比例）、Kappa（计算 Cohen 的 Kappa 系数，是检验内部一致性的系数，仅适用于具有相同分类值和相同分类数量的变量交叉表）、风险（检验事件发生和某因素之间的关联性）、麦克尼马尔（该检验是目前国内通用教材中关于配对四表格资料有无差别的 b、c 格比较的检验，因此只处理和接受二值变量，检验小样本时采用二项分布计算精确概率，检验大样本时采用卡方检验）、柯克兰和曼特尔-亨塞尔统计（用于一个二值因素变量和一个二值响应变量之间的独立性检验）。

由于本例中两个变量均是分类变量，因此选中“列联系数”复选框，如图 3-19 所示。选中后单击“继续”按钮，返回“交叉表”对话框。

第 4 步：单击“单元格”按钮，弹出“交叉表：单元格显示”对话框。该对话框用于定义列联表单元格中需要输出的指标。单元格内可以输出的内容包括 5 种形式：计数、百分比、Z-检验、残差以及非整数权重。

“计数”选项组中包括 3 种形式：实测（默认选中），表示输出为实际观察数；期望，表示输出为理论数；隐藏较小的计数，可在“小于”文本框中输入界限值。

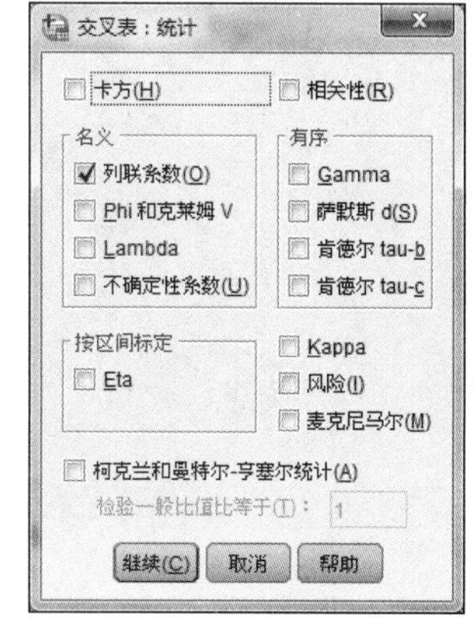

图 3-19 “交叉表：统计”对话框

“百分比”选项组用于选择输出百分数，包括行百分数、列百分数和合计百分数。

“残差”选项组用于设置输出差值，包括输出非标准化残差（实际数与理论数的差值）、标准化残差（实际数与理论数的差值除理论数），以及调整标准化残差（由标准误确立的单元格残差）。

根据案例要求，选中“计数”框中的“实测”、“百分比”框中的“行”和“列”复选框，如图 3-20 所示。单击“继续”按钮，返回“交叉表”对话框。

第 5 步：单击“格式”按钮，弹出“交叉表：表格式”对话框。该对话框中的“行顺序”选项组用于确定表格中各行的排列顺序，包括以升序显示各变量值和以降序显示各变量值两种形式。

第 6 步：选择“升序”单选项，如图 3-21 所示，单击“继续”按钮，返回“交叉表”对话框。再单击“确定”按钮，SPSS 即开始交叉列联表分析。

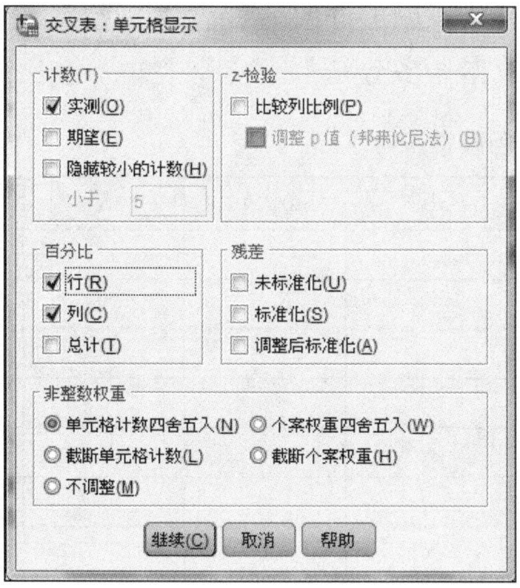

图 3-20 “交叉表：单元格显示”对话框

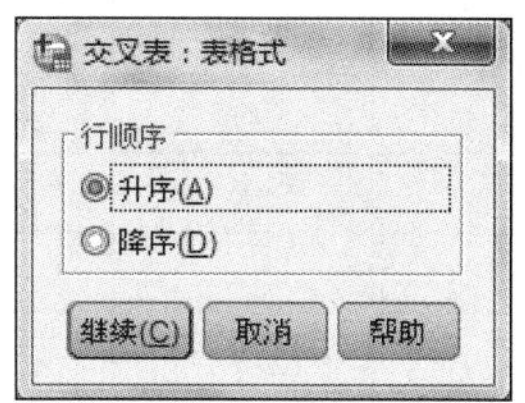

图 3-21 “交叉表：表格式”对话框

结果解读如下。

（1）图 3-22 所示是由性别与高血压患病情况形成的交叉表。该交叉表的每个单元格内输出 3 个数字，第 1 个是符合行、列变量特征的实际计数值，第 2 个是该单元格计数值占行合计值的比例，第 3 个是该单元格计数值占列合计值的比例。例如，女性没有患高血压的样本共 100 个，占女性样本总量的 68.0%，占非高血压样本总量的 54.3%。

是=1，否=0 * 男=1，女=0 交叉表

			男=1，女=0		
			.00	1.00	总计
是=1，否=0	.00	计数	100	84	184
		占 是=1，否=0 的百分比	54.3%	45.7%	100.0%
		占 男=1，女=0 的百分比	68.0%	60.9%	64.6%
	1.00	计数	47	54	101
		占 是=1，否=0 的百分比	46.5%	53.5%	100.0%
		占 男=1，女=0 的百分比	32.0%	39.1%	35.4%
总计		计数	147	138	285
		占 是=1，否=0 的百分比	51.6%	48.4%	100.0%
		占 男=1，女=0 的百分比	100.0%	100.0%	100.0%

图 3-22 交叉列联表

（2）行、列变量相关性的讨论。本例采用列联系数，计算得到的数值为 0.075，配合着相关性检验，该检验的零假设为行、列变量彼此相互独立，计算得到的相伴概率值为 0.207，接受零假设，即是否患高血压与性别是不相关的，如图 3-23 所示。

对称测量

		值	渐进显著性
名义到名义	列联系数	.075	.207
有效个案数		285	

图 3-23 列联系数值

案例分析 2

某市场调查小组想要了解大学生对手机品牌的偏好，在调查问卷中设计了一道题目：“从下列选项中选出您最喜欢的 3 个手机品牌，排名不分先后。

A．苹果 B．小米 C．华为 D．荣耀

E．OPPO F．vivo G．三星”

从受访样本中挑选其中的 20 个，得到他们对这道题的回答，如表 3-1 所示。

数据：“第三章数据—二分法”和“第三章数据—多分法”。

表 3-1 调查问卷题目回答情况

样本 ID	苹果	小米	华为	荣耀	OPPO	vivo	三星
01	√		√	√			
02	√			√		√	
03	√	√	√				
04	√		√				√
05	√		√	√			
06		√	√	√			
07	√			√	√		
08	√				√	√	

续表

样本 ID	苹果	小米	华为	荣耀	OPPO	vivo	三星
09	√		√		√		
10	√	√			√		
11		√		√	√		
12			√		√	√	
13	√				√	√	
14			√	√	√		
15	√				√	√	
16	√		√		√		
17	√					√	√
18					√	√	√
19			√		√		√
20	√		√				√

研究目的：分别采用多选项二分法和多选项分类法对表 3-1 中的数据进行编码，并将数据文件保存为 SPSS 格式文件。

软件实现如下。

分别采用多选项二分法和多选项分类法两种编码方案进行分析。

（1）多选项二分法

采用多选项二分法，备选答案就是变量，每个变量的取值为 0 或 1，0 表示受访者没有选中该答案，1 表示该答案被选中了。由此 7 种手机品牌，形成 7 个变量，录入 SPSS 中，得到图 3-24 所示的数据。

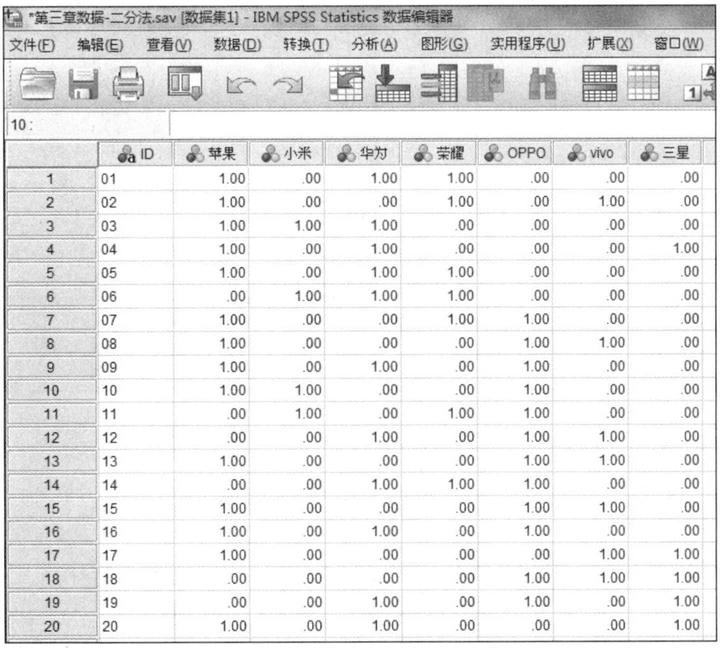

*第三章数据-二分法.sav [数据集1] - IBM SPSS Statistics 数据编辑器

文件(F) 编辑(E) 查看(V) 数据(D) 转换(T) 分析(A) 图形(G) 实用程序(U) 扩展(X) 窗口(W)

10 :

	ID	苹果	小米	华为	荣耀	OPPO	vivo	三星
1	01	1.00	.00	1.00	1.00	.00	.00	.00
2	02	1.00	.00	.00	1.00	.00	1.00	.00
3	03	1.00	1.00	1.00	.00	.00	.00	.00
4	04	1.00	.00	1.00	.00	.00	.00	1.00
5	05	1.00	.00	1.00	1.00	.00	.00	.00
6	06	.00	1.00	1.00	1.00	.00	.00	.00
7	07	1.00	.00	.00	1.00	1.00	.00	.00
8	08	1.00	.00	.00	.00	1.00	1.00	.00
9	09	1.00	.00	1.00	.00	1.00	.00	.00
10	10	1.00	1.00	.00	.00	1.00	.00	.00
11	11	.00	1.00	.00	1.00	1.00	.00	.00
12	12	.00	.00	1.00	.00	1.00	1.00	.00
13	13	1.00	.00	.00	.00	1.00	1.00	.00
14	14	.00	.00	1.00	1.00	1.00	.00	.00
15	15	1.00	.00	.00	.00	1.00	1.00	.00
16	16	1.00	.00	1.00	.00	1.00	.00	.00
17	17	1.00	.00	.00	.00	.00	1.00	1.00
18	18	.00	.00	.00	.00	1.00	1.00	1.00
19	19	.00	.00	1.00	.00	1.00	.00	1.00
20	20	1.00	.00	1.00	.00	.00	.00	1.00

图 3-24 多选项二分法数据编码结果

在设置了数据编码方案后，利用 SPSS 可以开展多选项分析，分析步骤如下。

第 1 步：在“分析”菜单的“多重响应”子菜单中选择“定义变量集”命令，如图 3-25 所示。

第 2 步：将弹出的“定义多重响应集”对话框左侧变量名列表框内的 7 个变量均添加到“集合中的变量”列表框中，“变量编码方式”选项组用来设置变量编码方式，包括二分法和类别（分类法）。本例中采用的是多选项二分法，选择“二分法”单选项后，在后面的文本框中输入数值“1”，表示 1 值即选择了该品牌的为一组，不等于 1 即没有选择该品牌的为一组。

对话框最下面的“名称”文本框用于设置多重响应集的名称，输入“喜欢品牌”，“标签”文本框中可以根据需要输入具体内容，如图 3-26 所示。输入完毕后单击“添加”按钮，将其添加到最右边的“多重响应集”列表框中，如图 3-27 所示，然后单击“关闭”按钮，返回“数据视图”窗口。

图 3-25　选择“定义变量集”命令

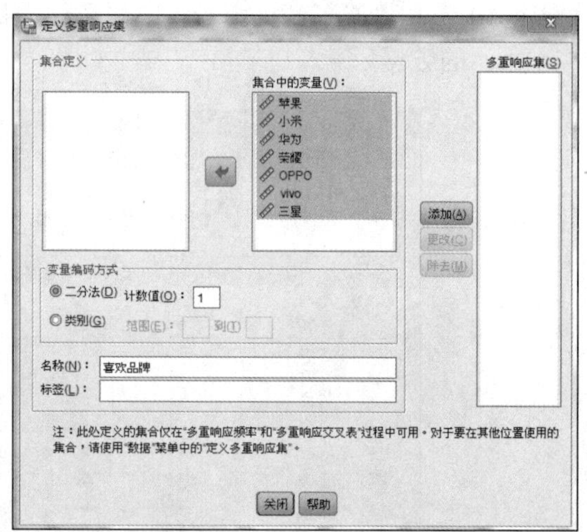

图 3-26　“定义多重响应集”对话框

第 3 步：在“分析”菜单的“多重响应”子菜单中选择“频率”命令，如图 3-28 所示，表示进行频数分析。

第 4 步：在弹出的“多重响应频率”对话框左边的变量名列表框中选中前面定义的“喜欢品牌”响应集，并将其添加到“表”列表框中，如图 3-29 所示。单击“确定”按钮，SPSS 即开始多选项分析的频数分析。

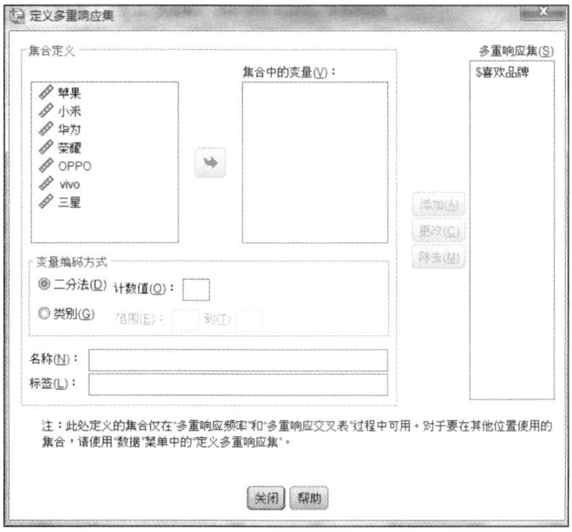

图 3-27　“定义多重响应集”对话框设置结果

图 3-28　选择“频率”命令

结果解读如下。

如图 3-30 所示是采用多选项二分法编码方案的多重响应统计结果，每个品牌被选中的次数及所占百分比都有计算。

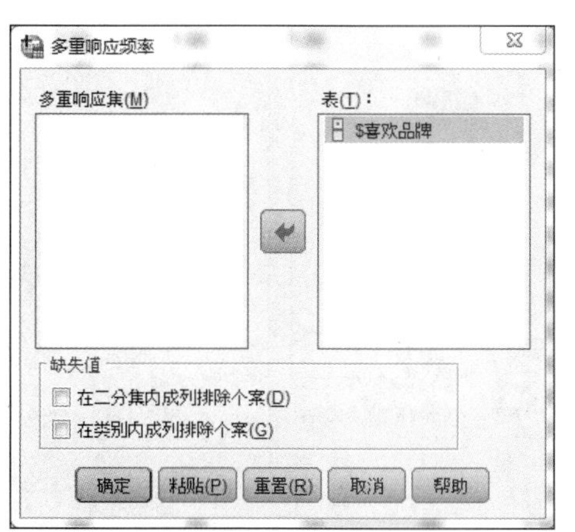

图 3-29　“多重响应频率”对话框

$喜欢品牌 频率

		响应		个案百分比
		个案数	百分比	
$喜欢品牌[a]	苹果	14	23.3%	70.0%
	小米	4	6.7%	20.0%
	华为	11	18.3%	55.0%
	荣耀	7	11.7%	35.0%
	OPPO	12	20.0%	60.0%
	vivo	7	11.7%	35.0%
	三星	5	8.3%	25.0%
总计		60	100.0%	300.0%

a. 使用了值 1 对二分组进行制表。

图 3-30　多重响应多选项二分法频率统计结果

（2）多选项分类法

采用多选项分类法，限选的答案被设置成变量，每个变量的取值为题目中备选答案的次序。此例中，最多选择 3 个品牌，那么就需设置 3 个变量，对应 3 个选择结果，每个变量的取值为 1～7，分别对应苹果、小米、华为、荣耀、OPPO、vivo、三星这 7 个品牌，将数据录入 SPSS 中，得到图 3-31 所示的数据。

第三章数据-分类法.sav [数据集8] - IBM SPSS Statistics 数据编辑器

	ID	选择1	选择2	选择3
1	01	1	3	4
2	02	1	4	6
3	03	1	2	3
4	04	1	3	7
5	05	1	3	4
6	06	2	3	4
7	07	1	4	5
8	08	1	5	6
9	09	1	3	5
10	10	1	2	5
11	11	2	4	5
12	12	3	5	6
13	13	1	5	6
14	14	3	4	5
15	15	1	5	6
16	16	1	3	5
17	17	1	6	7
18	18	5	6	7
19	19	3	5	7
20	20	1	3	7

图 3-31　多重响应多选项分类法数据编码结果

在设置了数据编码方案后，利用 SPSS 可以开展多选项分析，分析步骤如下。

第 1 步：在“分析”菜单的“多重响应”子菜单中选择“定义变量集”命令。

第 2 步：将弹出的“定义多重响应集”对话框左侧变量名列表框内的 3 个变量均添加到“集合中的变量”列表框中，在“变量编码方式”选项组中选择“类别”单选项，在后面的“范围”文本框中分别输入数值“1”和“7”，表示对应的 7 个品牌。

对话框最下面的“名称”文本框用于设置多重响应集的名称，输入“喜欢品牌”，“标签”文本框中可以根据需要输入具体内容，如图 3-32 所示。输入完毕后单击“添加”按钮，将其添加到最右边的“多重响应集”列表框中，如图 3-33 所示，然后单击“关闭”按钮，返回“数据视图”窗口。

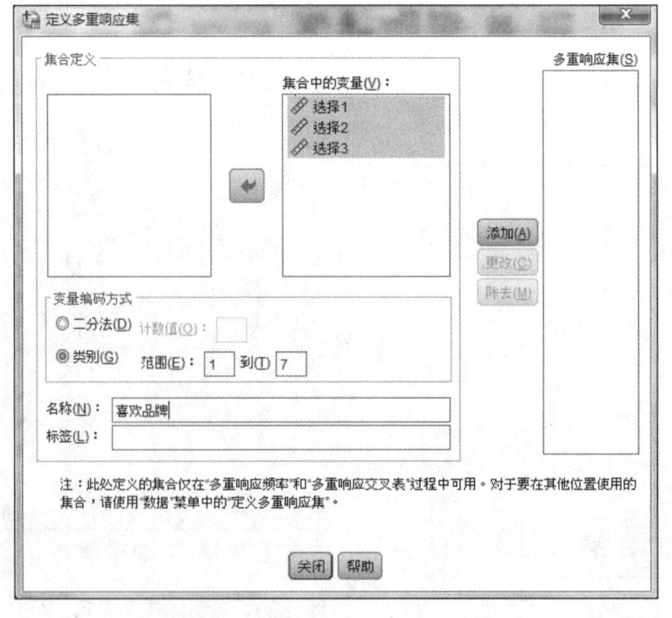

图 3-32　“定义多重响应集”对话框

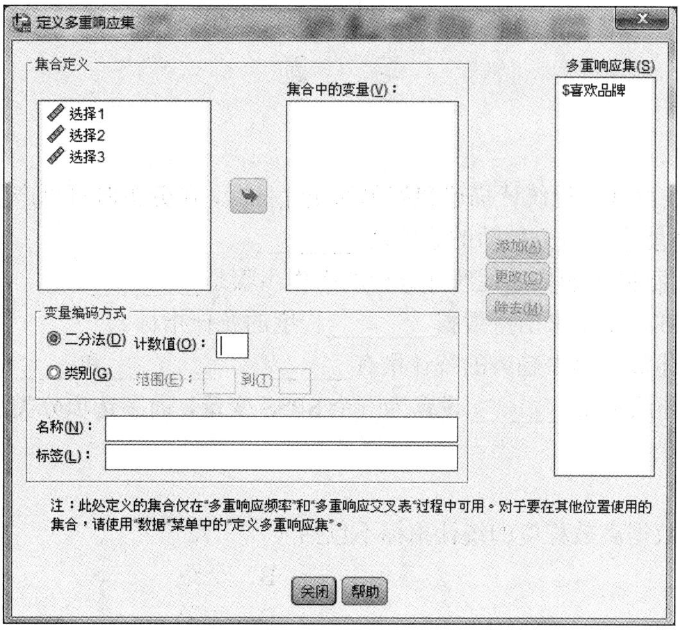

图 3-33　“定义多重响应集”对话框设置结果

第 3 步：在“分析”菜单的“多重响应”子菜单中选择“频率”命令，表示进行频数分析。

第 4 步：在弹出的“多重响应频率”对话框左边的变量名列表框中选中前面定义的“喜欢品牌”响应集，并将其添加到“表”列表框中。单击“确定”按钮，SPSS 即开始多选项分析的频数分析。

第 3 步和第 4 步与多重响应多选项二分法完全相同，这里不再赘述。

结果解读如下。

如图 3-34 所示是采用多选项分类法编码方案的多重响应频率统计结果，1～7 表示对应的 7 个品牌，每个品牌被选中的次数及所占百分比都有计算。实际上，多选项分类法与多选项二分法的频率统计结果是一模一样的，只是编码方案所呈现出来的变量名称不同。

$喜欢品牌 频率

		响应		
		个案数	百分比	个案百分比
$喜欢品牌[a]	1	14	23.3%	70.0%
	2	4	6.7%	20.0%
	3	11	18.3%	55.0%
	4	7	11.7%	35.0%
	5	12	20.0%	60.0%
	6	7	11.7%	35.0%
	7	5	8.3%	25.0%
总计		60	100.0%	300.0%

a. 组

图 3-34　多重响应多选项分类法频率分析结果

习　题

一、填空题

1. 用于对分类数据进行统计描述和简单的统计推断，在分析时可以产生二维或多维列联表，在统计推断时能进行卡方检验的菜单是________。

2. SPSS 中进行简单的描述性统计分析的操作步骤是________。

3. 方差和标准差是用来衡量数据________程度的统计指标。

4. 常用的描述数据集中趋势的统计量有________、________和________。

5. 多选项二分法是将________设置为一个 SPSS 变量，而多选项分类法是将________设置为 SPSS 变量。

二、选择题

1. 常用衡量数据离散程度的统计指标不包括（　　）。

A. 标准差　　B. 全距
C. 均值　　D. 方差

2. 下列说法错误的是（　　）。

A. 偏度值大于 0 表示左偏
B. 偏度值等于 0 表示左右对称
C. 峰度为 0 表示其数据分布与正态分布的陡缓程度相同
D. 峰度大于 0 表示比正态分布的高峰要更加陡峭

3. 下列属于测度数据集中趋势的统计量有（　　）。

A. 方差　　B. 全距
C. 中位数　　D. 偏度

4. 探索性分析不能完成的任务包括（　　）。

A. 检查数据的正确性
B. 推断不同组的均值是否相等
C. 对数据正态分布状态的统计推断
D. 寻找数据中的奇异值

5. 数据的描述统计分析结果显示偏度值为 2.5，则下列对数据分布状态说法正确的是（　　）。

A. 左偏　　B. 负偏
C. 与正态分布一致　　D. 可能存在极大值

三、判断题

1. 在多选项分析中，对于同一套数据，采用二分法和多分法的分析结果是不同的。（　　）

2. 交叉表分析不能用于判断两个变量的独立性。（　　）

3. 描述性统计只对统计数据的结构和总体情况进行描述，并不能深入了解统计数据的内部规律。（　　）

4. 一组数据中，个别数据比其余数据大几百倍，一般不宜用算术平均数表示平均水平。（　　）

5．一个分布的偏度系数为−2.95，则分布是极度右偏。（　　）

四、简答题

1．探索性统计分析的主要目的有哪些？

2．什么是峰度和偏度？

3．简述 SPSS 对数据进行统计分析时，刻画集中趋势及离散程度的描述统计量。

4．简述交叉列联表分析的主要内容。

5．对于多项选择问题，编码方案主要有哪两种，请简要说明。

案例分析题

1．某学校科研团队要进行库区移民生存状态调查，经过抽样，抽取了 20 名库区移民，对其生存状态进行了调查，部分指标如表 3-2 所示。

表 3-2　库区移民生存状态调查部分指标

样本 ID	性别	年龄（岁）	家庭年收入（元）	家庭食品烟酒支出（元）
01	男	55	85084	28000
02	女	38	103035	29000
03	女	36	85035	22000
04	男	61	107855	38500
05	女	44	84964	25600
06	女	36	79035	38700
07	男	55	87773	35700
08	男	54	87786	30400
09	男	53	78995	32800
10	女	41	138764	43600
11	男	45	83035	20800
12	男	52	103320	23800
13	男	32	49435	21600
14	男	34	102024	36800
15	男	63	42746	17000
16	男	31	121017	20000
17	女	61	84235	20000
18	女	59	89980	20000
19	女	48	109080	30000
20	男	43	90678	32000

请分析以下内容。

（1）样本在性别与年龄上的分布状态。

（2）受访样本的家庭年收入是否符合正态分布。

（3）不同性别的受访群体的家庭食品烟酒支出方差是否相等。

2. 调查得到甲、乙两班学生的上网状况，调查结果如表 3-3 所示，请根据下列统计分析班级与上网状况是否存在相关关系。

表 3-3　　甲、乙两班上网状况

班级	每天上网	经常上网	偶尔上网	从不上网	合计
甲班	49	92	65	41	247
乙班	62	113	67	42	284
合计	111	205	132	83	531

3. 某超市 9 月的商品日销售总额数据，如表 3-4 所示。

表 3-4　　超市商品日销售总额

日期	日销售额（元）
1～10 日	257,269,268,301,336,365,298,562,289,306
11～20 日	290,249,316,296,311,369,403,569,416,279
21～30 日	510,410,368,356,413,426,369,376,406,456

（1）计算该超市日销售额的均值、中位数。

（2）判断该超市日销售额数据的偏度和峰度状况。

第4章 参数检验与 SPSS 实现

参数检验是统计推断的重要组成部分，是指在总体分布类型已知的前提下，根据样本数据对总体分布的统计参数进行推断的方法。T 检验是参数检验中非常基础和重要的一种检验方法，主要用于数据均值的比较和统计推断，也叫均值比较参数检验。不同类型的 T 检验方法有不同的适用条件，但是 T 检验相对稳健，对前提适用条件的违背具有一定的耐受性。但若适用条件被严重违背，则需要使用非参数方法进行判断和分析。根据检验样本的数量和关系，均值比较参数检验方法分为单样本均值比较、两独立样本均值比较和两配对样本均值比较。

4-1　参数检验与 SPSS 实现

学习目标

（1）了解不同研究目的下均值比较参数检验方法的适用条件。

（2）熟悉各种统计参数检验的基本原理和检验步骤。

（3）掌握运用 SPSS 软件实现均值比较的方法，并根据软件输出结果做出判断和决策。

知识框架

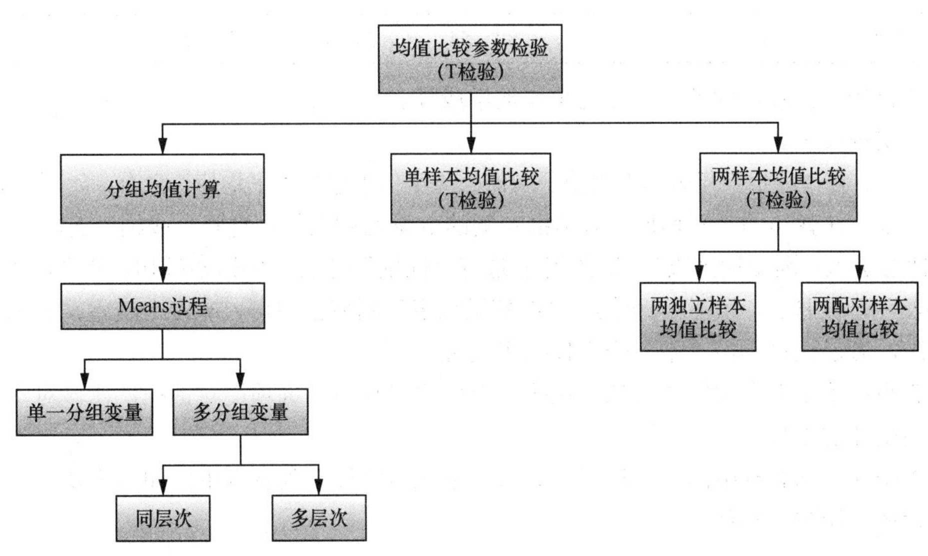

4.1 Means 过程

Means 过程也称为均值计算过程，其实质是利用 SPSS 软件计算各种基本描述统计量的过程。

4.1.1 Means 过程计算原理

与第 3 章中计算某一样本的总体均值相比，均值计算过程其实就是按照用户指定的条件对样本进行分组，并分别计算各组的均值。

均值计算公式为：

$$\overline{x}_j = \frac{\sum_{i=1}^{n} x_{ij}}{n}$$

其中 x_{ij} 是第 i 个样本在第 j 个指标上的取值。$\overline{x}_j$ 为所有样本在第 j 个指标上的均值。

用户可以指定一个或多个变量作为分组变量。如果分组变量为多个，还应指定这些分组变量之间的层次关系。层次关系可以是同层次或多层次的。同层次意味着将按照各分组变量的不同取值分别对个案进行分组；多层次表示将首先按第一分组变量分组，然后对各个分组下的个案按照第二分组变量进行分组。

4.1.2 案例详解及软件实现

数据："均值比较.sav"。现有某班男生和女生各 8 名学生的数学成绩，数据如表 4-1 所示。

表 4-1　　某班学生数学成绩

性别	数学成绩（分）
男性	99　79　59　89　79　89　99　83
女性	88　54　56　23　69　86　76　59

研究目的：比较不同性别学生的平均数学成绩。

软件实现如下。

第 1 步：在"分析"菜单的"比较平均值"子菜单中选择"平均值"命令，如图 4-1 所示。

第 2 步：在弹出的"平均值"对话框左侧的变量名列表框中选择"成绩"选项，单击➡按钮，使之进入"因变量列表"列表框中；选择"性别"选项，单击➡按钮，使之添加到"自变量列表"列表框中，如图 4-2 所示。"自变量列表"列表框中可以有多个变量，表示分组的多个层次，可以通过单击"下一个"按钮来实现。

第 3 步：单击右上角的"选项"按钮，弹出"平均值：选项"对话框，在该对话框中可以选择要统计的项目。

将"统计"列表框中的"平均值"选入"单元格统计"列表框中，如有需要，可以选择多个统计量，如图 4-3 所示。

图 4-1　选择“平均值”命令

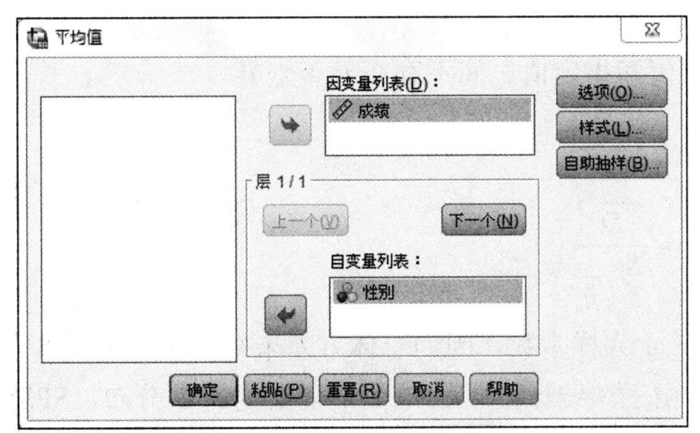

图 4-2　设置“平均值”对话框

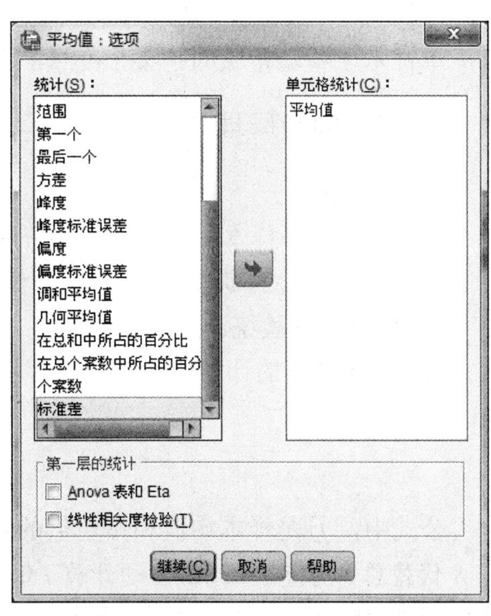

图 4-3　设置“平均值：选项”对话框

在“第一层的统计”选项组中，如果选中“Anova 表和 Eta”复选框，则将为第一层次的分组计算方差分析（也就是单因素方差分析，通过方差分析的结果，可以看出第一层次的分组是否在观察值上存在均值显著差异）。

如果选中“线性相关度检验”复选框，则进行第一层次的线性检验。

选好后单击“继续”按钮，返回“平均值”对话框，单击“确定”按钮，SPSS 即开始计算。

SPSS 计算结果如图 4-4 所示。

在结果输出对话框中可以看到如下统计数据：共有 16 个样本，其中男生（性别=1）数学成绩的均值为 84.5，女生（性别=0）数学成绩的均值为 63.875；所有样本数学成绩的均值为 74.1875。

个案处理摘要

	个案					
	包括		排除		总计	
	个案数	百分比	个案数	百分比	个案数	百分比
成绩 * 性别	16	100.0%	0	0.0%	16	100.0%

报告

平均值

性别	成绩
.00	63.8750
1.00	84.5000
总计	74.1875

图 4-4 “平均值”计算过程结果输出

4.2 单样本 T 检验

单样本 T 检验检验的是某个变量的总体均值和某指定值之间是否存在显著差异。

4.2.1 检验原理和步骤

1．零假设

统计的前提是样本总体服从正态分布。

单样本 T 检验的零假设 H_0 为：总体均值和指定值之间不存在显著差异。

2．构建 T 检验统计量

T 检验统计量的计算公式为：

$$t = \frac{\overline{D}}{S/\sqrt{n}}$$

公式中，$\overline{D}$ 是样本均值和指定值的差，n 为样本数。因为总体方差未知，所以用样本方差 S 代替总体方差。SPSS 自动计算 t 值，由于该统计量服从 n−1 个自由度的 T 分布，SPSS 将根据 T 分布表给出 t 值对应的相伴概率值。

3．判别规则及结果解读

如果相伴概率值小于或等于用户设想的显著性水平 α[1]，则拒绝 H_0，认为总体均值和检验值之间存在显著差异。相反，如果相伴概率值大于显著性水平 α，则接受 H_0，认为总体均值和指定值之间不存在显著差异。

4.2.2 案例详解及软件实现

数据：沿用表 4-1 的数据。

[1] 相伴概率值与显著性水平相同，表示数据不利于原假设的证据达到了 α 的显著性水平，本书将其视为拒绝原假设。实践中，为慎重起见，可增加样本容量，重新进行抽样检验。

研究目的：在 4.1.2 节的案例中，若已知全国同等学生的平均数学成绩为 75 分，分析该班学生的平均数学成绩是否达到了全国平均水平。

软件实现如下。

第 1 步：在“分析”菜单的“比较平均值”子菜单中选择“单样本 T 检验”命令，如图 4-5 所示。

图 4-5　选择“单样本 T 检验”命令

第 2 步：在“单样本 T 检验”对话框中进行设置。

将全国数学成绩平均值 75 输入“检验值”文本框中，将要检验的变量“成绩”从左边变量名列表框中转入“检验变量”列表框，如图 4-6 所示。

第 3 步：单击“选项”按钮，弹出图 4-7 所示的“单样本 T 检验选项”对话框。

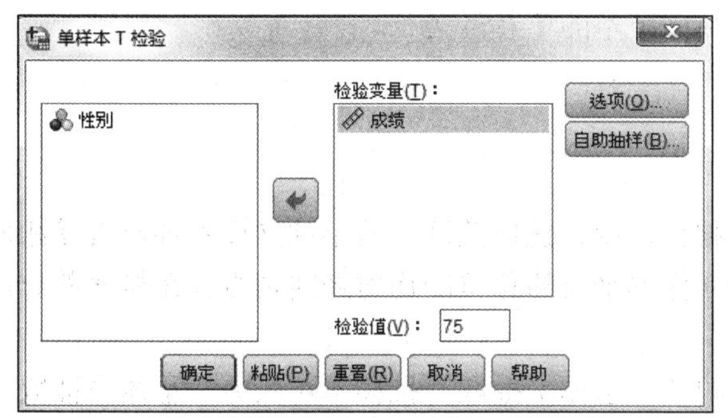

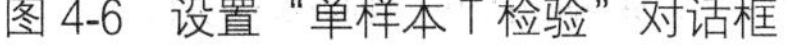

图 4-6　设置“单样本 T 检验”对话框

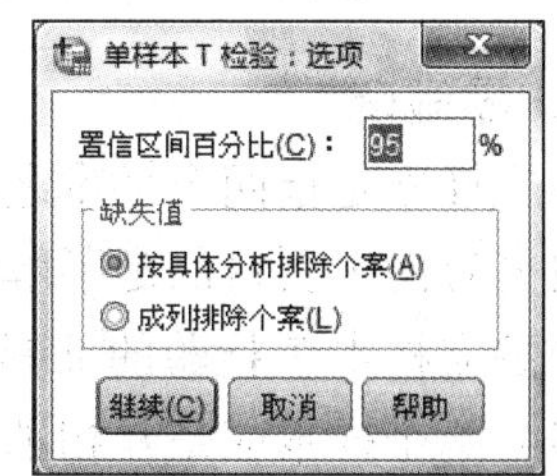

图 4-7　“单样本 T 检验：选项”对话框

该对话框用来指定输出内容和设置默认值。

“置信区间百分比”文本框表示差值置信区间，默认为 95%。

“缺失值”选项组中的“按具体分析排除个案”单选项表示当分析计算涉及含有缺失值的

变量时，去掉在该变量上是缺失值的个案；“成列排除个案”单选项表示去除所有含缺失值的个案后再进行分析。

第 4 步：单击“继续”按钮，返回“单样本 T 检验”对话框，单击“确定”按钮，SPSS 即开始所需要的计算。

SPSS 计算结果如图 4-8 所示。

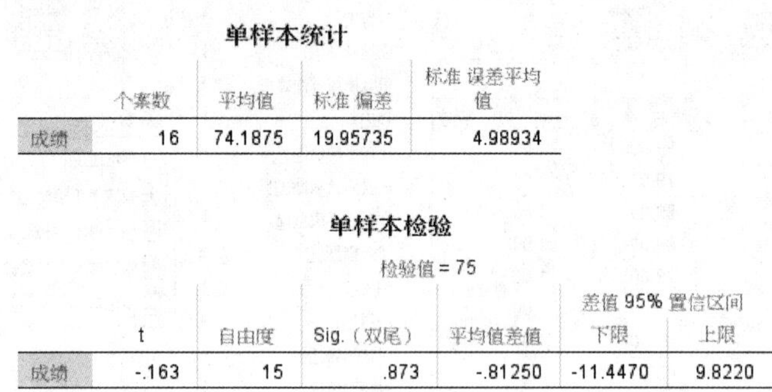

T-检验

单样本统计

	个案数	平均值	标准 偏差	标准 误差平均值
成绩	16	74.1875	19.95735	4.98934

单样本检验

	检验值 = 75					
					差值 95% 置信区间	
	t	自由度	Sig.（双尾）	平均值差值	下限	上限
成绩	-.163	15	.873	-.81250	-11.4470	9.8220

图 4-8 “单样本 T 检验”输出结果

从输出结果可以看出，16 个学生的数学平均值为 74.1875，标准差为 19.95735，均值误差为 4.98934。本例中检验值为 75，根据公式计算出的 T 检验统计量值为−0.163，得到的相伴概率值为 0.873。95%的置信区间为（−11.4470，9.8220），表示 95%的样本差值处于该区间。假设显著性水平 α 为 0.05，由于相伴概率值大于 α，因此接受 H_0，认为该班同学的平均数学成绩与全国平均水平不存在显著差异。

4.3 两独立样本 T 检验

在实际统计分析过程中，除了单一总体的均值判断问题外，还经常会遇到两个独立总体均值的比较检验问题，这时可以用两独立样本的 T 检验方法。

4.3.1 检验原理和步骤

1. 零假设

独立样本是指两个样本之间彼此独立、没有任何关联，两个独立样本各自接受相同的测量，研究者的主要目的是了解两个独立样本来自的总体的均值之间是否存在显著差异。

两独立样本 T 检验的前提如下。

（1）两个样本应是互相独立的，即从一总体中抽取一批样本对从另一总体中抽取一批样本没有任何影响，两组样本个案数目可以不同，个案顺序可以随意调整。

（2）样本来自的两个总体应该服从正态分布。

两独立样本 T 检验的零假设 H_0 为：两总体均值之间不存在显著差异。

2. 构建 T 检验统计量

在具体的计算中 T 检验统计量的构建需要通过两步来完成：第一，利用 F 检验判断两个总体的方差是否相同；第二，根据第一步的结果，决定 T 检验统计量和自由度计算公式，进而对 T 检验的结论做出判断。

首先判断两个总体的方差是否相同。

SPSS 采用 Levene F 方法检验两个总体的方差是否相同，该检验的零假设 H_0 为：两总体方差相同。先计算两个样本的均值，计算每个样本和本组样本均值的差，并对差取绝对值，得到两组绝对差值序列。接着利用单因素方差分析方法判断这两组绝对差值序列之间是否存在显著差异，从而间接判断两组方差是否存在显著差异。

在统计过程中，SPSS 将自动计算 F 检验统计量，并根据 F 分布表给出统计量对应的相伴概率值，将其与显著性水平α 进行比较，从而判断方差是否相同。

然后根据第一步的结果，决定 T 检验统计量和自由度计算公式。

（1）两总体方差未知且相同情况下，T 检验统计量的计算公式为：

$$t = \frac{\bar{x}_1 - \bar{x}_2}{\sqrt{S_p^2 / n_1 + S_p^2 / n_2}} \sim t(n_1 + n_2 - 2)$$

其中，

$$S_p^2 = \frac{(n_1 - 1)S_1^{\ 2} + (n_2 - 1)S_2^{\ 2}}{n_1 + n_2 - 2}$$

这里的 T 检验统计量服从 $(n_1 + n_2 - 2)$ 个自由度的 T 分布。

（2）两总体方差未知且不同情况下，T 检验统计量的计算公式为：

$$t = \frac{\bar{x}_1 - \bar{x}_2}{\sqrt{S_1^2 / n_1 + S_2^2 / n_2}} \sim t(f)$$

T 检验统计量仍然服从 T 分布，但自由度采用修正的自由度，公式为：

$$f = \frac{(\frac{S_1^{\ 2}}{n_1} + \frac{S_2^{\ 2}}{n_2})^2}{\frac{\left(\frac{S_1^{\ 2}}{n_1}\right)^2}{n_1} + \frac{\left(\frac{S_2^{\ 2}}{n_2}\right)^2}{n_2}}$$

3．判别规则及结果解读

从两种情况下的 T 检验统计量的计算公式可以看出：如果待检验的两样本均值差异较小，t 值较小，则说明两个样本的均值不存在显著差异；相反，t 值越大，说明两样本的均值存在显著差异。

SPSS 会根据计算的 t 值和 T 分布表给出相应的相伴概率值。如果相伴概率值小于或等于显著性水平α，则拒绝 H_0，认为两总体均值之间存在显著差异。相反，如果相伴概率值大于显著性水平α，则接受 H_0，认为两总体均值之间不存在显著差异。

4.3.2 案例详解及软件实现

数据："独立样本 t 检验.sav"。现希望对 A、B 两所高校数学学院大一学生的综合学习能力进行评价，分别从 A、B 两所高校数学学院的大一学生中各抽取 20 名，获得其"数学分析"

课程的考试成绩，数据如表 4-2 所示。

表 4-2　　两所高校学生的“数学分析”课程成绩

学校	“数学分析”成绩																			
A	85	95	68	75	84	83	69	72	79	86	84	93	62	94	60	58	70	69	58	83
B	96	86	53	98	76	65	79	59	69	81	73	86	65	69	79	85	86	73	92	81

研究目的：判断两所学校学生“数学分析”课程平均成绩之间是否存在显著差异。

软件实现如下。

第 1 步：在组织数据时，SPSS 要求两个独立样本数据放在一个 SPSS 变量中。因此设立“学校”变量用以区分 A、B 两所学校，其中取值为 1 代表 A 学校，取值为 2 代表 B 学校。

第 2 步：在“分析”菜单的“比较平均值”子菜单中选择“独立样本 T 检验”命令，如图 4-9 所示。

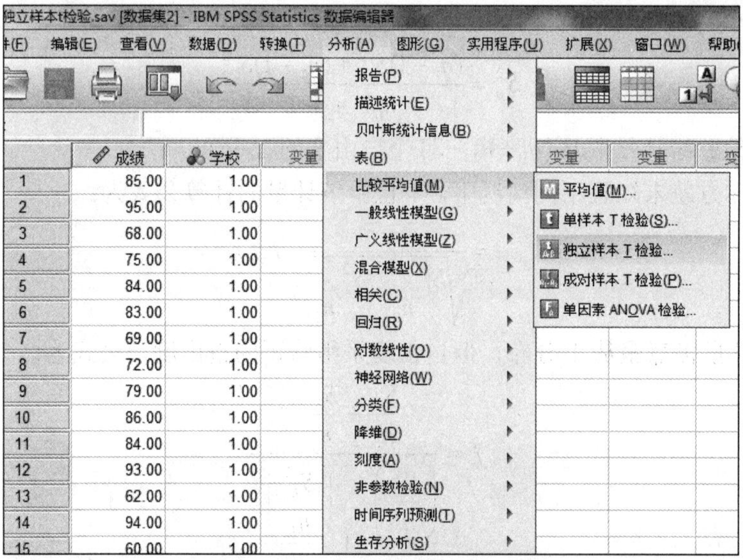

图 4-9　选择“独立样本 T 检验”命令

第 3 步：在弹出的“独立样本 T 检验”对话框左侧的变量名列表框中选择“成绩”添加到“检验变量”列表框中；选择“学校”添加到“分组变量”框中，如图 4-10 所示。

第 4 步：单击“定义组”按钮，弹出“定义组”对话框；在该对话框中指定标识变量的区分方法。选择“使用指定的值”单选项，表示根据标识变量的取值进行区分。在“组 1”文本框中输入“1”，在“组 2”文本框中输入“2”，如图 4-11 所示。

如果选择“分割点”单选项，则表示要设置一个分割点，高于该值的个案组成一个样本，低于该值的个案组成另外一个样本，这适合于标识变量为连续变量的情况。

第 5 步：单击“继续”按钮，返回“独立样本 T 检验”对话框，单击“确定”按钮，SPSS 即开始所要求的计算。

SPSS 的计算结果如图 4-12 所示。

图 4-10　设置“独立样本 T 检验”对话框

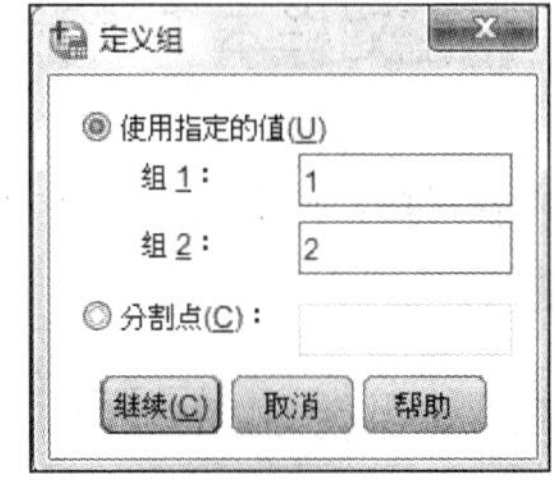

图 4-11　设置“定义组”对话框

T-检验

组统计

	学校	个案数	平均值	标准 偏差	标准 误差平均值
成绩	1.00	20	76.3500	11.92642	2.66683
	2.00	20	77.5500	11.95815	2.67392

独立样本检验

		莱文方差等同性检验		平均值等同性 t 检验						
									差值 95% 置信区间	
		F	显著性	t	自由度	Sig.（双尾）	平均值差值	标准误差差值	下限	上限
成绩	假定等方差	.110	.742	-.318	38	.752	-1.20000	3.77649	-8.84510	6.44510
	不假定等方差			-.318	38.000	.752	-1.20000	3.77649	-8.84510	6.44510

图 4-12　“独立样本 T 检验”输出结果

从输出结果可以看出，两所学校 20 名学生的“数学分析”成绩的平均值分别为 76.35 和 77.55，标准差分别为 11.92642 和 11.95815。

首先判断两样本组的方差是否相同，为“独立样本检验”表中的“莱文方差等同性检验”部分，本例中 F 检验统计量值为 0.110，相伴概率值为 0.742，大于显著性水平 0.05，不能拒绝方差相等的假设，可以认为两所学校学生的“数学分析”课程成绩方差不存在显著差异。

其次进行两样本组的均值比较。在方差相等的验证前提下，采用“平均值等同性 t 检验”部分第一行“假定等方差”的 T 检验结果。T 检验统计量为−0.318，相伴概率值为 0.752，大于显著性水平 0.05，不能拒绝 T 检验的零假设，也就是说，两所学校 20 名学生成绩的均值不存在显著差异。

另外，在分析结果中，SPSS 还自动给出了两样本均值差值的估计标准误差。在方差相同的情况下，估计标准误差的计算公式为：

$$SE = S_p\sqrt{\frac{1}{n_1}+\frac{1}{n_2}}$$

在方差不相同的情况下，估计标准误差的计算公式为：

$$SE=\sqrt{\frac{S_1^{\ 2}}{n_1}+\frac{S_2^{\ 2}}{n_2}}$$

4.4 两配对样本 T 检验

两配对样本 T 检验是根据样本数据对样本来自的两配对总体的均值是否有显著性差异进行推断。

4.4.1 检验原理和步骤

1．零假设

常见的配对样本情况有 4 种：①同一研究对象分别给予两种不同处理的效果比较；②两配对对象分别给予两种不同处理的效果比较；③同一研究对象处理前后的效果比较；④两配对对象（一个接受处理，一个不接受处理）的效果比较。其中①和②推断两种效果有无差别，③和④推断某种处理是否有效。

两配对样本 T 检验的前提要求如下。

（1）两个样本应是配对的。首先两个样本的观察数目相同，其次两个样本的观察值顺序不能随意改变。

（2）样本来自的两个总体应服从正态分布。

两配对样本 T 检验的零假设 H_0 为：两总体均值之间不存在显著差异。

2．构建 T 检验统计量

首先求出每对观察值的差值，得到差值序列；然后对差值求均值；最后检验差值序列的均值，即平均差是否与零存在显著差异。如果平均差与零存在显著差异，则认为两总体均值间存在显著差异；否则，认为两总体均值间不存在显著差异。在这里计算的公式和单样本 T 检验中的公式完全相同，公式为：

$$t=\frac{\bar{D}}{S/\sqrt{n}}$$

其中，$\bar{D}$ 为配对样本差值序列的平均差。

3．判别规则及结果解读

SPSS 将自动计算 t 值，由于该统计量服从 $n-1$ 个自由度的 T 分布，SPSS 将根据 T 分布表给出 t 值对应的相伴概率值。如果相伴概率值小于或等于用户设想的显著性水平 α，则拒绝 H_0，认为两总体均值之间存在显著差异；相反，如果相伴概率值大于显著性水平 α，则接受 H_0，认为两总体均值之间不存在显著差异。

4.4.2 案例详解及软件实现

数据：“两配对样本 t 检验.sav”。为了验证一种新的运动减肥疗法的效果，寻找了 18 名受试者，接受 1 个月的集中训练，对每一位受试者参加训练之前和之后的体重进行测量，结果如表 4-3 所示。

研究目的：判断该疗法是否有效。

软件实现如下。

表 4-3　　受试者参与训练前后的体重

单位：kg

受试者	训练前	训练后
hxh	90.0	85.0
yaju	92.5	86.5
yu	70.0	66.0
shizg	76.0	70.0
hah	81.5	76.0
s	71.0	65.0
watet	79.5	72.5
jess	66.0	61.0
wish	61.5	59.5
Jane	63.0	60.0
peter	77.0	73.0
lan	95.0	90.0
white	87.5	81.0
damon	82.5	76.5
lily	84.5	79.5
siri	76.0	73.5
may	79.5	71.0
papy	74.0	70.5

第 1 步：在“分析”菜单的“比较平均值”子菜单中选择“成对样本 T 检验”命令，如图 4-13 所示。

图 4-13　选择“成对样本 T 检验”命令

第 2 步：在弹出的“成对样本 T 检验”对话框左侧的变量名列表框中选择“训练前”选项，单击按钮，这时“训练前”变量就出现在“配对变量”框内的“变量 1”中；然后从对话框左侧的变量名列表框中选择“训练后”选项，单击按钮，“训练后”变量就出现在“配对变量”框内的“变量 2”中，即将这两个变量配对，如图 4-14 所示。如果有多个配对样本，可继续进行配对。

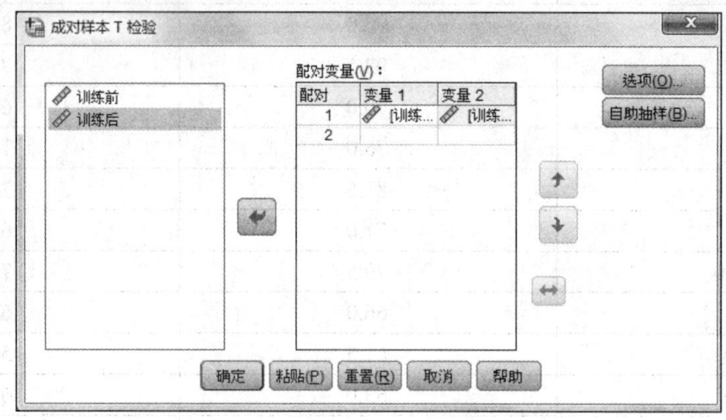

图 4-14　设置“成对样本 T 检验”对话框

第 3 步：单击“确定”按钮，SPSS 即开始所需的计算。

SPSS 的计算结果如图 4-15 所示。

T-检验

配对样本统计

		平均值	个案数	标准 偏差	标准 误差平均值
配对 1	训练前	78.1667	18	9.67562	2.28057
	训练后	73.1389	18	8.97841	2.11623

配对样本相关性

		个案数	相关性	显著性
配对 1	训练前 & 训练后	18	.987	.000

配对样本检验

		配对差值					t	自由度	Sig.（双尾）
		平均值	标准 偏差	标准 误差平均值	差值 95% 置信区间				
					下限	上限			
配对 1	训练前 - 训练后	5.02778	1.64917	.38871	4.20766	5.84789	12.934	17	.000

图 4-15　“成对样本 T 检验”输出结果

从“成对样本 T 检验”结果表中可以看出，参加训练前后受试样本的平均体重分别为 78.1667 千克和 73.1389 千克。训练前后体重差值序列的平均值为 5.02778，计算出的 T 检验统计值为 12.934，其相伴概率值为 0.000，小于显著性水平 0.05，因此拒绝 T 检验的零假设，即训练后受试群体的体重存在明显的变化。从两个样本的平均值可以看出，训练达到了降低体重的效果。

从两配对样本 T 检验的实现思路不难看出，两配对样本 T 检验是通过转化成单样本 T 检验来实现的，即检验两配对样本的差值序列的均值是否与零存在显著差异。这种方案必然要求样本配对、个案数目相同且次序不能随意更改。

无论是单样本 T 检验，还是两独立样本 T 检验，或是两配对样本 T 检验，在方法思路上都有许多共同之处。在计算公式中，分子都是均值差，分母都是抽样分布的标准差，只是两独立样本 T 检验的标准差与两配对样本 T 检验的标准差不同。两配对样本的 T 检验能够对观察值自身的其他影响因素加以控制。

习　　题

一、填空题

1．单一样本 T 检验的零假设为________。

2．根据两组样本的关系，可将均值比较分为________和________。

3．在进行 T 检验时，若相伴概率值小于事先设定的显著性水平，则应该________零假设。

4．进行单样本 T 检验时，使用的检验统计量为________。

5．进行两独立样本 T 检验前，首先要验证的是________________。

二、选择题

1．SPSS 中样本本身无法比较，进行的是其均值与已知总体均值间的比较的检验是（　　）。

A．Means 过程　　B．单样本 T 检验
C．两独立样本 T 检验　　D．两配对样本 T 检验

2．对于两配对样本 T 检验，其相关前提条件不正确的是（　　）。

A．样本相互独立　　B．总体服从正态分布
C．样本观察数目相同　　D．观察值顺序可以随意改变

3．想检验同一组人受训后的打字速度是否高于受训前，应使用（　　）。

A．单样本 T 检验　　B．两独立样本 T 检验
C．两配对样本 T 检验　　D．无法检验

4．A、B 两个工厂均生产自动铅笔，但两个工厂无任何联系，现分别从两个工厂各抽取 10 根铅笔，对其硬度进行实验，则判断两个工厂铅笔硬度是否相同的方法为（　　）。

A．单样本 T 检验　　B．两独立样本 T 检验
C．两配对样本 T 检验　　D．无法检验

5．对两独立样本进行 T 检验时，若相伴概率为 0.032，显著性水平为 0.05，则（　　）。

A．接受原假设　　B．接受备择假设
C．原假设和备择假设都接受　　D．无法判断

三、判断题

1．Means 过程其实是按照用户指定条件，对样本进行分组计算均值和标准差。用户可以指定一个或多个变量作为分组变量。（　　）

2．SPSS 单样本 T 检验要求样本来自的总体服从正态分布。（　　）

3．SPSS 两独立样本 T 检验要求：两样本必须相互独立，即抽取其中一批样本对抽取另一批样本没有任何影响。（　　）

4．SPSS 两配对样本 T 检验的要求有两个：①两样本数据必须两两配对，即样本个数相同、个案顺序相同；②两总体服从正态分布。（　　）

5．在 SPSS 中两配对样本 T 检验的零假设 H_0 为两总体均值之间不存在显著性差异。（　　）

四、简答题

1．什么是配对样本？请举例解释。

2．两独立样本 T 检验的流程是怎样的？

3．什么是独立样本？请举例说明。

4．对两配对样本进行 T 检验的前提要求是什么？

5．如何检验某一样本某变量的总体均值和指定值之间是否存在显著差异？

案例分析题

1．从小学二年级某班抽取 10 名男生，分别测得他们的身高为 1.29、1.36、1.39、1.27、1.35、1.30、1.36、1.26、1.31、1.24（单位：米），是否可以认为该班男生的平均身高为 1.35 米？

2．用某药物治疗 6 位高血压病人，对每一位病人治疗前后的舒张压（单位：kPa）进行了测量，结果如表 4-4 所示。

表 4-4　　病人治疗前后的舒张压

病例编号	1	2	3	4	5	6
用药前	15.960	16.891	18.753	14.231	15.295	18.354
用药后	16.359	14.364	15.960	14.231	13.566	20.216

（1）治疗前后这 6 位病人舒张压的均值和方差有何不同？

（2）治疗前后病人的舒张压是否有显著的变化？

3．某学校要对两位数学老师的教学质量进行评价，这两位老师分别教甲班和乙班，这两班数学考试成绩（单位：分）如表 4-5 所示，试分析这两个班的平均成绩是否存在差异？

表 4-5　　甲、乙两班数学考试成绩

甲班	90	93	82	88	85	80	87	85	74	90	88	83	82	85	73	86	77	94	68	82
乙班	76	75	73	75	98	62	90	75	83	66	65	78	80	68	87	74	64	68	72	80

第 5 章 方差分析与 SPSS 实现

方差分析是罗纳德·费雪（R.A.Fister）发明的，用于两个及两个以上样本均值差别的显著性检验。Fister 认为，控制变量和随机变量是造成因变量数据变异的主要因素，方差分析方法通过分析研究不同变量的变异对总变异的贡献大小，确定控制变量对研究结果的影响力大小。根据控制变量的个数，可以将方差分析分成单因素方差分析和多因素方差分析。单因素方差分析的控制变量只有一个，多因素方差分析的控制变量有多个。

学习目标

（1）了解单因素方差分析、多因素方差分析，以及协方差分析方法的适用条件。

（2）熟悉方差分析和协方差分析的计算原理和检验步骤。

（3）掌握应用 SPSS 相关操作解决多组别的均值比较问题的方法。

知识框架

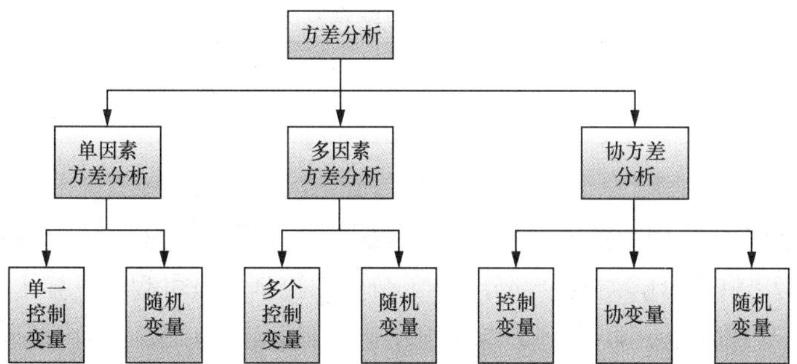

5.1 单因素方差分析

5-1 单因素方差分析

受不同因素的影响，研究所得的数据会不同。造成结果差异的原因可分成两类：一类是不可控的随机因素，这是人为很难控制的一类影响因素，称为随机变量；另一类是研究中人为施加的可控因素，称为控制变量。但是随机变量和控制变量并不是一成不变的，它们会随着研究问题的不同而改变。

方差分析的基本思想是：通过分析研究不同变量的变异对总变异的贡献大小，确定控制变量对研究结果的影响力大小。通过方差分析，分析不同水平的控制变量是否对结果产生了显著影响。如果控制变量的不同水平对结果产生了显著影响，那么它和随机变量共同作用，必然使结果有显著的变化；如果控制变量的不同水平对结果没有显著的影响，那么结果的变化主要由随机变量起作用，和控制变量关系不大。

5.1.1 推断原理和检验步骤

1. 适用条件

单因素方差分析适用于只有一个控制变量的情况，它的实质是统计推断。它的研究目的在于推断控制变量的不同水平是否给观察变量造成了显著差异和变动。

方差分析具有比较严格的前提条件，包括以下内容。

① 控制变量不同水平下的样本是随机的。

② 控制变量不同水平下的样本是相互独立的。

③ 控制变量不同水平下的样本来自正态分布的总体，否则采用非参数方法进行多组别的均值比较。

④ 控制变量不同水平下的样本方差相同。

在满足前提的基础下，方差分析问题就转换成研究控制变量不同水平下各个总体的均值是否存在显著差异的问题。

2. 构建 F 检验统计量

单因素方差分析实质上采用了统计推断的方法。通过构建 F 检验统计量，进行 F 检验。F 检验统计量的构建原理和过程如下。

设根据某一控制变量，可将所有的 n 个样本分为 k 个水平组，x_{ij} 为第 i 个组中第 j 个样本的变量值，如表 5-1 所示。

表 5-1 单因素方差分析数据分组情况

控制变量分组	第 1 组	第 2 组	……	第 i 组	……	第 k 组
组内样本量	n_1	n_2	……	n_{i}	……	N_k
组内样本	$x_{11}, x_{12}, \cdots, x_{1n_1}$	$x_{21}, x_{22}, \cdots, x_{2n_2}$	……	$x_{i1}, x_{i2}, \cdots, x_{in_i}$	……	$X_{k1}, x_{k2}, \cdots, x_{kn_k}$

F 检验统计量的构建原理就是数据变异，即数据总变异平方和的拆解。将所有样本变量值总的变异平方和记为 SST，将其分解为两个部分：一部分是由控制变量引起的变异平方和，记为 SSA（组间离差平方和）；另一部分是由随机变量引起的变异平方和，记为 SSE（组内离差平方和）。于是有：

$$SST = SSA + SSE$$

其中，

$$S\mathrm{ST} = \sum_{i=1}^{k}\sum_{j=1}^{n_i}(x_{ij} - \overline{x})^2$$

$$SSA = \sum_{i=1}^{k} n_i(\overline{x}_i - \overline{x})^2$$

$$SSE = \sum_{i=1}^{k}\sum_{j=1}^{n_i}(x_{ij} - \overline{x}_i)^2$$

其中，k 为水平数，n_i 为第 i 个水平下的样本容量，x_{ij} 为第 i 个水平下第 j 个样本的指标值，$\bar{x}_i$ 为第 i 个水平下所有样本的指标均值，$\bar{x}$ 为所有样本的指标均值。

可见，总变异平方和是所有样本数据与总体均值离差的平方和，反映了数据总的变异程度。组间离差平方和是各水平组均值和总体均值离差的平方和，反映了控制变量的影响。组内离差平方和是每个数据与其所在水平组均值离差的平方和，反映了数据抽样误差的大小程度。

F 检验统计量是平均组间平方和与平均组内平方和的比，计算公式为：

$$F = \frac{SSA/(k-1)}{SSE/(n-k)}$$

从 F 值计算公式可以看出，如果控制变量的不同水平对观察变量有显著影响，那么观察变量的组间离差平方和必然大，F 值也就比较大；相反，如果控制变量的不同水平没有对观察变量造成显著影响，那么组内离差平方和会比较大，F 值就比较小。单因素方差 F 检验统计量构建原理的数学推导过程可参考相关书籍，此处不做详述。

3．判别规则及结果解读

SPSS 会自动计算 F 值，由于 F 服从（$k-1, n-k$）个自由度的 F 分布（k 为水平数，n 为个案数），SPSS 将依据 F 分布表给出相应的相伴概率值。如果相伴概率值小于或等于显著性水平 α，则拒绝零假设，认为控制变量不同水平下各总体均值存在显著差异；反之，则认为控制变量不同水平下各总体均值不存在显著差异。

5.1.2　案例详解及软件实现

数据：“方差分析.sav”。

医院记录了 285 位病人的总胆固醇、BMI、血尿酸、血钙、血压等数据值，并根据血压数据将样本分为正常和高血压 2 个水平，在数据中分别用 0 和 1 来表示；根据血尿酸数值将样本分为 3 个水平，在数据中分别用 1、2、3 来表示；根据血钙数值将样本分为 3 个水平，在数据中分别用 1、2、3 来表示，如图 5-1 所示。

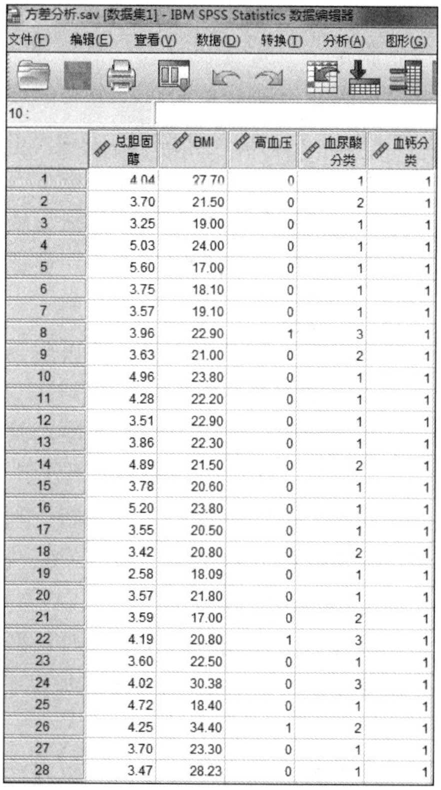

方差分析.sav [数据集1] - IBM SPSS Statistics 数据编辑器

文件(F)　编辑(E)　查看(V)　数据(D)　转换(T)　分析(A)　图形(G)

10 :

	总胆固醇	BMI	高血压	血尿酸分类	血钙分类
1	4.04	27.70	0	1	1
2	3.70	21.50	0	2	1
3	3.25	19.00	0	1	1
4	5.03	24.00	0	1	1
5	5.60	17.00	0	1	1
6	3.75	18.10	0	1	1
7	3.57	19.10	0	1	1
8	3.96	22.90	1	3	1
9	3.63	21.00	0	2	1
10	4.96	23.80	0	1	1
11	4.28	22.20	0	1	1
12	3.51	22.90	0	1	1
13	3.86	22.30	0	1	1
14	4.89	21.50	0	2	1
15	3.78	20.60	0	1	1
16	5.20	23.80	0	1	1
17	3.55	20.50	0	1	1
18	3.42	20.80	0	2	1
19	2.58	18.09	0	1	1
20	3.57	21.80	0	1	1
21	3.59	17.00	0	2	1
22	4.19	20.80	1	3	1
23	3.60	22.50	0	1	1
24	4.02	30.38	0	3	1
25	4.72	18.40	0	1	1
26	4.25	34.40	1	2	1
27	3.70	23.30	0	1	1
28	3.47	28.23	0	1	1

图 5-1　“方差分析.sav”数据节选

研究目的：分析血尿酸的 3 个水平间总胆固醇的平均水平是否相等。

软件实现如下。

第 1 步：在“分析”菜单的“比较平均值”子菜单中选择“单因素 ANOVA 检验”命令，如图 5-2 所示。

第 2 步：在弹出的“单因素 ANOVA 检验”对话框中，从左侧的变量名列表框中选择“总胆固醇”添加到“因变量列表”列表框中；选择“血尿酸分类”添加到“因子”框中，如图 5-3 所示。

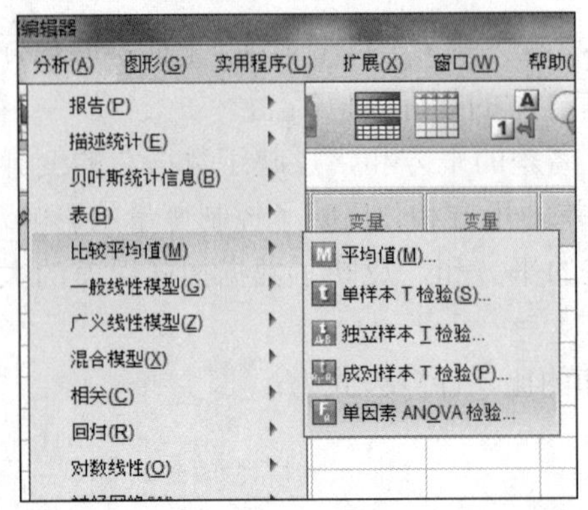

图 5-2　选择“单因素 ANOVA 检验”命令

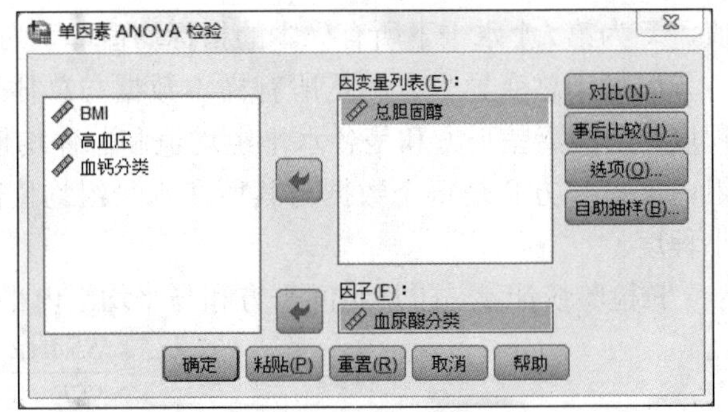

图 5-3　设置“单因素 ANOVA 检验”对话框

第 3 步：设定单因素方差分析的检验要求。

单击“选项”按钮，弹出“单因素 ANOVA 检验：选项”对话框。该对话框共包括 3 部分内容，分别涉及统计、平均值图和缺失值处理。

“统计”选项组中较为常用的选项为“描述”和“方差齐性检验”。“描述”主要用于输出观察变量在控制变量不同水平下的统计描述。“方差齐性检验”主要用于判定方差分析的前提，即各个水平下（在这里为组别变量不同取值）的总体服从方差相等的正态分布是否得到满足。

单因素方差分析对正态分布的要求并不是很严格，但对方差相等的要求是比较严格的。SPSS 提供了方差齐性检验。该方法也是统计推断的方法，其零假设是各水平下总体方差不存在显著差异，检验方法与独立样本 T 检验中方差是否相等的方法完全相同。SPSS 会给出关于方差是否相等的结果和相伴概率值。如果相伴概率值小于或等于显著性水平，则拒绝零假设，认为各水平下总体方差存在显著差异；相反，如果相伴概率值大于显著性水平，则接受零假设，认为各水平下总体方差不存在显著差异。

选中“平均值图”复选框可绘制各水平下观察变量的均值折线图。

缺失值的处理方式与 SPSS 中其他模块的处理方式是一致的，这里不再赘述。

在本例中，选中“方差齐性检验”和“平均值图”复选框，如图 5-4 所示，单击“继续”按钮，返回“单因素 ANOVA 检验”对话框。

通过上面的步骤，只能判断控制变量的不同水平是否对观察变量产生了显著影响。如果想进一步了解究竟是哪个组（或哪些组）和其他组有显著的均值差别，就需要在多个样本均值间进行两两比较。

第 4 步：单击图 5-3 所示对话框中的“事后比较”按钮，弹出“单因素 ANOVA 检验：事后多重比较”对话框。SPSS 提供了方差相等和方差不等两种假定条件下，用于事后比较的方法。

方差相等假定条件下的比较方法较多，这里介绍较为常用的 7 种，其余的方法读者可参考相关书籍。

- LSD（Least-Significant Difference）：最小显著差法，α 可指定 0～1 的任何显著性水平，默认值为 0.05。

- S-N-K（Student-Newman-Keuls）：即 q 检验法，α 只能为 0.05。
- 邦弗伦尼：修正差别检验法，α 可指定 0～1 的任何显著性水平，默认值为 0.05。
- 沃勒-邓肯：多范围检验法，α 只能指定为 0.05、0.01 或 0.1，默认值为 0.05。
- 图基：显著性检验法，α 只能为 0.05。
- 图基 s-b：Tukey 另一种显著性检验法，α 只能为 0.05。
- 雪费：差别检验法，α 可指定 0～1 的任何显著性水平，默认值为 0.05。

方差不相等假定条件下也提供了 4 种进行事后多重比较的方法，这里不做详述。

本例中选中“LSD”和“S-N-K”复选框，如图 5-5 所示。单击“继续”按钮，返回“单因素 ANOVA 检验”对话框。

图 5-4　设置“单因素 ANOVA 检验：选项”对话框

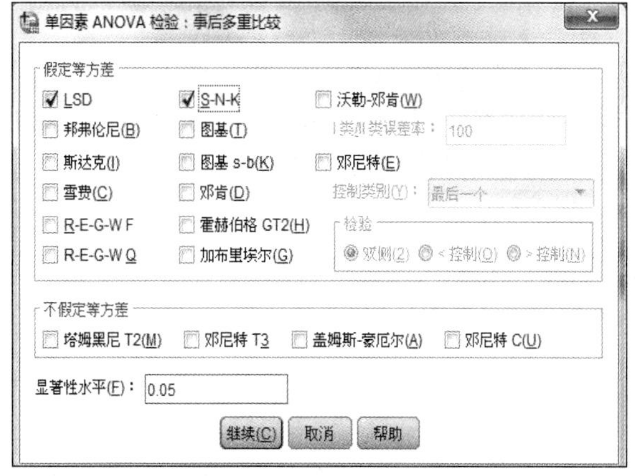

图 5-5　设置“单因素 ANOVA 检验：事后多重比较”对话框

第 5 步：将组间离差平方和分解为线性、二次、三次或更高次的多项式。这样在方差分析结果中，就不仅可以输出组间离差平方和，还可以显示组间离差平方和的各个分解结果及 F 检验统计量和相伴概率。这也就是单因素方差分析的多项式检验。

单击图 5-3 所示对话框中的“对比”按钮，打开“单因素 ANOVA 检验：对比”对话框。

选中“多项式”复选框，在其后的“等级”下拉列表框中选择“线性”选项，做线性分解，如图 5-6 所示。也可以进行二次、三次等分解。

图 5-6　设置“单因素 ANOVA 检验：对比”对话框

这里指定对组间平方和做线性分解，实质是对结果与控制变量进行一次线性回归分析，计算回归平方和，并对回归方程进行检验，得出 F 检验统计量和相伴概率。如果相伴概率值大于显著性水平，则说明控制变量的各个观察水平无法反映结果的线性变化，也就是认为控制变量的不同水平对结果的线性影响不显著；相反，则认为结果随着控制变量不同水平的变化产生了线性变化。

结果解读如下（本例中选中的复选框较多，这里按照各个结果分别进行解释）。

（1）单因素方差分析的前提即“方差齐性检验”的计算结果如图 5-7 所示。输出结果给出了 4 种方法下的方差齐性检验结果，每种方法计算得到的相伴概率值都大于显著性水平 0.05，可以认为各个组总体方差是相等的，说明该数据满足进行单因素方差分析的条件。

方差齐性检验

		莱文统计	自由度 1	自由度 2	显著性
总胆固醇	基于平均值	1.315	2	282	.270
	基于中位数	.926	2	282	.397
	基于中位数并具有调整后自由度	.926	2	278.843	.397
	基于剪除后平均值	1.111	2	282	.331

图 5-7　方差齐性检验输出结果

（2）单因素 ANOVA 检验结果如图 5-8 所示。从该结果表中可以看出，方差检验的 F 值为 1.094，相伴概率值为 0.336，大于显著性水平 0.05，表示接受零假设，也就是说 3 个水平彼此之间的胆固醇均值不存在显著区别。

ANOVA

总胆固醇

			平方和	自由度	均方	F	显著性
组间	（组合）		1.140	2	.570	1.094	.336
	线性项	对比	.692	1	.692	1.329	.250
		偏差	.447	1	.447	.859	.355
组内			146.931	282	.521		
总计			148.070	284			

图 5-8　单因素 ANOVA 检验结果

另外，还可以看出 3 个组总的变异平方和为 148.070，其中控制变量不同水平造成的组间离差平方和为 1.140，随机变量造成的组内离差平方和为 146.931。而组间离差平方和中，能被控制变量线性解释的离差平方和为 0.692，不能被线性解释的离差平方和为 0.447。

（3）LSD 事后多重比较输出结果如图 5-9 所示。从该结果可以看出 3 个水平之间的相伴概率值都大于显著性水平，说明 3 个水平之间不存在显著区别。如果两个水平之间存在均值的显著区别，表格中会用“*”号标出。

多重比较

因变量：总胆固醇

	(I) 血尿酸分类	(J) 血尿酸分类	平均值差值 (I-J)	标准 错误	显著性	95% 置信区间 下限	95% 置信区间 上限
LSD	1	2	-.14442	.10473	.169	-.3506	.0617
		3	-.12074	.10473	.250	-.3269	.0854
	2	1	.14442	.10473	.169	-.0617	.3506
		3	.02368	.10473	.821	-.1825	.2298
	3	1	.12074	.10473	.250	-.0854	.3269
		2	-.02368	.10473	.821	-.2298	.1825

图 5-9　LSD 事后多重比较输出结果

（4）S-N-K 事后多重比较输出结果如图 5-10 所示。血尿酸的 3 个水平均值在同一纵列中，说明 3 个水平之间不存在显著区别。反之，不在同一列的均值所对应的水平与其他水平存在显著区别。

（5）输出结果的最后部分是各个水平观察变量均值的折线图，如图 5-11 所示。

总胆固醇

	血尿酸分类	个案数	Alpha 的子集 = 0.05 1
S-N-K[a]	1	95	4.2143
	3	95	4.3351
	2	95	4.3587
	显著性		.353

将显示齐性子集中各个组的平均值。

a. 使用调和平均值样本大小 = 95.000。

图 5-10　S-N-K 事后多重比较输出结果

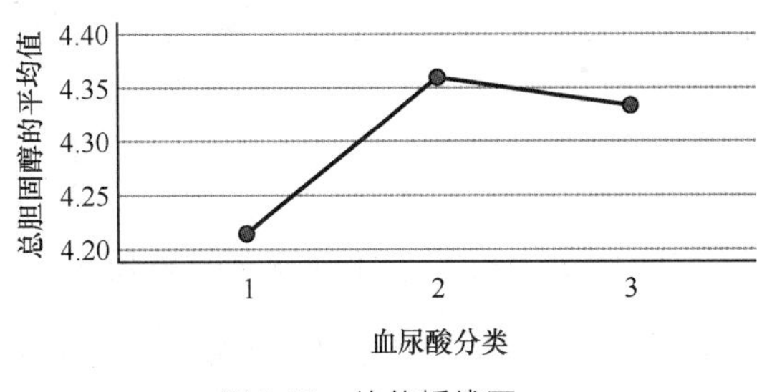

图 5-11　均值折线图

5.2　多因素方差分析

5-2　多因素方差分析

多因素方差分析是指在存在多个控制变量的前提下，分析多个控制变量的作用、多个控制变量的交互作用，以及随机变量对结果是否产生显著影响的统计推断方法。

5.2.1　推断原理和检验步骤

1．适用条件

多因素方差分析适用于存在两个或两个以上控制变量的情况。多因素方差分析对各个总体的方差相等的前提假设是放松的，但是一般要求多控制变量交互作用下的单元格内至少有 3 个观测值。

2．构建 F 检验统计量

多因素方差分析不仅需要分析多个控制变量独立作用对观察变量的影响，还要分析多个控制变量交互作用对观察变量的影响，以及其他随机变量对结果的影响。因此，它需要将观察变量总的变异平方和分解为以下 3 个部分。

① 多个控制变量单独作用引起的离差平方和。

② 多个控制变量交互作用引起的离差平方和。

③ 其他随机变量引起的离差平方和。

以两个控制变量为例，双因素方差分析将观察变量总的变异平方和表示为：

$$Q_{\text{总}} = Q_{\text{控制变量1}} + Q_{\text{控制变量2}} + Q_{\text{控制变量1,2}} + Q_{\text{随机变量}}$$

其中，$Q_{\text{控制变量1}} + Q_{\text{控制变量2}}$ 是主效应部分；$Q_{\text{控制变量1,2}}$ 称为多向交互影响部分，反映两个控制变量各个水平相互组合对结果的影响。主效应部分和多向交互影响部分的和称为可解释部分。$Q_{\text{随机变量}}$ 是其他随机变量共同引起的部分，也称为剩余部分。

各个部分的计算公式为：

$$Q_{控制变量1} = sl\sum_{i=1}^{r}(\overline{x}_i - \overline{x})^2$$

$$Q_{控制变量2} = rl\sum_{j=1}^{s}(\overline{x}_j - \overline{x})^2$$

$$Q_{控制变量1,2} = l\sum_{i=1}^{r}\sum_{j=1}^{s}(\overline{x}_{ij} - \overline{x}_i - \overline{x}_j + \overline{x})^2$$

$$Q_{随机变量} = \sum_{i=1}^{r}\sum_{j=1}^{s}\sum_{k=1}^{l}(x_{ijk} - \overline{x}_{ij})^2$$

其中，r 为第一个控制变量的取值个数（观察水平个数），s 为第二个控制变量的取值个数；l 为每个组合重复试验次数，共有 $r \times s$ 个取值组合；x_{ijk} 为每次试验的结果数据，共有 $r \times s \times l$ 个结果数据；$\overline{x}_i$ 为第一个控制变量在水平 i 下的平均结果，即 $\overline{x}_i = \frac{1}{sl}\sum_{j=1}^{s}\sum_{k=1}^{l}x_{ijk}$；$\overline{x}_j$ 为第二个控制变量在水平 j 下的平均结果，即 $\overline{x}_j = \frac{1}{rl}\sum_{i=1}^{r}\sum_{k=1}^{l}x_{ijk}$；$\overline{x}_{ij}$ 为第一个控制变量在水平 i 下和第二个控制变量在水平 j 下的平均结果，即 $\overline{x}_{ij} = \frac{1}{l}\sum_{k=1}^{l}x_{ijk}$。

多因素方差分析仍然采用 F 检验。

零假设 H_0：多个控制变量的不同水平或交互作用下，各总体均值不存在显著区别。

F 检验统计量计算公式为：

$$F_{控制变量1} = \frac{Q_{控制变量1}/(r-1)}{Q_{随机变量}/rs(l-1)} = \frac{S^2{}_{控制变量1}}{S^2{}_{随机变量}}$$

$$F_{控制变量2} = \frac{Q_{控制变量2}/(s-1)}{Q_{随机变量}/rs(l-1)} = \frac{S^2{}_{控制变量2}}{S^2{}_{随机变量}}$$

$$F_{控制变量1,2} = \frac{Q_{控制变量1,2}/(r-1)(s-1)}{Q_{随机变量}/rs(l-1)} = \frac{S^2{}_{控制变量1,2}}{S^2{}_{随机变量}}$$

3．判别规则及结果解读

以上 F 检验统计量服从 F 分布。SPSS 将自动计算 F 值，并根据 F 分布表给出相应的相伴概率值。

如果 $F_{控制变量1}$ 的相伴概率值小于或等于显著性水平，则第一个控制变量的不同水平对观察变量产生了显著的影响；如果 $F_{控制变量2}$ 的相伴概率值小于或等于显著性水平，则第二个控制变量的不同水平对观察变量产生了显著的影响；如果 $F_{控制变量1,2}$ 的相伴概率值小于或等于显著性水平，则表示第一个控制变量和第二个控制变量各个水平的交互作用对观察变量产生了显著的影响；反之则认为不同水平对观察变量不存在显著影响。

5.2.2　案例详解及软件实现

数据："方差分析.sav"。

研究目的：分析患者血尿酸、血钙的不同水平是否会造成胆固醇指标的差异。

软件实现如下。

该案例中共有血尿酸和血钙两个控制变量，每个控制变量下都有 3 个水平，因此不仅要推断这两个控制变量的主效应是否显著，还要推断它们之间是否存在交互效应。

SPSS 的操作步骤如下。

第 1 步：在"分析"菜单的"一般线性模型"子菜单中选择"单变量"命令，如图 5-12 所示。

第 2 步：在弹出的"单变量"对话框中，从左侧的变量名列表框中选择"总胆固醇"添加到"因变量"框中；选择"血尿酸分类""血钙分类"添加到"固定因子"列表框中，如图 5-13 所示。

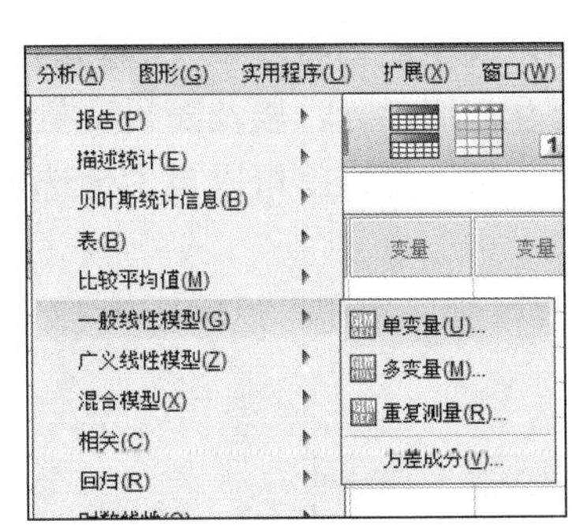

图 5-12　选择"单变量"命令

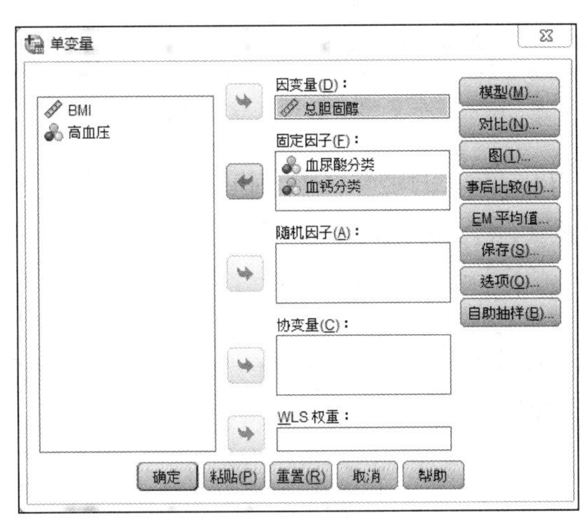

图 5-13　设置"单变量"对话框

第 3 步：单击"选项"按钮，弹出"单变量：选项"对话框，在该对话框设置线性模型的输出结果。单变量多因素方差分析的重点不在于线性模型的优劣，因此可与单变量单因素方差分析的选择相同。选中"描述统计"和"齐性检验"复选框，如图 5-14 所示，单击"继续"按钮，回到图 5-13 所示的对话框。

通过上面的步骤，只能判断两个控制变量的不同水平是否对观察变量产生了显著影响。如果想进一步了解究竟是哪个组（或哪些组）和其他组有显著的均值差别，就需要在多个样本均值间进行两两比较。这和前面的单变量单因素方差分析是一样的。

第 4 步：单击"事后比较"按钮，弹出"单变量：实测平均值的事后多重比较"对话框，在其中可以选择需要进行比较分析的控制变量。选择"血尿酸分类"和"血钙分类"添加到"下列各项的事后检验"列表框中，然后选择比较方法。该部分的设置与单变量单因素方差分析相同，这里不再赘述。

本例中选中"LSD"和"S-N-K"复选框，如图 5-15 所示。单击"继续"按钮，返回图 5-13 所示的对话框。

第 5 步：单击"模型"按钮，弹出"单变量：模型"对话框，在该对话框中选择建立多因素方差分析模型的种类。

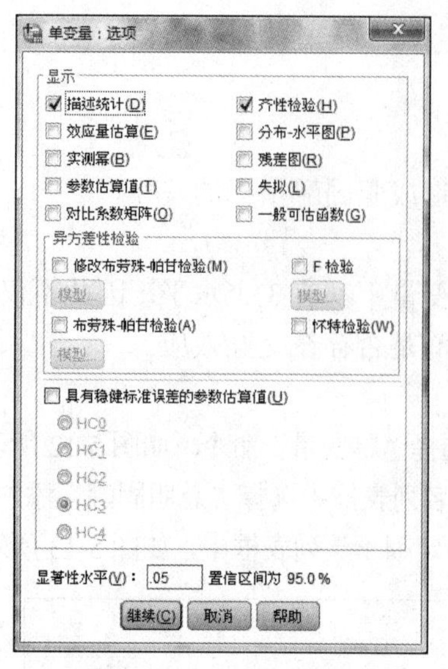

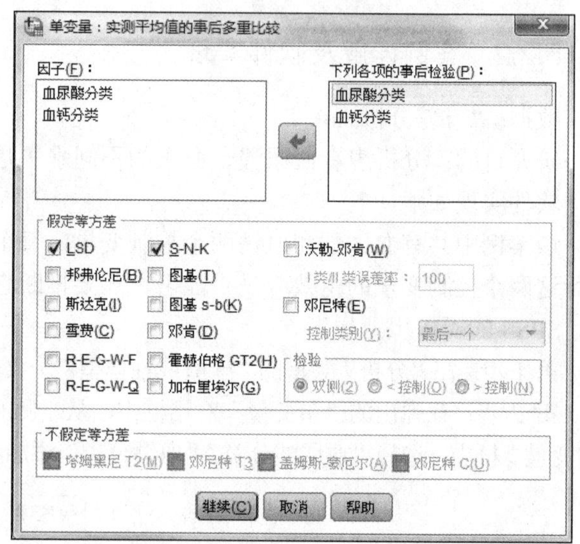

图 5-14 设置“单变量：选项”对话框　　图 5-15 设置“单变量：实测平均值的事后多重比较”对话框

SPSS 默认的是建立饱和模型，也就是“全因子”。选择该模型，则将观察变量总的变异平方和分解为多个控制变量对观察变量的独立作用部分、交互作用部分，以及随机变量影响部分。在实际分析中，也可以自己指定模型进行多因素方差分析。这样就可以自由地选择需要计算考虑的变异部分。

本例中选择“全因子”单选项，如图 5-16 所示，单击“继续”按钮，返回图 5-13 所示的对话框。

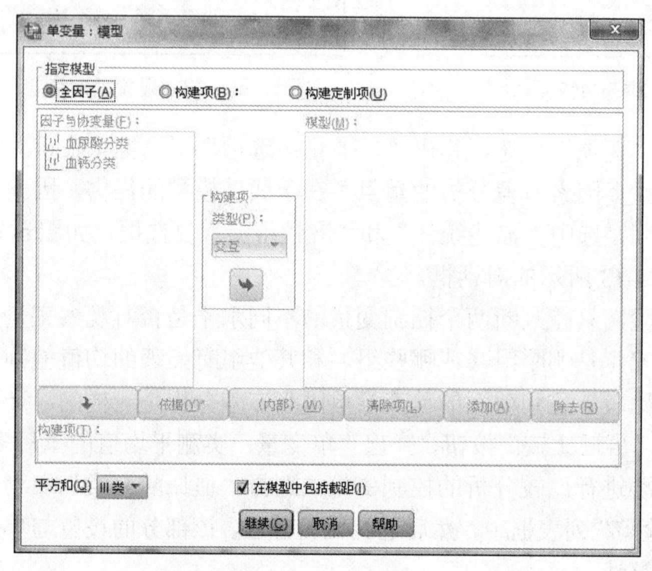

图 5-16 设置“单变量：模型”对话框

第 6 步：单击 “图”按钮，弹出“单变量：轮廓图”对话框，在该对话框中设置以图形的方式展现控制变量之间是否有交互影响。分别将不同的控制变量放置在“水平轴”和“单独的线条”框内，那么，每一条线条代表“单独的线条”框内控制变量的一个水平，线条的位置由其在“水平轴”框内控制变量下不同水平的变量均值决定。如果各个控制变量之间没有交互作用，那么各线条应近于平行，否则相交。

本例中选择“血尿酸分类”为“水平轴”变量、“血钙分类”为“单独的线条”变量，如图 5-17 所示，单击“添加”按钮，在“图”列表框中即完成该图形的设置，如图 5-18 所示。若控制变量较多，可设置多个图形。设置完成后单击“继续”按钮，返回图 5-13 所示的对话框。

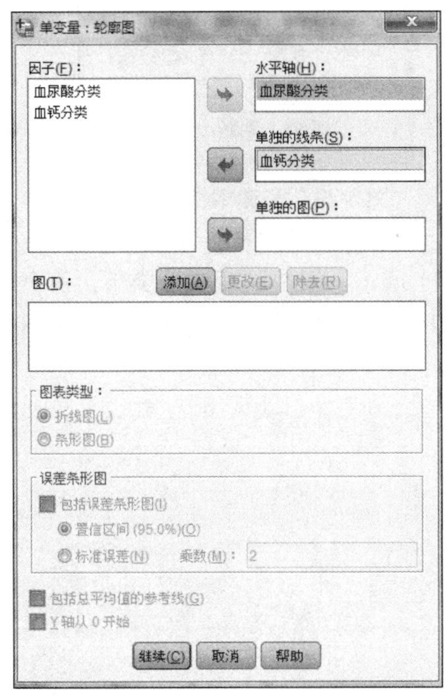

图 5-17　设置“单变量：轮廓图”对话框

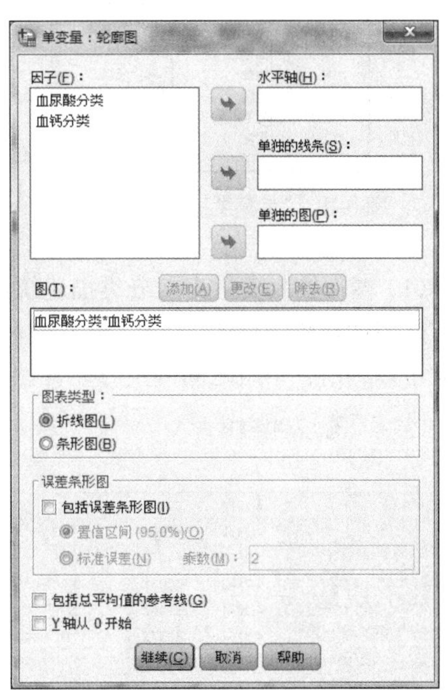

图 5-18　完成图形设置后的“单变量：轮廓图”对话框

第 7 步：单击图 5-13 所示对话框中的“对比”按钮，弹出“单变量：对比”对话框，在该对话框中可通过设置不同对比方法，对控制变量各个水平上的观察变量的差异进行对比检验，如图 5-19 所示。其中较为常用的选项如下。

- 无：SPSS 默认方式，不做对比分析。
- 偏差：以观察变量的均值为标准，比较各水平上观察变量的均值是否存在显著差异。
- 简单：以第一个水平或最后一个水平（在“参考类别”栏中进行选择）的观察变量均值为标准，比较各水平上观察变量的均值是否存在显著差异。
- 差值：将各水平上的观察变量均值与前一个水平上的观察变量均值做比较。
- 赫尔默特：将各水平上的观察变量均值与最后一个水平上的观察变量均值进行比较。

本例中对两个变量都选择“简单”选项，并以最后一个水平的观察变量均值为标准。选择好后单击“变化量”按钮，“因子”列表框中变量名后括号中的内容会发生变化，这样才完成对比的设置，如图 5-20 所示。单击“继续”按钮，返回图 5-13 所示的对话框。

第 8 步：单击“确定”按钮，SPSS 即开始计算。

结果解读如下（本例输出的结果较多，这里挑选较为重要的内容进行解释）。

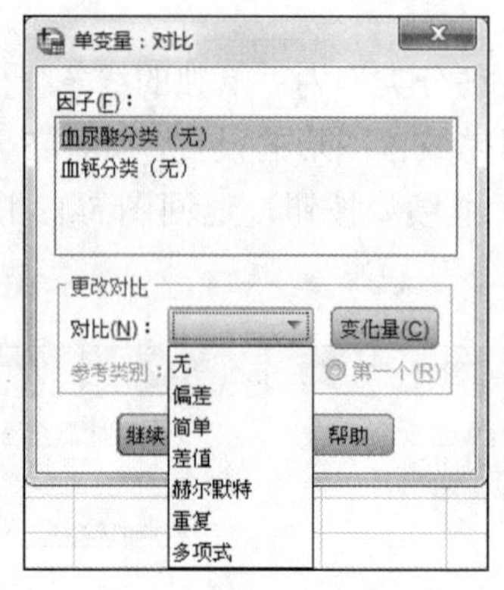

图 5-19 “单变量：对比”对话框

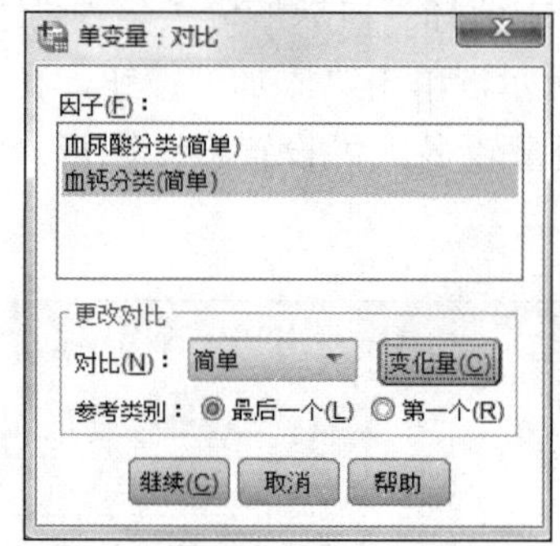

图 5-20 完成对比设置后的“单变量：对比”对话框

（1）两个控制变量交叉分类描述统计结果如图 5-21 所示。双控制变量分类下，各个组间的方差齐性检验结果如图 5-22 所示，4 种检验方法下相伴概率的数值都大于显著性水平 0.05，由此可以判断各个组之间满足方差齐性的前提。

描述统计

因变量：总胆固醇

血尿酸分类	血钙分类	平均值	标准偏差	个案数
1	1	4.1358	.64138	50
	2	4.2472	.62682	25
	3	4.3695	.74629	20
	总计	4.2143	.66031	95
2	1	4.3741	.79467	27
	2	4.3155	.83372	31
	3	4.3838	.68682	37
	总计	4.3587	.76033	95
3	1	4.0894	.45793	18
	2	4.2567	.82919	39
	3	4.5318	.71876	38
	总计	4.3351	.74093	95
总计	1	4.1947	.66350	95
	2	4.2734	.77523	95
	3	4.4400	.70873	95
	总计	4.3027	.72206	285

图 5-21 描述统计结果

误差方差的莱文等同性检验[a,b]

		莱文统计	自由度 1	自由度 2	显著性
总胆固醇	基于平均值	1.217	8	276	.289
	基于中位数	1.032	8	276	.412
	基于中位数并具有调整后自由度	1.032	8	244.335	.412
	基于剪除后平均值	1.135	8	276	.340

检验“各个组中的因变量误差方差相等”这一原假设。

图 5-22 方差齐性检验结果

（2）主体间效应检验结果如图 5-23 所示。

主体间效应检验

因变量：总胆固醇

源	III 类平方和	自由度	均方	F	显著性
修正模型	4.841[a]	8	.605	1.166	.320
截距	4773.165	1	4773.165	9197.810	.000
血尿酸分类	.512	2	.256	.493	.611
血钙分类	2.303	2	1.151	2.219	.111
血尿酸分类 * 血钙分类	1.383	4	.346	.666	.616
误差	143.229	276	.519		
总计	5424.345	285			
修正后总计	148.070	284			

a. R 方 = .033（调整后 R 方 = .005）

图 5-23 主体间效应检验结果

这部分是多因素方差分析的主要部分。由于指定建立饱和模型，因此总的变异平方和分为 3 个部分：多个控制变量对观察变量的独立作用部分、交互作用部分，以及随机变量影响部分。

关于多个控制变量对观察变量的独立作用部分，不同血尿酸水平贡献的离差平方和为 0.512，均方为 0.256；不同血钙水平贡献的离差平方和为 2.303，均方为 1.151。它们对应的 F 值分别为 0.493 和 2.219，相伴概率值分别为 0.611 和 0.111。这说明不同血尿酸和血钙水平都对总胆固醇不存在显著影响。

关于多个控制变量交互作用部分，血尿酸水平和血钙水平交互作用的离差平方和为 1.383，均方为 0.346。F 值和相伴概率值分别为 0.666 和 0.616。表明它们的交互作用对观察结果没有造成显著影响。

关于随机变量影响部分，其所贡献的离差平方和为 143.229，均方为 0.519。

（3）单变量对比假设检验输出结果如图 5-24 和图 5-25 所示。这里仅以血尿酸为例对输出结果进行讲解，血钙输出结果读者可自行对照解读。

对比结果（K 矩阵）

血尿酸分类 简单对比[a]			因变量 总胆固醇
级别 1 与级别 3	对比估算		-.042
	假设值		0
	差值（估算 - 假设）		-.042
	标准误差		.112
	显著性		.709
	差值的 95% 置信区间	下限	-.262
		上限	.179
级别 2 与级别 3	对比估算		.065
	假设值		0
	差值（估算 - 假设）		.065
	标准误差		.108
	显著性		.548
	差值的 95% 置信区间	下限	-.148
		上限	.279

a. 参考类别 = 3

图 5-24 血尿酸分类对比结果

检验结果

因变量：总胆固醇

源	平方和	自由度	均方	F	显著性
对比	.512	2	.256	.493	.611
误差	143.229	276	.519		

图 5-25 血尿酸分类对比检验结果

以血尿酸的水平 3 的值为参考，进行两个水平的均值对比，可以看出水平 1 与水平 3 对比的相伴概率值为 0.709，高于显著性水平 0.05，说明这两组的总胆固醇均值不存在显著差异。水平 2 与水平 3 对比得到的结果也是两组的总胆固醇均值不存在显著差异。图 5-25 所示为血尿酸分类对比检验结果，可以看出得出的结论相同。

（4）关于控制变量事后多重比较输出结果，这里以血钙为例对输出结果进行解读。血尿酸分类输出结果读者可自行对照解读。LSD 和 S-N-K 多重比较结果分别如图 5-26 和图 5-27 所示。

LSD 与 S-N-K 结果的解读方法在单变量单因素方差分析的 5.1.2 节已经介绍过。这里可以看出，LSD 方法得出血钙的水平 1 和水平 3 之间存在显著差异，在结果中以“*”号标注，其他水平之间的胆固醇均值差异并不显著。但是 S-N-K 检验的结果显示 3 个水平之间并不存在显著差异。在单变量多因素方差分析中经常会出现几种检验方法结果不一致的情况，读者要在分清各种多重比较方法的适用环境和主要应用目的后再进行相应的取舍。

血钙分类

多重比较

因变量：总胆固醇

	(I) 血钙分类	(J) 血钙分类	平均值差值 (I-J)	标准误差	显著性	95% 置信区间 下限	95% 置信区间 上限
LSD	1	2	-.0786	.10452	.453	-.2844	.1271
		3	-.2453*	.10452	.020	-.4510	-.0395
	2	1	.0786	.10452	.453	-.1271	.2844
		3	-.1666	.10452	.112	-.3724	.0391
	3	1	.2453*	.10452	.020	.0395	.4510
		2	.1666	.10452	.112	-.0391	.3724

基于实测平均值。
误差项是均方（误差）= .519。
*. 平均值差值的显著性水平为 .05。

图 5-26　血钙分类多重比较结果（LSD）

齐性子集

总胆固醇

	血钙分类	个案数	子集 1
S-N-K[a,b]	1	95	4.1947
	2	95	4.2734
	3	95	4.4400
	显著性		.051

将显示齐性子集中各个组的平均值。
基于实测平均值。
误差项是均方（误差）= .519。
a. 使用调和平均值样本大小 = 95.000。
b. Alpha = .05。

图 5-27　血钙分类多重比较结果（S-N-K）

（5）两控制变量的轮廓图如图 5-28 所示，每一条线段表示一种血钙水平。以每种血钙水平在 3 种血尿酸水平下的总胆固醇均值为图中散点，连接散点后得到图形。从图形看两个控制变量之间交互作用并不明显。

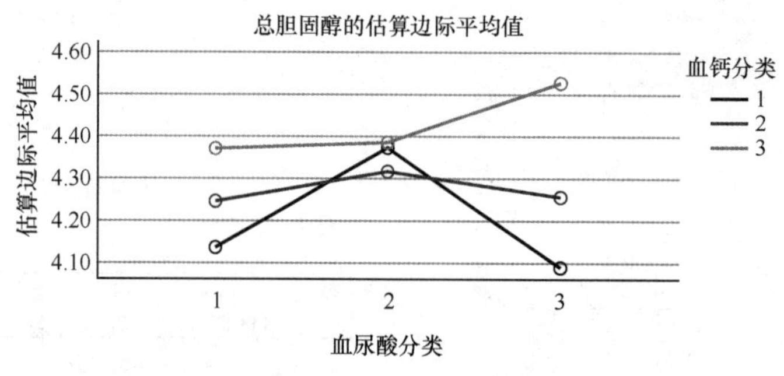

图 5-28　两控制变量的轮廓图

5.3　协方差分析

5-3　协方差分析

协方差分析是将那些很难控制的因素作为协变量，在排除协变量影响的条件下，分析控制变量对观察变量的影响，从而更加准确地对控制变量进行评价。

5.3.1　推断原理和检验步骤

1．适用条件

无论是单因素方差分析还是多因素方差分析，它们都有一些可以人为控制的控制变量。

在实际问题中，有些随机因素是很难被人为控制的，但它们又会对结果产生显著的影响。如果忽略这些因素的影响，则有可能得到不正确的结论。

例如，研究某种药物对病症的治疗效果时，如果仅分析药物本身的作用，而不考虑不同患者的身体条件（如体质等的不同），那么很可能得不到结论或者得到不正确的结论。

为了更加准确地研究控制变量不同水平对结果的影响，应该尽量排除其他因素对分析结果的影响。协方差分析将那些很难控制的随机变量作为协变量，在分析中将其排除，然后再分析控制变量对观察变量的影响，从而实现对控制变量效果的准确评价。

协方差分析要求协变量是连续数值型，多个协变量间互相独立，且与控制变量之间没有交互影响。单因素方差分析和多因素方差分析中的控制变量都是一些定性变量，而协方差分析中既包含了定性变量（控制变量），又包含了定距变量或定比变量（协变量）。

2. 构建 F 检验统计量

以单因素协方差分析为例，因为只含有一个控制变量，所以数据总的变异平方和表示为：

$$Q_{总} = Q_{控制变量} + Q_{协变量} + Q_{随机变量}$$

总变异平方和的拆解方法和计算公式与单因素方差分析是相同的，这里不再赘述。协方差分析仍然采用 F 检验。

零假设 H_0：在控制变量或协变量的不同水平下，各总体均值不存在显著差异。

F 检验统计量计算公式为：

$$F_{控制变量} = \frac{S^2_{控制变量}}{S^2_{随机变量}}$$

$$F_{协变量} = \frac{S^2_{协变量}}{S^2_{随机变量}}$$

3. 判别规则及结果解读

以上 F 检验统计量服从 F 分布。SPSS 将自动计算 F 值，并根据 F 分布表给出相应的相伴概率值。

如果控制变量的相伴概率值小于或等于显著性水平，则控制变量的不同水平对观察变量产生显著的影响；如果协变量的相伴概率值小于或等于显著性水平，则协变量的不同水平对观察变量产生显著的影响。

5.3.2 案例详解及软件实现

数据：“方差分析.sav”。

研究目的：有研究表明，个人胆固醇值可能会受其 BMI 的影响，请验证 BMI 对胆固醇值的影响是否存在，如果存在，剔除这种影响之后，不同血尿酸水平在平均胆固醇值上是否存在显著差异。

此案例中，胆固醇值是因变量，BMI 是协变量，血尿酸分类指标是控制变量。采用协方差分析方法进行统计推断。

软件实现如下。

在“分析”菜单的“一般线性模型”子菜单中选择“单变量”命令，弹出“单变量”对话框，与多因素方差分析操作相同。

从对话框左侧的变量名列表框中选择“总胆固醇”添加到“因变量”框中，表示该变量是观察变量；选择“血尿酸分类”添加到“固定因子”列表框中，表示其为控制变量；选择“BMI”添加到“协变量”框中，表示将其设为协变量，如图 5-29 所示。

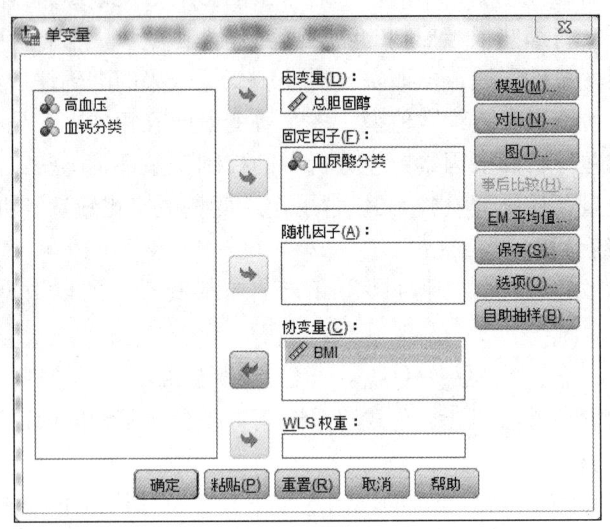

图 5-29　协方差分析设置

“单变量”对话框和单变量多因素方差分析的对话框是一样的，因此这里不再讲述其中“选项”“模型”“对比”“图”等按钮对应对话框的设置，读者可按照研究要求设置相应的选项。

结果解读如下（SPSS 输出结果较多，根据本例研究目的，挑选其中的主要部分进行解读）。

在将 BMI 设置为协变量后，血尿酸分类下的样本方差齐性检验结果显示，各水平之间的方差仍然相等，具备进行单因素方差分析的基础，如图 5-30 所示。

误差方差的莱文等同性检验[a]

因变量：总胆固醇

F	自由度 1	自由度 2	显著性
.868	2	282	.421

检验"各个组中的因变量误差方差相等"这一原假设。

a. 设计：截距 + BMI + 血尿酸分类

图 5-30　协方差分析方差齐性检验结果

协方差分析的主体间效应检验结果如图 5-31 所示。控制变量血尿酸分类对观察变量总胆固醇的离差平方和为 0.465，均方为 0.232，对应的 F 值和相伴概率值分别为 0.460 和 0.632，说明剔除协变量影响后，血尿酸不同水平下总胆固醇的均值不存在显著差异。

协变量BMI的离差平方和为4.926，均方为4.926，F 值和相伴概率值分别为9.747和0.002。表明协变量 BMI 对总胆固醇值存在显著影响。

主体间效应检验

因变量：总胆固醇

源	III 类平方和	自由度	均方	F	显著性
修正模型	6.065[a]	3	2.022	4.001	.008
截距	124.180	1	124.180	245.728	.000
BMI	4.926	1	4.926	9.747	.002
血尿酸分类	.465	2	.232	.460	.632
误差	142.005	281	.505		
总计	5424.345	285			
修正后总计	148.070	284			

a. R 方 = .041（调整后 R 方 = .031）

图 5-31　协方差分析的主体间效应检验结果

随机变量所贡献的离差平方和为 142.005，均方为 0.505。

习　题

一、填空题

1．单因素方差分析要求样本满足的基本条件是________、________、________和________。

2．单因素方差分析采用的检验统计量为 ________，检验零假设 H_0 是________。

3．协方差分析中，对协变量的要求是 ________、________、________。

4．多因素方差分析中，除了需要分析单个控制变量的主效应外，还可推断控制变量间的 ________。

5．进行多因素方差分析时，可以将观察变量的总变异平方和分解为 3 个部分，分别为________、________和 ________。

二、选择题

1．关于单因素方差分析，下列哪个命题是错误的？（　　）

A．总变异平方和和水平项离差平方和既包括随机误差，又包括系统误差

B．均方和的大小与观测值的多少有关

C．SSA 的自由度为 $r-1$，其中 r 为因素 A 的水平数

D．$SST=SSA+SSE$

2．在多因素方差分析中，有两个控制变量，下列（　　）不属于总变异平方和的分解部分。

A．第一个控制变量离差平方和

B．第二个控制变量离差平方和

C．随机变量离差平方和

D．第一个控制变量和随机变量的交互作用

3．对于方差分析中的交互作用来说，下列说法错误的是（　　）。

A．如果一个因素的效应大小在另一个因素不同水平下明显不同，则称为两因素间存在交互作用

B．对于交互作用的检验通常用卡方检验

C．对两个因素的交互作用进行分析时，两个因素每个水平组合下至少要进行两次试验

D．当存在交互作用时，单纯研究某个因素的作用是没有意义的

4．下列哪个是方差分析的基本假定？（　　）

A．各组数据对应的总体均值相等

B．各组数据对应的总体方差相等

C．各组数据对应的样本均值相等

D．各组数据对应的样本方差相等

5．下列关于方差分析说法错误的是（　　）。

A．判断因素的水平是否对因变量有影响，实际上就是比较组间方差与组内方差之间差异的大小

B．组间方差包含系统误差和随机误差

C．组间方差和组内方差的大小均与观测量大小有关

D．在零假设成立的情况下，可以根据组间方差和组内方差的比值构建一个服从卡方分布的统计量

三、判断题

1．方差分析是一种检验若干个正态分布的均值和方差是否相等的一种统计方法。（　　）

2．方差分析是一种检验若干个独立正态总体均值是否相等的一种统计方法。（　　）

3．方差分析实际上是一种 F 检验。（　　）

4．方差分析基于偏差平方和的分解和比较。（　　）

5．协方差分析要求协变量是连续数值型，多个协变量间互相独立，且与控制变量之间没有交互影响。（　　）

四、简答题

1．什么是协方差分析？什么情况适合使用协方差分析？

2．如何检验两个及两个以上样本均值之间是否存在显著性差异？

3．方差分析包括哪些类型，他们有何区别？

4．简述方差分析的基本思想和操作步骤。

5．方差分析有哪些基本假定？

案例分析题

1．一家耳机生产厂商设计了 4 种不同类型的耳机，并计划与传统耳机形成对比。先从 4 种不同类型的耳机中随机各抽取 6 只样品，同时再抽取 6 只传统耳机样品，在相同的实验条件下，测试它们的使用寿命（单位：月），结果如表 5-2 所示。

表 5-2　耳机样品使用寿命

耳机类型	测试寿命					
传统耳机	20.2	19.8	19.6	20.3	21.3	20.5
型号 1	23.6	21.7	19.8	20.5	21.5	22.1

续表

耳机类型	测试寿命					
型号 2	15.2	19.1	16.8	17.6	16.5	20.3
型号 3	35.8	36.2	33.8	34.2	35.3	34.8
型号 4	19.8	22.6	24.2	21.0	19.8	23.4

试分析各种型号耳机的使用寿命是否有区别。

2．为了验证 4 种不同安眠药的药效，选取 24 只兔子（公兔子和母兔子各 12 只），随机分为 4 组，每组兔子服用一种安眠药，并记录它们的睡眠时间，如表 5-3 所示。请判断这 4 种安眠药的药效是否相同。

表 5-3　　兔子安眠药实验数据

兔子编号	睡眠时间	安眠药种类	性别
01	6.2	1	公
02	6.1	1	母
03	6.0	1	公
04	6.3	1	公
05	6.1	1	母
06	5.9	1	母
07	6.3	2	母
08	6.5	2	公
09	6.7	2	母
10	6.6	2	母
11	7.1	2	公
12	6.4	2	母
13	6.8	3	公
14	7.1	3	公
15	6.6	3	公
16	6.8	3	母
17	6.9	3	母
18	6.6	3	母
19	5.4	4	公
20	6.4	4	公
21	6.2	4	母
22	6.3	4	母
23	6.0	4	公
24	5.9	4	公

3．学校为了改善教师生活水平，试行某种新政策。在政策试行前、试行半年后分别对教师的待遇情况进行调查，工资待遇分为 10 级，级别越高代表待遇越好，调查结果及教师级别如表 5-4 所示。

表 5-4　　新政策试行前后教师待遇情况

原工资	现工资	教师级别
4	5	2
3	4	1
3	4	3
2	4	2
5	5	2
3	6	3
4	8	1
6	7	2
6	7	2
5	7	3
2	4	3
6	7	3
9	8	1
5	6	1
7	7	2

试分析政策试行后，不同类型教师彼此间工资待遇是否存在差异。

第6章 非参数检验与SPSS实现

不是针对总体参数，而是针对总体的某些一般性假设（如总体分布）的统计分析方法称为非参数检验（Nonparametric Tests）。非参数检验根据样本数目及样本之间的关系可以分为单样本非参数检验、两独立样本非参数检验、多独立样本非参数检验、两配对样本非参数检验和多配对样本非参数检验几种。非参数检验在两样本和多样本假设检验中应用广泛，因此本章重点介绍配对样本和独立样本的非参数检验方法。

学习目标

（1）了解各种非参数检验方法的适用条件，并能做出科学判断。

（2）熟悉两配对样本、多配对样本、两独立样本，以及多独立样本非参数检验方法的原理和检验步骤。

（3）掌握两配对样本、多配对样本、两独立样本，以及多独立样本非参数检验方法的软件实现过程，并能科学解读输出结果。

知识框架

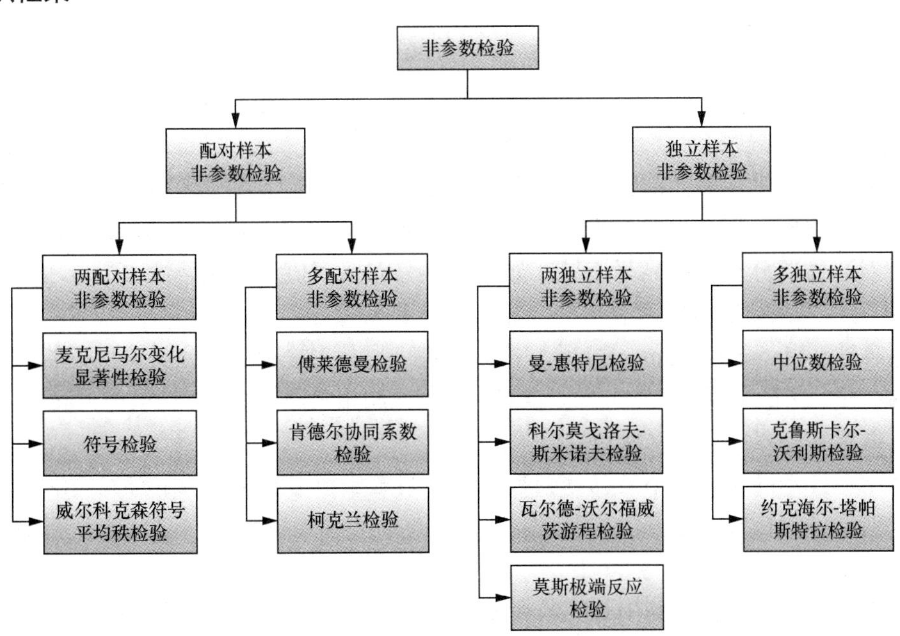

6-1　两配对样本非参数检验

6.1　两配对样本非参数检验

两配对样本非参数检验是在总体分布不是很清楚的情况下，对样本来自的两相关配对总体分别进行检验。

6.1.1　适用条件和检验方法

1．适用条件

两配对样本非参数检验一般用于对同一研究对象（或两配对对象）分别给予两种不同处理的效果比较，以及同一研究对象（或两配对对象）处理前后的效果比较。前者推断两种效果有无差别，后者推断某种处理是否有效。

两配对样本非参数检验的前提要求：两个样本应是配对的。这要求两个样本的观察数目要相同，并且两样本的观察值顺序不能随意改变。

2．检验方法

SPSS 中有以下 3 种两配对样本非参数检验方法。

（1）两配对样本的麦克尼马尔（McNemar）变化显著性检验

麦克尼马尔变化显著性检验只适用于二分类数据，其零假设 H_0 为：样本来自的两配对总体的分布不存在显著差异。麦克尼马尔变化显著性检验的基本方法采用二项分布检验。它通过两组样本前后变化的频数计算二项分布的概率值。示例数据如表 6-1 所示，其中，$a+b+c+d$ 为样本容量；a 为第一组样本中为 0、第二组样本中为 0 的频数；b 为第一组样本中为 0、第二组样本中为 1 的频数；c 为第一组样本中为 1、第二组样本中为 0 的频数；d 为第一组样本中为 1、第二组样本中为 1 的频数。

表 6-1　　麦克尼马尔变化显著性检验

第一组样本	第二组样本	
	0	1
0	a	b
1	c	d

麦克尼马尔变化显著性检验通过对表中频数 b 和 c 的研究，计算得到二项分布的概率值。如果得到的二项分布概率值小于或等于用户的显著性水平 α，则拒绝零假设 H_0，认为样本来自的两配对总体的分布存在显著差异；如果二项分布概率值大于显著性水平 α，则接受零假设 H_0，认为样本来自的两配对总体的分布不存在显著差异。

边际齐性（Marginal Homogeneity）检验是麦克尼马尔检验向多分类情形下的扩展，适用于数据为有序分类的情况。此部分知识读者可自行查阅相关资料学习，这里不再展开详细介绍。

（2）两配对样本的符号（Sign）检验

当两配对样本的观察值不是二分类数据时，则无法利用麦克尼马尔检验方法，这时可以采用两配对样本的符号检验方法。其零假设 H_0 为：样本来自的两配对总体的分布不存在显著差异。

两配对样本的符号检验利用正、负符号的个数来进行。首先，将第二组样本的各个观察值减去第一组样本中对应的观察值，如果得到的差值是一个正数，则记为正号；如果差值为负数，则记为负号。然后，计算正号的个数和负号的个数。

通过比较正号和负号的个数，可以判断两组样本的分布情况。例如，正号的个数和负号的个数大致相等，可以认为两配对样本数据分布差距较小；正号的个数和负号的个数相差较大，可以认为两配对样本数据分布差距较大。

SPSS 将自动对差值正、负符号序列做单样本二项分布检验，计算出实际的概率值。如果得到的概率值小于或等于用户的显著性水平α，则拒绝零假设 H_0，认为样本来自的两配对总体的分布存在显著差异；如果概率值大于显著性水平α，则接受零假设 H_0，认为样本来自的两配对总体的分布不存在显著差异。

（3）两配对样本的威尔科克森（Wilcoxon）符号平均秩检验

两配对样本的符号检验考虑了总体数据变化的性质，但没有考虑两组样本变化的程度。两配对样本的威尔科克森符号平均秩检验考虑了这方面的因素。其零假设 H_0 为：样本来自的两配对总体的分布不存在显著差异。

两配对样本的威尔科克森符号平均秩检验首先按照符号检验的方法，用第二组样本的各个观察值减去第一组样本中对应的观察值，如果得到的差值是一个正数，则记为正号；如果差值为负数，则记为负号。同时保存差值的绝对值数据。然后将绝对差值数据按升序排列，并求出相应的秩，最后分别计算正号秩总和 $W+$、负号秩总和 $W-$，以及正号平均秩和负号平均秩。

如果正号平均秩和负号平均秩大致相等，则可以认为两配对样本数据正负变化程度基本相当，分布差距较小。

两配对样本的威尔科克森符号平均秩检验按照下面的公式计算 Z 统计量，它近似服从正态分布，计算公式为：

$$Z = \frac{W - n(n+1)/4}{\sqrt{n(n+1)(2n+1)/24}}$$

其中，n 为观察值个数。$W = \min(W+, W-)$。

SPSS 将自动计算 Z 统计量并给出相应的相伴概率值。如果相伴概率值小于或等于用户的显著性水平α，则拒绝零假设 H_0，认为样本来自的两配对总体的分布存在显著差异；如果相伴概率值大于显著性水平α，则接受零假设 H_0，认为样本来自的两配对总体的分布不存在显著差异。

6.1.2 案例详解及软件实现

案例分析 1

数据：“两配对样本非参数检验 1.sav”。

随机挑选 20 名学生接受某种英语学习方法的训练，为了检验该学习方法的效果，分别对每一名学生培训前、后进行英语成绩测试，数据如图 6-1 所示。

研究目的：检验这种英语学习方式是否有效果（提高英语成绩）。

软件实现如下。

第 1 步：在“分析”菜单的“非参数检验”子菜单中选择“旧对话框”下的“2 个相关样本”命令，如图 6-2 所示。

	受试者编号	培训前	培训后
1	1	68	70
2	2	76	89
3	3	83	85
4	4	65	80
5	5	54	63
6	6	62	70
7	7	59	60
8	8	64	65
9	9	72	77
10	10	70	74
11	11	69	70
12	12	65	69
13	13	89	88
14	14	93	93
15	15	82	84
16	16	94	96
17	17	88	89
18	18	89	87
19	19	76	78
20	20	68	67

图 6-1 “两配对样本非参数检验 1.sav”数据

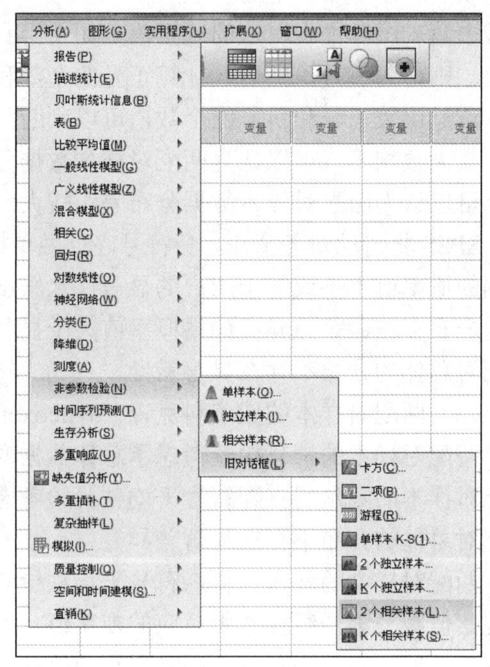

图 6-2 选择“2 个相关样本”命令

第 2 步：在弹出的“双关联样本检验”对话框中，分别将“培训前”和“培训后”两个变量选入右侧的“检验对”框中，每一行代表一对待检验变量。

对话框的“检验类型”选项组中有 4 种检验方法：威尔科克森符号平均秩检验、符号检验、麦克尼马尔变化显著性检验、边际齐性检验。其中麦克尼马尔变化显著性检验以研究对象作为自身对照，检验其“前后”的变化是否显著，该方法适用于相关的二分类数据。边际齐性检验适用于数据为有序分类的情况。

本案例中两个变量均是连续型变量，因此选中“威尔科克森”和“符号”复选框，如图 6-3 所示。

第 3 步：单击图 6-3 所示对话框右上方的“选项”按钮，弹出“双关联样本：选项”对话框。

该对话框用于设置输出部分描述统计量及选择缺失值的处理方式。本例选中“描述”复选框，计算均值、标准差等指标；在“缺失值”选项组中选择“按检验排除个案”单选项，如图 6-4 所示，单击“继续”按钮，返回图 6-3 所示的对话框。

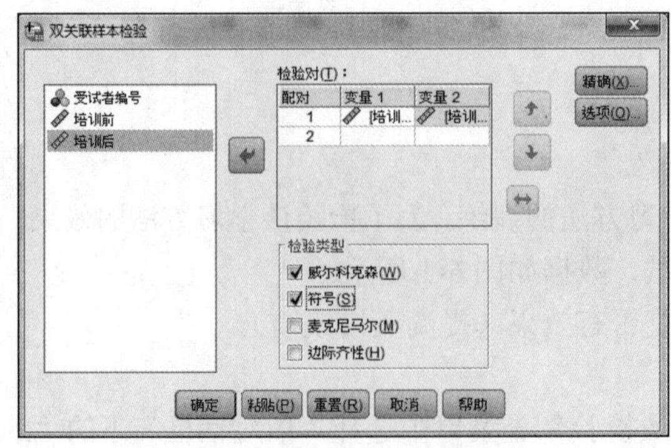

图 6-3 设置“双关联样本检验”对话框

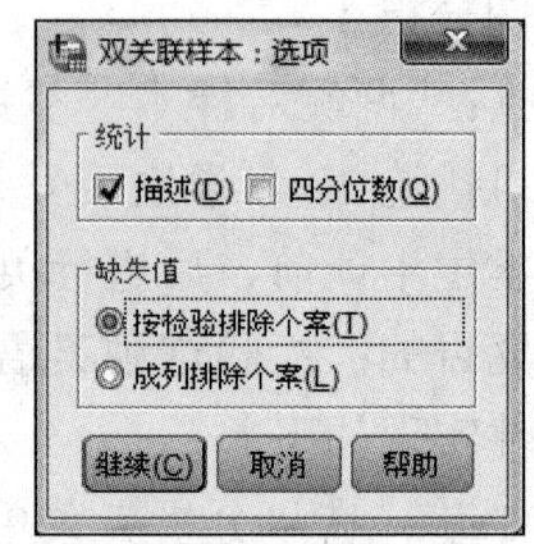

图 6-4 设置“双关联样本：选项”对话框

第 4 步：单击图 6-3 所示对话框中的“确定”按钮，开始非参数检验。

SPSS 输出结果包括 3 个部分，结果解读如下。

（1）描述统计结果如图 6-5 所示。

描述统计

	个案数	平均值	标准 偏差	最小值	最大值
培训前	20	74.30	11.934	54	94
培训后	20	77.70	10.732	60	96

图 6-5 描述统计结果

从图 6-5 可以看出，培训前学生的平均成绩为 74.30，标准差为 11.934；培训后学生的平均成绩为 77.70，标准差为 10.732。

（2）威尔科克森符号平均秩检验结果如图 6-6 所示。从图 6-6 可以看出，20 个学生中有 3 个学生的成绩有下降，有 16 个学生的成绩有提高，1 个学生的成绩保持不变。威尔科克森符号平均秩检验的 Z 统计量为−3.182，相伴概率值为 0.001，小于显著性水平 0.05，因此拒绝零假设，认为训练前后学生成绩存在显著差异，又因培训后学生平均成绩高于培训前平均成绩，因此可认为这种英语学习方式是有效果的。

（3）符号检验结果如图 6-7 所示。从图 6-7 可以看出，正负平均秩的值和威尔科克森符号平均秩检验是一样的。符号检验的相伴概率值为 0.004，小于显著性水平 0.05，因此拒绝零假设，认为训练前后学生成绩存在显著差异。

可见，两种非参数检验的结果是一致的。

威尔科克森符号秩检验

秩

		个案数	秩平均值	秩的总和
培训后 - 培训前	负秩	3[a]	5.50	16.50
	正秩	16[b]	10.84	173.50
	绑定值	1[c]		
	总计	20		

a. 培训后 < 培训前

b. 培训后 > 培训前

c. 培训后 = 培训前

检验统计[a]

	培训后 - 培训前
Z	-3.182[b]
渐近显著性（双尾）	.001

a. 威尔科克森符号秩检验

b. 基于负秩。

图 6-6 威尔科克森符号平均秩检验结果

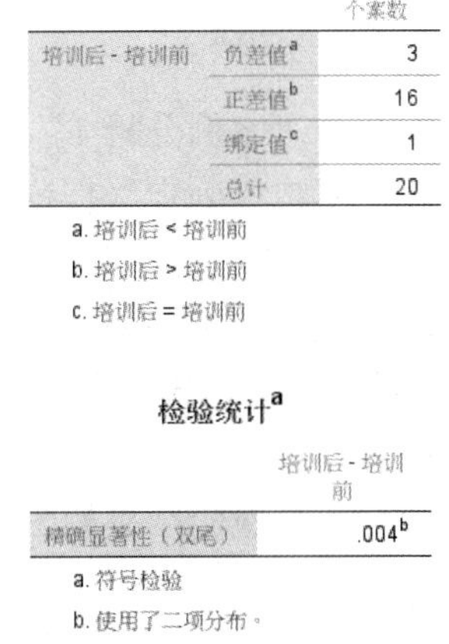

符号检验

频率

		个案数
培训后 - 培训前	负差值[a]	3
	正差值[b]	16
	绑定值[c]	1
	总计	20

a. 培训后 < 培训前

b. 培训后 > 培训前

c. 培训后 = 培训前

检验统计[a]

	培训后 - 培训前
精确显著性（双尾）	.004[b]

a. 符号检验

b. 使用了二项分布。

图 6-7 符号检验结果

案例分析 2

数据：“两配对样本非参数检验 2.sav”。

随机挑选 25 名志愿者接受一种减肥方法的效果测试，分别在实施这种减肥方法之前和实施这种减肥方法 1 个月之后，对每名志愿者的肥胖程度进行评估，评估分为 5 个档次，1 代表肥胖程度最低，5 代表肥胖程度最高。数据如图 6-8 所示。

研究目的：验证这种减肥方法是否有效。

软件实现如下。

第 1 步：与“案例分析 1”的第 1 步操作相同。

第 2 步：将“减肥前”和“减肥后”两个变量选入“检验对”框中，形成第 1 个配对样本。因为该数据为有序分类类型，因此采用边际齐性检验方法。在“检验类型”选项组中选中“边际齐性”复选框，如图 6-9 所示。

两配对样本非参数检验2.sav [数据集2] - IBM SPSS

文件(E) 编辑(E) 查看(V) 数据(D) 转换(T)

	编号	减肥前	减肥后
1	1	5	4
2	2	4	3
3	3	5	3
4	4	3	3
5	5	4	3
6	6	5	4
7	7	2	2
8	8	4	3
9	9	5	3
10	10	4	4
11	11	4	4
12	12	3	3
13	13	5	3
14	14	2	2
15	15	4	4
16	16	5	3
17	17	3	2
18	18	2	2
19	19	3	3
20	20	4	3
21	21	3	2
22	22	5	4
23	23	5	3
24	24	5	4
25	25	4	3

图 6-8 “两配对样本非参数检验 2.sav”数据

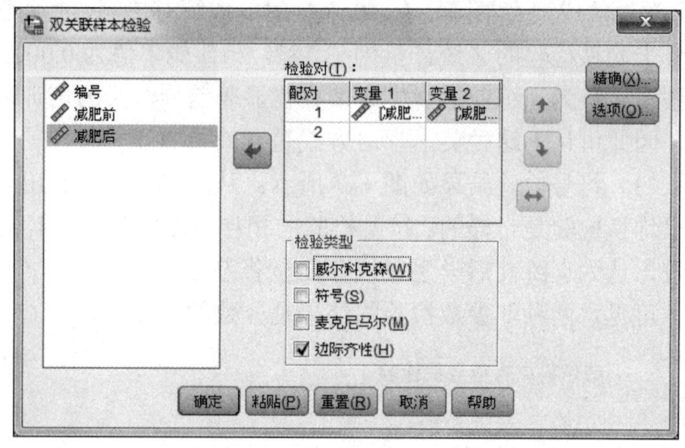

图 6-9 设置“双关联样本检验”对话框

第 3 步：与“案例分析 1”的第 3 步操作相同。

第 4 步：单击“确定”按钮，开始非参数检验。

SPSS 输出结果包括两个部分，结果解读如下。

（1）描述统计结果如图 6-10 所示。

从图 6-10 可以看出，减肥前 25 人的平均肥胖程度为 3.92，标准差为 1.038；减肥后 25 人的平均肥胖程度为 3.08，标准差为 0.702。

（2）边际齐性检验结果如图 6-11 所示。

描述统计

	个案数	平均值	标准 偏差	最小值	最大值
减肥前	25	3.92	1.038	2	5
减肥后	25	3.08	.702	2	4

图 6-10 描述统计结果

边际齐性检验

	减肥前 & 减肥后
相异值	4
非对角个案	16
实测 MH 统计	71.000
平均值 MH 统计	60.500
MH 统计的标准差	2.784
标准 MH 统计	3.772
渐近显著性（双尾）	.000

图 6-11 边际齐性检验结果

图 6-11 所示的边际齐性检验结果显示检验统计量对应的相伴概率值为 0.000，小于显著性水平 0.05，因此拒绝零假设，认为减肥前后的评估是存在差异的，而减肥后的平均评估分值低于减肥前的平均评估分值，因此可以认为这种减肥方法有效。

6.2　多配对样本非参数检验

6-2　多配对样本非参数检验

多配对样本非参数检验用于对样本来自的多个配对总体的分布是否存在显著性差异进行统计分析。

6.2.1　适用条件和检验方法

1．适用条件

多配对样本非参数检验的前提要求：样本应是配对的。这要求多个样本的观察数目相同，并且多样本的观察值顺序不能随意改变。

2．检验方法

SPSS 中有以下 3 种多配对样本非参数检验方法。

（1）多配对样本的傅莱德曼（Friedman）检验

多配对样本的傅莱德曼检验是利用秩实现多个配对总体分布检验的一种方法，适用于数据是定距类型的情况。其零假设 H_0 为：样本来自的多个配对总体的分布不存在显著差异。

多配对样本的傅莱德曼检验的实现原理：以样本为单位，将各个样本数据按照升序排列，求得各个样本数据在各自序列中的秩，然后计算各样本的秩总和及平均秩。

如果多个配对样本的分布存在显著差异，那么数值普遍偏大的组其秩和必然偏大，数值普遍偏小的组其秩和也必然偏小，各组的秩之间就会存在显著差异。如果各样本的平均秩大致相等，那么可以认为各样本组的总体分布不存在显著差异。

SPSS 计算 Friedman 统计量的公式为：

$$\chi^2 = \frac{12}{bk(k+1)}\sum_{i=1}^{k}\left[R_i - \frac{b(k+1)}{2}\right]^2$$

其中，k 表示样本个数，b 表示样本观察值的数目，R_i 表示第 i 组样本的秩总和。

SPSS 自动计算 Friedman 统计量，当观察个数较多时，该统计量服从 χ^2 分布。SPSS 将依据分布表给出统计量对应的相伴概率值。如果相伴概率值小于或等于用户的显著性水平 α，则拒绝零假设 H_0，认为样本来自的多个配对总体的分布存在显著差异；如果相伴概率值大于显著性水平 α，则接受零假设 H_0，认为样本来自的多个配对总体的分布不存在显著差异。

（2）多配对样本的肯德尔（Kendall）协同系数检验

多配对样本的肯德尔协同系数检验和傅莱德曼检验非常类似，它们都属于多配对样本的非参数检验，但分析的角度不同。多配对样本的肯德尔协同系数检验主要用在分析评判者的评判标准是否一致公平方面。对于每一个被评判对象，评价者都会给出相应的分数，这些分数就构成了一个多配对样本数据。那么每个被评判对象的分数都可以看作是来自多个配对总体的样本。其零假设 H_0 为：样本来自的多个配对总体的分布不存在显著差异，即评判者的评判标准不一致。

肯德尔协同系数检验中会使用傅莱德曼检验方法，得到 Friedman 统计量和相伴概率。如果相伴概率值大于显著性水平，那么可以认为评价对象之间不存在显著差异，即认为评判者的评判标准不一致。

肯德尔协同系数检验会计算肯德尔协同系数 W，公式为：

$$W=\sum_{i}^{n}\frac{[R_i-m(n+1)/2]^2}{[m^2n(n^2-1)]/12}$$

其中，m 表示评判人数，n 表示被评判人数，R_i 为第 i 个被评判者的秩和。

协同系数 W 在 n 较大时，近似服从卡方分布，它表示了各行数据之间的相关程度，其取值范围为[0,1]。W 越接近 1，表示各行数据之间相关性越强，评判者的评判标准越一致。SPSS 将自动计算 W，并给出对应的相伴概率值。如果相伴概率值小于或等于用户的显著性水平 α，则拒绝零假设 H_0，认为评判标准一致；如果相伴概率值大于显著性水平 α，则接受零假设 H_0，认为评判标准不一致。

（3）多配对样本的柯克兰（Cochran Q）检验

多配对样本的柯克兰检验也是对样本来自的多个配对总体的分布是否存在显著性差异进行统计检验。不同的是，多配对样本的柯克兰检验所能处理的数据是二分类的（0 和 1）。其零假设 H_0 为：样本来自的多个配对总体的分布不存在显著差异。

多配对样本的柯克兰检验的计算公式为：

$$Q=\frac{k(k-1)\sum_{j=1}^{k}(G_j-\overline{G})^2}{k\sum_{i=1}^{n}L_i-\sum_{i=1}^{n}L_i^2}$$

其中，k 为配对样本数，n 为样本容量，G_j 为第 j 列中取值为 1 的个数，$\overline{G}$ 为 G_j 的均值，L_i 为第 i 行中取值为 1 的个数。

Q 统计量近似服从卡方分布。SPSS 自动计算 Q 统计量，并给出对应的相伴概率值。如果相伴概率值小于或等于用户的显著性水平 α，则拒绝零假设 H_0，认为样本来自的多个配对总体的分布存在显著差异；如果相伴概率值大于显著性水平 α，则接受零假设 H_0，认为样本来自的多个配对总体的分布不存在显著差异。

6.2.2 案例详解及软件实现

案例分析 3

数据："多配对样本非参数检验 1.sav"。

在某次手机品牌满意度的市场调查活动中，挑选了 20 名受访者，让其对 3 种品牌手机的满意度进行打分，分值区间为［1,10］，满意度越高分值越高。数据如图 6-12 所示。

研究目的：判断受访者对 3 种手机品牌的评判是否一致。

软件实现如下。

第 1 步：在"分析"菜单的"非参数检验"子菜单下的"旧对话框"中选择"K 个相关样本"命令，如图 6-13 所示。

第 2 步：在弹出的"针对多个相关样本的检验"对话框左侧的变量名列表框中选择"品牌 1""品牌 2"以及"品牌 3"添加到"检验变量"列表框中。

在"检验类型"选项组中有以下 3 种检验方法的选项：傅莱德曼检验、肯德尔协同系数检验、柯克兰检验。

	受访者编号	品牌1	品牌2	品牌3
1	1	5	8	4
2	2	6	5	3
3	3	8	5	7
4	4	4	7	2
5	5	8	6	7
6	6	5	7	5
7	7	3	6	8
8	8	6	4	8
9	9	6	8	6
10	10	7	5	8
11	11	4	6	8
12	12	7	3	4
13	13	4	5	4
14	14	6	7	5
15	15	3	6	4
16	16	5	2	6
17	17	4	6	3
18	18	4	6	8
19	19	7	6	8
20	20	5	7	6

图 6-12　“多配对样本非参数检验 1.sav”数据

图 6-13　选择“K 个相关样本”命令

根据本案例数据，选中“傅莱德曼”和“肯德尔 W”复选框，如图 6-14 所示。

第 3 步：单击图 6-14 所示对话框中的“统计”按钮，弹出“多个相关样本：统计”对话框，选中“描述”复选框，要求计算均值、标准差等指标，如图 6-15 所示。单击“继续”按钮，返回图 6-14 所示的对话框。

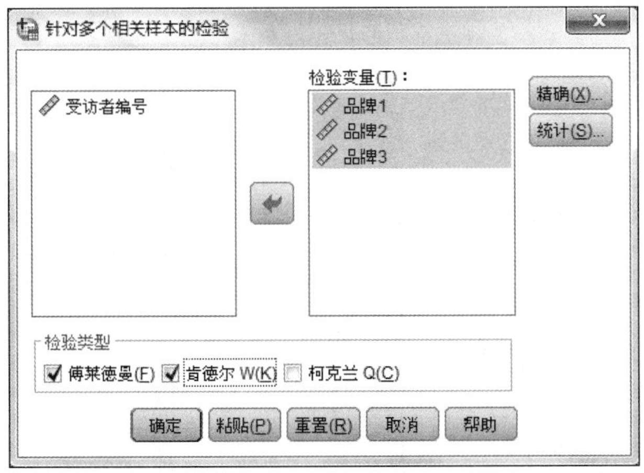

图 6-14　设置“针对多个相关样本的检验”对话框

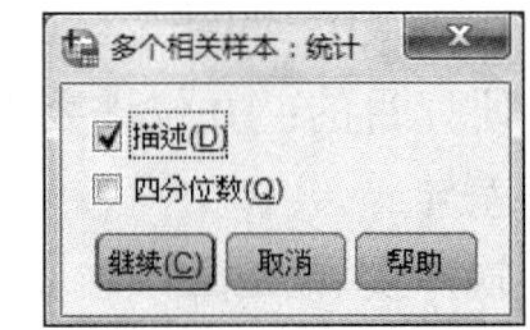

图 6-15　设置“多个相关样本：统计”对话框

第 4 步：单击图 6-14 所示对话框中的“确定”按钮，SPSS 自动进行非参数检验。

SPSS 输出结果包括 3 个部分，结果解读如下。

（1）描述统计结果如图 6-16 所示。

从图 6-16 所示的描述统计结果中可以看出，3 种品牌的评判平均值相差不大，标准差的差异也不是特别明显，至于 3 种品牌的差异是否足够显著，需要看相关的非参数检验结果。

描述统计

	个案数	平均值	标准 偏差	最小值	最大值
品牌1	20	5.35	1.531	3	8
品牌2	20	5.75	1.517	2	8
品牌3	20	5.70	2.003	2	8

图 6-16　描述统计结果

（2）傅莱德曼检验结果如图 6-17 所示。

从图 6-17 中可以看出，3 种品牌的平均秩分别为 1.88、2.10、2.03。检验统计表中得到的卡方统计量为 0.545，相伴概率值为 0.761，大于显著性水平 0.05，因此接受零假设，认为三种手机品牌的打分分值分布不存在显著差异，则说明 20 名受访者对手机品牌的评判标准不一致。

（3）肯德尔检验结果如图 6-18 所示。

图 6-18 中显示的 3 种品牌的平均秩与第（2）步傅莱德曼检验结果相同。在检验统计结果表中，得到的卡方统计量和相伴概率值与傅莱德曼检验结果也完全相同。

傅莱德曼检验

秩

	秩平均值
品牌1	1.88
品牌2	2.10
品牌3	2.03

检验统计[a]

个案数	20
卡方	.545
自由度	2
渐近显著性	.761

a. 傅莱德曼检验

图 6-17　傅莱德曼检验结果

肯德尔 W 检验

秩

	秩平均值
品牌1	1.88
品牌2	2.10
品牌3	2.03

检验统计

个案数	20
肯德尔 W[a]	.014
卡方	.545
自由度	2
渐近显著性	.761

a. 肯德尔协同系数

图 6-18　肯德尔检验结果

案例分析 4

数据：“多配对样本非参数检验 2.sav”。

某场选拔比赛设置了 10 名评委，共有 3 名选手参赛。评委观看完每名选手的表演后，给予晋级（1）或不晋级（0）的结论。数据如图 6-19 所示。

*多配对样本非参数检验2.sav [数据集2] - IBM SPSS Statistics

文件(F)　编辑(E)　查看(V)　数据(D)　转换(T)　分析(A)

13 :

	评委编号	第一个选手	第二个选手	第三个选手
1	1	1	0	1
2	2	1	0	1
3	3	0	0	1
4	4	0	0	1
5	5	1	1	0
6	6	0	0	1
7	7	1	0	1
8	8	0	0	1
9	9	1	0	1
10	10	0	0	0

图 6-19　“多配对样本非参数检验.sav”数据

研究目的：10 位评委对 3 名选手的评价标准是否有差异。

软件实现如下。

该案例分析的基本步骤与上一个案例相同，只是在第 2 步选择检验类型时有差异。

第 1 步：在“分析”菜单的“非参数检验”子菜单下的“旧对话框”中选择“K 个相关样本”命令。

第 2 步：在弹出的“针对多个相关样本的检验”对话框左侧的变量名列表框中选择“第一个选手”“第二个选手”以及“第三个选手”添加到“检验变量”列表框中。

因为本案例的数据为 0 或 1 变量数据，所以在“检验类型”选项组中选中“柯克兰 Q”复选框，如图 6-20 所示。

第 3 步：单击图 6-20 所示对话框中的“统计”按钮，弹出“多个相关样本：统计”对话框，选中“描述”复选框，要求计算均值、标准差等指标。设置完成后单击“继续”按钮，返回图 6-20 所示对话框。

第 4 步：单击图 6-20 所示对话框中的“确定”按钮，SPSS 自动进行非参数检验。

SPSS 输出结果包括两个部分，结果解读如下。

（1）描述统计结果如图 6-21 所示。

图 6-21 所示的描述统计结果显示，评委给 3 名选手的评价平均值和标准差差异较大。

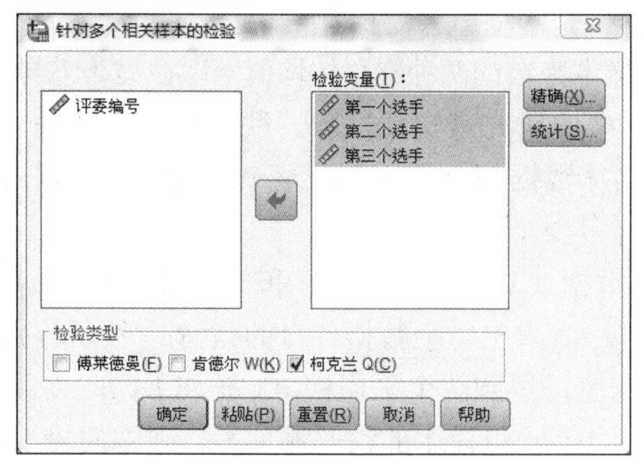

图 6-20　设置“针对多个相关样本的检验”对话框

描述统计

	个案数	平均值	标准 偏差	最小值	最大值
第一个选手	10	.50	.527	0	1
第二个选手	10	.10	.316	0	1
第三个选手	10	.80	.422	0	1

图 6-21　描述统计结果

（2）柯克兰检验结果如图 6-22 和图 6-23 所示。

从图 6-22 所示的柯克兰频率统计结果中可以看出，给予第一名选手晋级和不晋级结论的评委各 5 人，给予第二名选手晋级结论的评委只有 1 人，给予第三名选手晋级结论的评委有 8 人。

从图 6-23 所示的柯克兰检验统计结果中可以看出，柯克兰 Q 统计量为 8.222，相伴概率值为 0.016，小于显著性水平 0.05，因此拒绝零假设，说明 3 名选手得到的晋级与不晋级结论的分布是存在显著差异的，因此说明 10 名评委的评价标准是一致的。

柯克兰检验

频率

	值	
	0	1
第一个选手	5	5
第二个选手	9	1
第三个选手	2	8

图 6-22　柯克兰频率统计结果

检验统计

个案数	10
柯克兰 Q	8.222[a]
自由度	2
渐近显著性	.016

a. 1 被视为成功。

图 6-23　柯克兰检验统计结果

6.3　两独立样本非参数检验

6-3　两独立样本非参数检验

两独立样本非参数检验是在对总体分布不是很了解的情况下，通过分析样本数据，推断样本来自的两个独立总体的分布是否存在显著差异。一般用来对两个独立样本的均值、中位数、离散趋势、偏度等进行差异比较检验。

6.3.1 适用条件和检验方法

1. 适用条件

两独立样本非参数检验的前提是两样本组来自的两个总体是相互独立的。两个总体是否独立，主要看在一个总体中抽取样本对在另外一个总体中抽取样本有无影响。如果没有影响，则可以认为两个总体是独立的。

2. 检验方法

SPSS 提供了 4 种两独立样本非参数检验的方法。

（1）两独立样本的曼-惠特尼检验

两独立样本的曼-惠特尼检验的零假设 H_0 为：样本来自的两独立总体均值不存在显著差异。

两独立样本的曼-惠特尼检验主要通过对平均秩的研究来实现推断。秩简单地说就是名次。如果将数据按照升序进行排列，这时每一个具体数据都会有一个在整个数据中的位置或名次，这就是该数据的秩，数据有多少个，秩便有多少个。

曼-惠特尼检验的实现方法：首先将两组样本数据（$X_1, X_2, \cdots, X_m$）和（$Y_1, Y_2, \cdots, Y_n$）混合并按升序排列（m 和 n 是两组样本的样本容量），求出每个数据各自的秩 R_i，然后分别对（$X_1, X_2, \cdots, X_m$）和（$Y_1, Y_2, \cdots, Y_n$）的秩求平均值，得到两个平均秩 Wx/m 和 Wy/n。如果这两个平均秩相差很大，即一组样本的秩普遍偏小，另一组样本的秩普遍偏大，则零假设 H_0 不一定成立。

曼-惠特尼检验还计算（$X_1, X_2, \cdots, X_m$）每个秩优于（$Y_1, Y_2, \cdots, Y_n$）每个秩的个数 U_1，以及（$Y_1, Y_2, \cdots, Y_n$）每个秩优于（$X_1, X_2, \cdots, X_m$）每个秩的个数 U_2，并对 U_1 和 U_2 进行比较。如果 U_1 和 U_2 相差很大，则零假设 H_0 不一定成立。

SPSS 将自动计算威尔克森统计量和曼-惠特尼统计量，其中：当 $m<n$ 时，$W=Wy$；当 $m>n$ 时，$W=Wx$；当 $m=n$ 时，$W=$第一个观察值所属样本组的 W 值。

曼-惠特尼统计量 U 的计算公式为：

$$U = W - \frac{n(n+1)}{2}$$

其中，W 为威尔克森统计量，n 为 W 对应组的样本容量。

SPSS 将计算出 U 值，然后依据曼-惠特尼分布表给出对应的相伴概率值。同时，SPSS 还会计算近似服从正态分布的 Z 统计量，Z 统计量的计算公式为：

$$Z = \frac{U - \frac{mn}{2}}{\sqrt{\frac{1}{12}mn(m+n+1)}}$$

同样，SPSS 也会给出 Z 值对应的相伴概率值。

在样本个数小于 30 时，应以 U 值的相伴概率值作为判断标准；在样本个数大于等于 30 时，属于大样本情况，应以 Z 值的相伴概率值作为判断标准。如果相伴概率值小于或等于用户的显著性水平 α，则拒绝零假设 H_0，认为样本来自的两独立总体均值存在显著差异；如果相伴概率值大于显著性水平，则接受零假设 H_0，认为样本来自的两独立总体均值不存在显著差异。

（2）两独立样本的科尔莫戈洛夫-斯米诺夫检验

两独立样本的科尔莫戈洛夫-斯米诺夫检验能够对样本来自的两独立总体分布情况进行比较，适用于大样本情况。其零假设 H_0 为：样本来自的两独立总体分布不存在显著差异。

两独立样本的科尔莫戈洛夫-斯米诺夫检验的实现方法：首先将两组样本数据（X_1, X_2, …, X_m）和（Y_1, Y_2, …, Y_n）混合并按升序排列（m 和 n 是两组样本的样本容量），分别计算两组样本秩的累计频率和每个点上的累计频率；最后将两个累计频率相减，得到差值序列数据。

两独立样本的科尔莫戈洛夫-斯米诺夫检验将关注差值序列。SPSS 将自动计算科尔莫戈洛夫-斯米诺夫 Z 统计量，并依据正态分布表给出对应的相伴概率值。如果相伴概率值小于或等于用户的显著性水平 α，则拒绝零假设 H_0，认为样本来自的两独立总体分布存在显著差异；如果相伴概率值大于显著性水平 α，则接受零假设 H_0，认为样本来自的两独立总体分布不存在显著差异。

（3）两独立样本的瓦尔德-沃尔福威茨游程检验

两独立样本的瓦尔德-沃尔福威茨游程检验用来检验样本来自的两独立总体的分布是否存在显著差异。其零假设 H_0 为：样本来自的两独立总体分布不存在显著差异。

在两独立样本的瓦尔德-沃尔福威茨游程检验中，计算游程的方法与观察值的秩有关。首先，将两组样本混合并按照升序排列。在数据排序时，两组样本的每个观察值对应的样本组标志值序列也随之重新排列，然后对标志值序列求游程。

如果计算出的游程数相对比较小，则说明样本来自的两总体的分布形态存在较大差距；如果得到的游程数相对比较大，则说明样本来自的两总体的分布形态不存在显著差距。

SPSS 将自动计算游程数得到 Z 统计量，并依据正态分布表给出对应的相伴概率值。如果相伴概率值小于或等于用户的显著性水平 α，则拒绝零假设 H_0，认为样本来自的两独立总体分布存在显著差异；如果相伴概率值大于显著性水平 α，则接受零假设 H_0，认为样本来自的两独立总体分布不存在显著差异。

（4）两独立样本的莫斯极端反应检验

两独立样本的莫斯极端反应检验用来检验样本来自的两独立总体的分布是否存在显著差异。其零假设 H_0 为：样本来自的两独立总体分布不存在显著差异。

两独立样本的莫斯极端反应检验将一个样本作为控制样本，另外一个样本作为实验样本。以控制样本作为对照，检验实验样本是否存在极端反应。首先将两组样本混合并按升序排列；然后找出控制样本最低秩和最高秩之间所包含的观察值个数，即跨度（Span）。为控制极端值对分析结果的影响，也可以先去掉样本两个最极端的观察值后再求跨度，这个跨度称为截头跨度。

两独立样本的莫斯极端反应检验计算跨度和截头跨度。如果跨度或截头跨度很小，则表明两个样本数据无法充分混合，可以认为实验样本存在极端反应。

SPSS 自动计算跨度和截头跨度，并依据分布表给出对应的相伴概率值。如果相伴概率值小于或等于用户的显著性水平 α，则拒绝零假设 H_0，认为样本来自的两独立总体分布存在显著差异；如果相伴概率值大于显著性水平 α，则接受零假设 H_0，认为样本来自的两独立总体分布不存在显著差异。

6.3.2 案例详解及软件实现

案例分析 5

数据："两独立样本非参数检验.sav"。

分别从两个灯泡生产厂商随机抽取 10 个灯泡进行使用寿命的检测，每个灯泡的使用寿命和生产厂商数据如图 6-24 所示。

研究目的：判断两个灯泡生产厂商生产的灯泡质量是否一致。

软件实现如下。

第 1 步：在"分析"菜单的"非参数检验"子菜单下的"旧对话框"中选择"2 个独立样本"命令，如图 6-25 所示。

	灯泡寿命	厂家
1	675	1
2	689	1
3	589	1
4	638	1
5	599	1
6	604	1
7	678	1
8	750	1
9	620	1
10	675	1
11	665	2
12	689	2
13	649	2
14	653	2
15	620	2
16	651	2
17	683	2
18	675	2
19	621	2
20	610	2

图 6-24 "两独立样本非参数检验.sav"数据

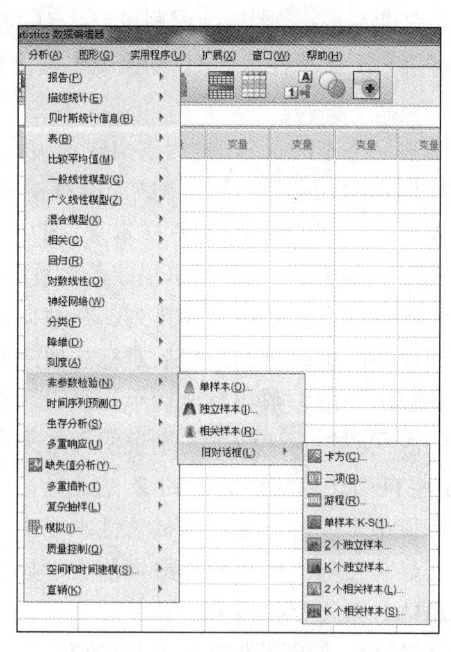

图 6-25 选择"2 个独立样本"命令

第 2 步：在弹出的"双独立样本检验"对话框左侧的变量名列表框中选择"灯泡寿命"添加到"检验变量列表"列表框中；选择"厂家"添加到"分组变量"框中。

在"检验类型"选项组中有 4 种检验方法：曼-惠特尼检验、科尔莫戈洛夫-斯米诺夫检验、莫斯极端反应检验、瓦尔德-沃尔福威茨游程检验。

本例选中 4 个复选框，以便对 4 种检验方法的结果进行比较说明，如图 6-26 所示。

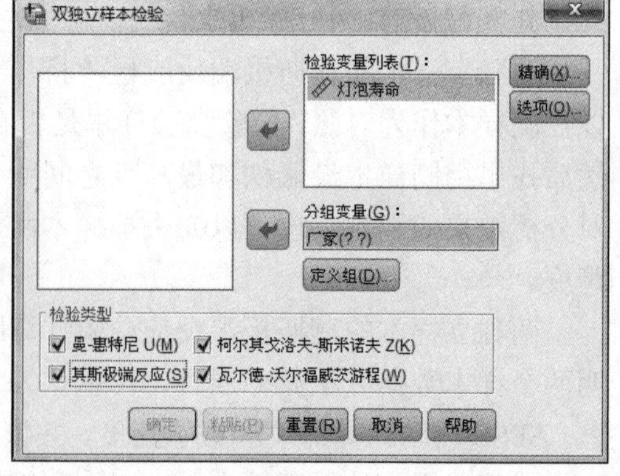

图 6-26 设置"双独立样本检验"对话框

注：因软件汉化翻译问题，此处"柯尔其戈洛夫-斯米诺夫"即为"科尔莫戈洛夫-斯米诺夫"

第 3 步：选择了分组变量后，还需对分组变量进行设置。单击图 6-26 所示对话框中的"定义组"按钮，弹出"双独立样本：定义组"

对话框。

定义“组 1”为 1，“组 2”为 2，以区分不同厂家生产的灯泡，如图 6-27 所示，单击“继续”按钮，返回图 6-26 所示的对话框。

第 4 步：在图 6-26 所示对话框中单击“选项”按钮，弹出“双独立样本：选项”对话框，选中“描述”复选框，选择“按检验排除个案”单选项，如图 6-28 所示，单击“继续”按钮，返回图 6-26 所示的对话框。

第 5 步：单击图 6-26 所示对话框中的“确定”按钮，SPSS 自动进行检验。

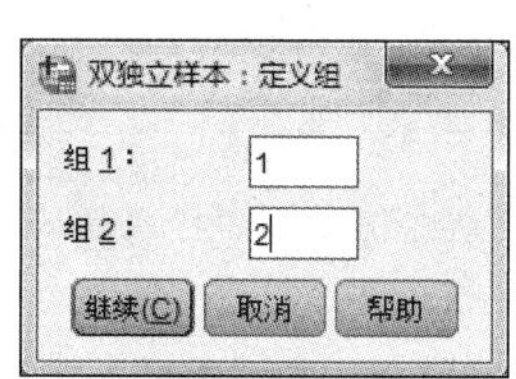

图 6-27　设置“双独立样本：定义组”对话框

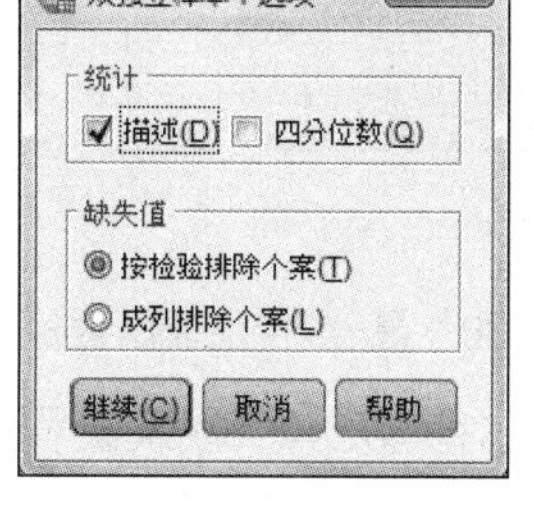

图 6-28　设置“双独立样本：选项”对话框

SPSS 输出结果包括 5 个部分，结果解读如下。

（1）描述统计结果

在图 6-29 所示的描述统计结果中，所有样本的灯泡平均寿命为 651.65 小时。

描述统计

	个案数	平均值	标准 偏差	最小值	最大值
灯泡寿命	20	651.65	39.600	589	750
厂家	20	1.50	.513	1	2

图 6-29　描述统计结果

（2）曼-惠特尼非参数检验结果

图 6-30 所示的曼-惠特尼非参数检验结果表明，厂家 1 的平均秩次为 10.20，厂家 2 的平均秩次为 10.80，曼-惠特尼统计量值为 47.000，威尔科克森统计量值为 102.000，*Z* 值为 -0.227，相伴概率值为 0.820，大于显著性水平，因此接受零假设，认为两个厂家生产的灯泡平均寿命不存在显著差异。

（3）莫斯极端反应非参数检验结果

图 6-31 所示为莫斯极端反应非参数检验结果。从频率统计表中可以看出，控制组是厂家 1 的产品，共 10 个；实验组是厂家 2 的产品，也为 10 个。

从图 6-31 所示的第二张表中可以看出，实测控制组范围为 20，相伴概率值为 1.000；减除极端值后控制组跨度为 18，相伴概率值为 1.000，在两端减除的极端值都为 1 个。两个相伴概率值都大于显著性水平 0.05，因此接受零假设，认为两个厂家生产的灯泡使用寿命的总体分布不存在显著差异，即认为两家厂商生产的灯泡质量一致。

（4）双样本科尔莫戈洛夫-斯米诺夫非参数检验结果

图 6-32 所示为双样本科尔莫戈洛夫-斯米诺夫非参数检验结果。计算得到的最大绝对值差为 0.300，最大正差为 0.300，最大负差为-0.200，科尔莫戈洛夫-斯米诺夫 *Z* 统计量值为 0.671，相伴概率值为 0.759，大于显著性水平 0.05，因此接受零假设，认为两个独立厂商灯泡使用寿命的总体分布不存在显著差异。由于双样本科尔莫戈洛夫-斯米诺夫检验适用于大样本数据，这里的结果仅供参考。

曼-惠特尼检验

秩

	厂家	个案数	秩平均值	秩的总和
灯泡寿命	1	10	10.20	102.00
	2	10	10.80	108.00
	总计	20		

检验统计[a]

	灯泡寿命
曼-惠特尼 U	47.000
威尔科克森 W	102.000
Z	-.227
渐近显著性（双尾）	.820
精确显著性[2*(单尾显著性)]	.853[b]

a. 分组变量：厂家

b. 未针对绑定值进行修正。

图 6-30　曼–惠特尼非参数检验结果

莫斯检验

频率

	厂家	个案数
灯泡寿命	1（控制）	10
	2（实验）	10
	总计	20

检验统计[a,b]

		灯泡寿命
实测控制组范围		20
	Sig.（单尾）	1.000
剪除后控制组跨度		18
	Sig.（单尾）	1.000
在两端剪除了离群值		1

a. 莫斯检验

b. 分组变量：厂家

图 6-31　莫斯极端反应非参数检验结果

（5）瓦尔德–沃尔福威茨游程非参数检验结果

图 6-33 所示为瓦尔德–沃尔福威茨游程非参数检验结果。从结果可以看出，最小可能游程数为 9，Z 统计量值为−0.689，相伴概率值为 0.242；最大可能游程数为 13，Z 统计量值为 1.149，相伴概率值为 0.872。这两个相伴概率值都大于显著性水平 0.05，因此接受零假设，认为两个厂家生产的灯泡使用寿命的总体分布不存在显著差异。

双样本柯尔莫戈洛夫-斯米诺夫检验

频率

	厂家	个案数
灯泡寿命	1	10
	2	10
	总计	20

检验统计[a]

		灯泡寿命
最极端差值	绝对	.300
	正	.300
	负	-.200
柯尔莫戈洛夫-斯米诺夫 Z		.671
渐近显著性（双尾）		.759

a. 分组变量：厂家

图 6-32　双样本科尔莫戈洛夫–斯米诺夫非参数检验结果

瓦尔德-沃尔福威茨检验

频率

	厂家	个案数
灯泡寿命	1	10
	2	10
	总计	20

检验统计[a,b]

		游程数	Z	精确显著性（单尾）
灯泡寿命	最小可能值	9[c]	-.689	.242
	最大可能值	13[c]	1.149	.872

a. 瓦尔德-沃尔福威茨检验

b. 分组变量：厂家

c. 存在 3 个组内绑定值，涉及 7 个个案。

图 6-33　瓦尔德–沃尔福威茨游程非参数检验结果

可见，4 种两独立样本非参数检验方法得到的结果是一致的，都认为两个独立灯泡生产厂商生产的灯泡使用寿命的总体分布不存在显著差异，即产品质量是一致的。

6.4　多独立样本非参数检验

6–4　多独立样本非参数检验

多独立样本非参数检验分析用于推断样本来自的多个独立总体分布是否存在显著差异。通常通过推断多个独立总体的均值或中位数是否存在显著差异，来进行独立总体分布是否一致的判断。

6.4.1　适用条件和检验方法

1．适用条件

多独立样本非参数检验的适用条件为样本来自的多个总体是相互独立的。

多个总体之间是否独立，需要看在一个总体中抽取样本对在其他总体中抽取样本是否有影响。如果没有影响，则认为这些总体之间是独立的。

2．检验方法

SPSS 中有 3 种多独立样本非参数检验方法。

（1）多独立样本的中位数（Median）检验

多独立样本的中位数检验通过对多组数据的分析推断多个独立总体分布是否存在显著差异。多独立样本的中位数检验的零假设 H_0 为：样本来自的多个独立总体的中位数不存在显著差异。

如果多组独立样本的中位数不存在显著差异，或者说多组独立样本有共同的中位数，那么这个中位数要处于每组样本的中间位置。因此 SPSS 在实现多独立样本的中位数检验的过程中，首先将多组样本数据混合并按照升序排列，求出混合样本数据的中位数，并假设它是一个共同的中位数；然后计算每组样本中大于或小于等于共同中位数的样本数。

如果每组中大于共同中位数的样本数大致等于每组中小于等于共同中位数的样本数，则可以认为样本来自的多个独立总体的中位数不存在显著差异。如表 6-2 所示。

表 6-2　　多独立样本的中位数检验

项目	1 组样本	2 组样本	……	k 组样本
大于共同中位数的数目	O_{11}	O_{12}	……	O_{1k}
小于等于共同中位数的数目	O_{21}	O_{22}	……	O_{2k}

SPSS 将根据表 6-2 所示数据计算 χ^2 统计量，χ^2 统计量的计算公式为：

$$\chi^2=\sum_{i=1}^{2}\sum_{j=1}^{k}\frac{(O_{ij}-E_{ij})^2}{E_{ij}}$$

其中，i 表示表 6-2 中数据部分的第 i 行，j 表示表 6-2 中数据部分的第 j 列，O_{ij} 为第 i 行、第 j 列的实际数目，E_{ij} 为第 i 行、第 j 列的期望数目。

SPSS 将依据分布表给出 χ^2 统计量对应的相伴概率值。如果相伴概率值小于或等于用户的显著性水平 α，则拒绝零假设 H_0，认为样本来自的多个独立总体的中位数间存在显著差异；如果相伴概率值大于显著性水平，则接受零假设 H_0，认为样本来自的多个独立总体的中位数间不存在显著差异。如果表中单元格对应的期望数目小于 1，或者有 20%的单元格的期望数目小于 5，SPSS 会给出警告，需要考虑采用其他非参数检验方法。

（2）多独立样本的克鲁斯卡尔-沃利斯（K-W）检验

多独立样本的克鲁斯卡尔-沃利斯检验是一种推广的平均秩检验。其零假设 H_0 为：样本来自的多个独立总体的分布不存在显著差异。

多独立样本的克鲁斯卡尔-沃利斯检验的基本方法：首先将多组样本数据混合并按升序排

列，求出每个观察值的秩，然后对多组样本的秩分别求平均值。

如果各组样本的平均秩大致相等，则可以认为多个独立总体的分布不存在显著差异；如果各组样本的平均秩相差很大，则认为多个独立总体的分布存在显著差异。

SPSS 将计算克鲁斯卡尔-沃利斯（K-W）统计量，其计算公式为：

$$K\text{-}W = \frac{12}{N(N+1)}\sum_{i=1}^{k} n_i(\bar{R}_i - \bar{R})^2$$

其中，k 表示有 k 组样本，n_i 表示第 i 组样本的观察值个数，$\bar{R}$ 为平均秩。

SPSS 将自动计算 K-W 统计量，并依据 K-W 检验临界值表给出 K-W 统计量对应的相伴概率值。如果相伴概率值小于或等于用户的显著性水平 α，则拒绝零假设 H_0，认为样本来自的多个独立总体的分布存在显著差异；如果相伴概率值大于显著性水平 α，则接受零假设 H_0，认为样本来自的多个独立总体的分布不存在显著差异。

（3）多独立样本的约克海尔-塔帕斯特拉（J-T）检验

多独立样本的约克海尔-塔帕斯特拉检验用于分析样本来自的多个独立总体的分布是否存在显著差异。其零假设 H_0 为：样本来自的多个独立总体的分布不存在显著差异。

多独立样本的约克海尔-塔帕斯特拉检验的基本方法和两独立样本的曼-惠特尼检验比较类似，也是计算一组样本的观察值小于其他组样本观察值的个数的。

约克海尔-塔帕斯特拉（J-T）统计量的计算公式为：

$$J\text{-}T = \sum_{i<j} U_{ij}$$

其中，U_{ij} 为第 i 组样本观察值小于第 j 组样本观察值的个数。

SPSS 首先计算观察的 J-T 统计量，以 3 组样本为例，观察的 J-T 统计量是按照（1，2，3）顺序计算的：1 组样本观察值小于 2 组样本观察值的个数 + 1 组样本观察值小于 3 组样本观察值的个数 + 2 组样本观察值小于 3 组样本观察值的个数。

SPSS 还按照（1,3,2）、（2,1,3）、（2,3,1）、（3,1,2）、（3,2,1）的顺序计算所有的 J-T 统计量，并求出这些 J-T 统计量的均值、标准化均值和标准差。

SPSS 完成上述计算后，将按 J-T 检验临界值表给出 J-T 统计量对应的相伴概率值。如果相伴概率值小于或等于用户的显著性水平 α，则拒绝零假设 H_0，认为样本来自的多个独立总体的分布存在显著差异；如果相伴概率值大于显著性水平 α，则接受零假设 H_0，认为样本来自的多个独立总体的分布不存在显著差异。

6.4.2 案例详解及软件实现

数据："多独立样本非参数检验.sav"。

从某专业 4 个班级（168、169、170、171）中各随机抽取 8 名学生的英语四级考试成绩，数据如图 6-34 所示。

研究目的：判断这 4 个班级的英语四级成绩是否存在显著差异。

软件实现如下。

第 1 步：在"分析"菜单的"非参数检验"子菜单下的"旧对话框"中选择"K 个独立样本"命令，如图 6-35 所示。

*多独立样本非参数检验.sav [数据集6] - IBM

	英语四级成绩	班级
1	430	168
2	410	168
3	401	168
4	396	168
5	387	168
6	320	168
7	349	168
8	430	168
9	398	169
10	450	169
11	290	169
12	427	169
13	480	169
14	429	169
15	404	169
16	367	169
17	442	170
18	477	170
19	429	170
20	397	170
21	430	170
22	423	170
23	365	170
24	320	170
25	339	171
26	429	171
27	425	171
28	420	171
29	419	171
30	471	171
31	379	171
32	435	171

图 6-34 “多独立样本非参数检验.sav”数据

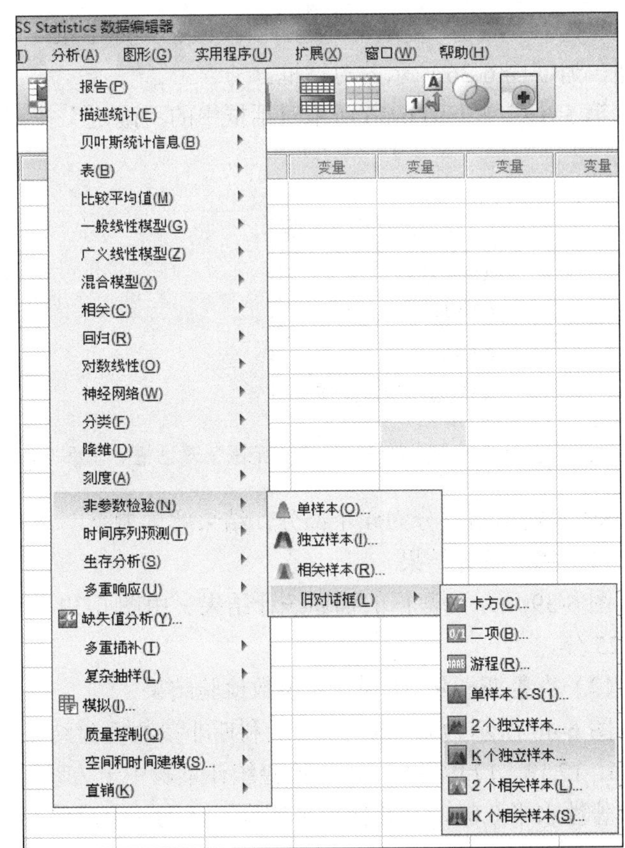

图 6-35 选择“K 个独立样本”命令

第 2 步：在弹出的“针对多个独立样本的检验”对话框左侧的变量名列表框中选择“英语四级成绩”添加到“检验变量列表”列表框中；选择“班级”添加到“分组变量”框中。

在“检验类型”选项组中有 3 种可选择的检验方法：克鲁斯卡尔-沃利斯 H 检验、中位数检验、约克海尔-塔帕斯特拉检验。

本例同时选中 3 种检验方法的复选框，如图 6-36 所示。

第 3 步：对分组变量进行设置。

单击图 6-36 所示对话框中的“定义范围”按钮，弹出“多个独立样本：定义范围”对话框。

定义“最小值”为 168，“最大值”为 171，以区分不同班级，如图 6-37 所示，单击“继续”按钮，返回图 6-36 所示的对话框。

第 4 步：在图 6-36 所示对话框中单击“选项”按钮，弹出“多个独立样本：选项”对

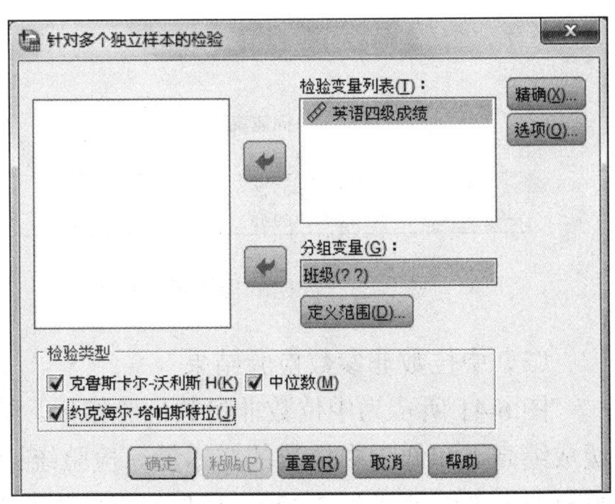

图 6-36 设置“针对多个独立样本的检验”对话框

话框。选中“描述”复选框，选择“按检验排除个案”单选项，如图 6-38 所示，单击“继续”按钮，返回图 6-36 所示的对话框。

第 5 步：单击图 6-36 所示对话框中的“确定”按钮，SPSS 自动进行检验。

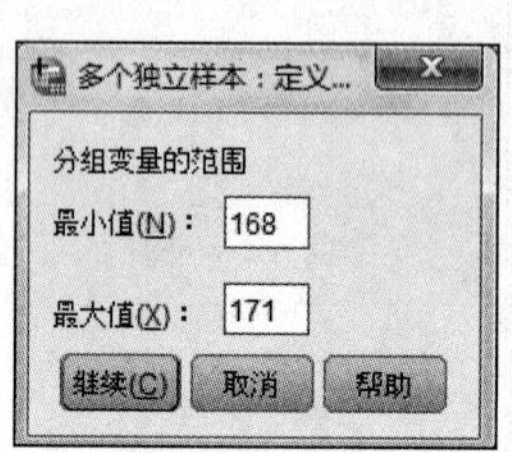

图 6-37 设置“多个独立样本：定义范围”对话框

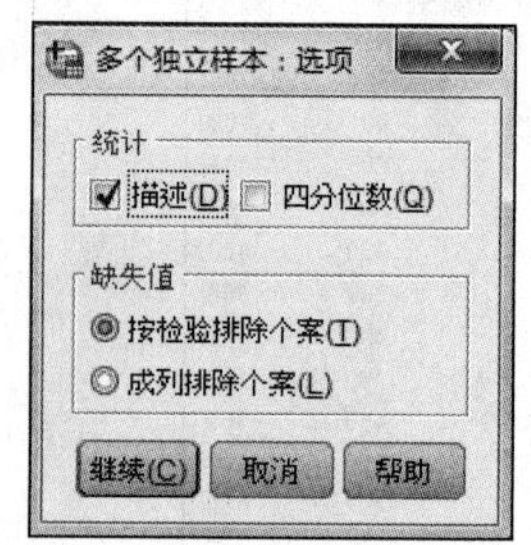

图 6-38 设置“多个独立样本：选项”对话框

SPSS 输出结果分为 4 个部分，结果解读如下。

（1）描述统计结果

图 6-39 所示为数据的描述统计结果。由图 6-39 可知，32 名学生英语四级的平均成绩为 405.25 分。

（2）克鲁斯卡尔-沃利斯非参数检验结果

图 6-40 所示为克鲁斯卡尔-沃利斯非参数检验结果。结果表明 4 个班级的平均秩分别为 13.06、17.13、17.94 和 17.88，检验统计量表中卡方统计量为 1.472，相伴概率值为 0.689，大于显著性水平 0.05，因此接受零假设，认为 4 个班级英语四级成绩分布不存在显著差异。

描述统计

	个案数	平均值	标准 偏差	最小值	最大值
英语四级成绩	32	405.25	45.485	290	480
班级	32	169.50	1.136	168	171

图6-39 数据的描述统计结果

克鲁斯卡尔-沃利斯检验

秩

	班级	个案数	秩平均值
英语四级成绩	168	8	13.06
	169	8	17.13
	170	8	17.94
	171	8	17.88
	总计	32	

检验统计[a,b]

	英语四级成绩
克鲁斯卡尔-沃利斯 H(K)	1.472
自由度	3
渐近显著性	.689

a. 克鲁斯卡尔-沃利斯检验

b. 分组变量：班级

图6-40 克鲁斯卡尔-沃利斯非参数检验结果

（3）中位数非参数检验结果

图 6-41 所示为中位数非参数检验结果。其中，频数统计表给出了 4 个班级学生的英语四级成绩高于和低于中位数的样本量。检验统计量表中，所有样本共同的中位数为 419.50，计算出的卡方统计量为 3.000，相伴概率值为 0.392，大于显著性水平 0.05，因此认为 4 个班级学生的英语四级成绩中位数不存在显著差异。

从检验统计表下面的注释 b 中可以看出，有 8 个单元格（100.0%）的期望频率低于 5，因此该检验方法给出的结果只能作为参考。

（4）约克海尔-塔帕斯特拉非参数检验结果

图 6-42 所示为约克海尔-塔帕斯特拉非参数检验结果。该检验分别计算了实测约克海尔-塔帕斯特拉统计量的数值、平均值和标准差，以及标准化的约克海尔-塔帕斯特拉数值，并求出相伴概率值为 0.346，因此也支持 4 个班级英语四级成绩分布不存在显著差异的零假设。

中位数检验

频率

		班级			
		168	169	170	171
英语四级成绩	> 中位数	2	4	5	5
	<= 中位数	6	4	3	3

检验统计[a]

	英语四级成绩
个案数	32
中位数	419.50
卡方	3.000[b]
自由度	3
渐近显著性	.392

a. 分组变量：班级

b. 8 个单元格 (100.0%) 的期望频率低于 5。期望的最低单元格频率为 4.0。

图 6-41　中位数非参数检验结果

约克海尔-塔帕斯特拉检验[a]

	英语四级成绩
班级 中的级别数	4
个案数	32
实测 J-T 统计	220.000
平均值 J-T 统计	192.000
J-T 统计的标准差	29.726
标准 J-T 统计	.942
渐近显著性（双尾）	.346

a. 分组变量：班级

图 6-42　约克海尔-塔帕斯特拉非参数检验结果

可见，3 种多独立样本非参数检验的验证结果是一致的，但是每种方法的适用条件和研究目的不同，读者要根据自己的研究情况进行取舍。

习　题

一、填空题

1．两独立样本的曼-惠特尼检验的零假设为 ________。

2．多独立样本的中位数检验使用的检验统计量为________。

3．两配对样本非参数检验对数据的要求为________。

4．多配对样本的柯克兰检验适用的数据类型为________。

5．两独立样本的科尔莫戈洛夫-斯米诺夫检验适用于________样本情况。

二、选择题

1．与参数检验相比，非参数检验的主要特点是（　　）。

A．对总体的分布没有任何要求

B．不依赖于总体的分布

C．只考虑总体的位置参数

D．只考虑总体的分布

2．如果要检验两个配对样本总体的分布是否存在显著差异，采用的非参数检验方法是（ ）。

A．傅莱德曼检验

B．克鲁斯卡尔-沃利斯检验

C．威尔科克森符号平均秩检验

D．曼-惠特尼检验

3．如果要检验 K 个独立总体的分布是否存在显著差异，采用的非参数检验方法是（ ）。

A．威尔科克森符号平均秩检验　　B．傅莱德曼检验

C．曼-惠特尼检验　　D．克鲁斯卡尔-沃利斯检验

4．多独立样本的克鲁斯卡尔-沃利斯检验的原假设为（ ）

A．样本来自的多个独立总体的分布不存在显著差异

B．样本来自的多个独立总体的分布存在显著差异

C．样本来自的多个独立总体的均值存在显著差异

D．样本来自的多个独立总体的均值不存在显著差异

5．两配对样本的威尔科克森符号平均秩检验的原假设为（ ）

A．样本来自的两配对总体的分布不存在显著差异

B．样本来自的两配对总体的分布存在显著差异

C．样本来自的两配对总体的均值存在显著差异

D．样本来自的两配对总体的均值不存在显著差异

三、判断题

1．非参数统计方法不对特定分布的参数做统计推断，也不要求数据服从正态分布。（ ）

2．正态分布数据也可以用非参数统计方法做分析，但平均统计效能偏低。（ ）

3．两组数据比较时，秩和检验和 T 检验的零假设是一样的。（ ）

4．麦克尼马尔检验方法只适用于二分类数据。（ ）

5．SPSS 中非参数检验的步骤为“分析”—“非参数检验”。（ ）

四、简答题

1．在熟悉假设检验思想的基础上，比较参数检验与非参数检验的适用条件。

2．多独立样本和多配对样本非参数检验的区别和联系是什么？

3．简要回答进行非参数检验的适用条件。

4．你学过哪些涉及秩和检验的内容，各有什么用途?

5．试写出非参数统计方法的主要优缺点。

案例分析题

1．在关于老人听助眠音乐入睡所需时间的研究中，随机抽取了 16 名老人组成样本。表 6-3 给出了 16 名实验对象在听助眠音乐和不听助眠音乐的情况下入睡所需的时间（分钟）。根据数据得出你的结论。

表 6-3　　助眠音乐实验数据

实验对象	不听音乐	听音乐	实验对象	不听音乐	听音乐
1	16	11	9	9	6
2	12	10	10	10	7
3	19	12	11	26	20
4	8	8	12	16	14
5	12	10	13	10	9
6	7	6	14	5	5
7	9	8	15	7	8
8	14	11	16	11	12

2．在做某项关于股票收盘价格的研究时，收集到 8 个时间点上 4 家公司股票的收盘价格，如表 6-4 所示。

表 6-4　　4 家公司股票的收盘价格

公司 1	10.26	10.36	11.20	9.99	10.56	10.34	11.03	10.59
公司 2	7.89	7.63	8.26	6.98	6.96	7.32	7.99	8.01
公司 3	20.16	20.36	19.98	19.96	20.32	18.69	19.22	19.56
公司 4	15.96	14.36	16.23	12.03	15.89	15.46	15.21	15.03

试分析 4 家公司的股票平均收盘价格是否存在显著差异。

3．某超市统计了 12 月和 6 月各 10 天洗衣液的销售额（元），如表 6-5 所示。

表 6-5　　12 月和 6 月各 10 天洗衣液的销售额

12 月	156.6	143.0	160.0	155.3	132.6	160.3	144.9	150.0	113.6	122.9
6 月	203.6	198.6	236.5	210.0	260.8	190.6	184.5	189.6	170.5	249.8

请判断该超市洗衣液 12 月和 6 月的销售额数据间是否存在显著差异。

第7章 相关分析与SPSS实现

任何事物的变化都与其他事物是相互联系和相互影响的，用于描述事物数量特征的变量之间自然也存在一定的关系。变量之间的关系归纳起来可以分为两种类型，即函数关系和统计关系。函数关系是一一对应的确定性关系，当一个变量的值不能由另一个变量的值唯一确定时，这种关系即为统计关系。在统计关系研究中，测度变量之间线性相关程度的强弱并用适当的统计指标表示出来，这个过程就是相关分析。相关分析可分为二元变量相关分析与偏相关分析，其中二元变量相关分析又可分为二元定距变量相关分析和二元定序变量相关分析。

学习目标

（1）了解不同变量类型的情况下适用的相关分析方法。

（2）熟悉二元变量的相关系数计算规则及偏相关分析的计算原理。

（3）掌握不同相关分析方法的应用场景和软件操作。

知识框架

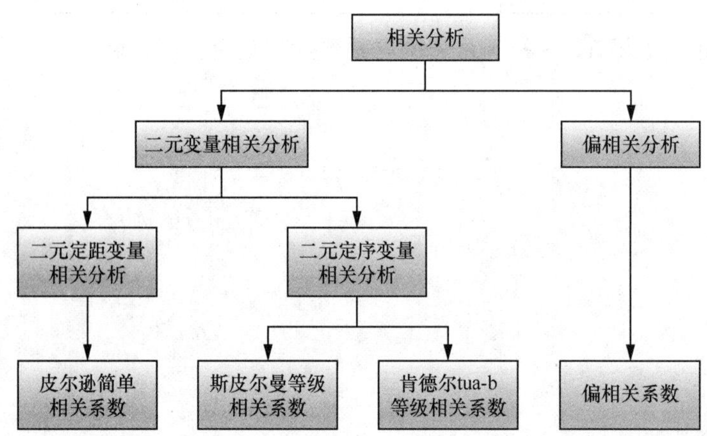

7.1 二元变量相关分析

7-1 二元变量相关分析

二元变量相关分析是指通过计算变量两两之间的相关系数，对两个或两个以上变量之间两两相关的程度进行分析。根据所研究的变量类型不同，二元变量相关分析又可以分为二元定距变量相关分析和二元定序变量相关分析。对于相关关系的衡量有两种方法，一种是使用较为简单和直接的散点图，另一种是求得较为精准的相关系数。

7.1.1　散点图和相关系数

1．散点图

散点图是将两个变量分别作为横轴和纵轴变量，将每一个案例作为二维平面上的一个点，从而绘制出来的图形。散点图对二元变量相关关系的判定是不精确的，常见的散点图通常呈现图 7-1（a）～（d）所示的 4 种形式之一。

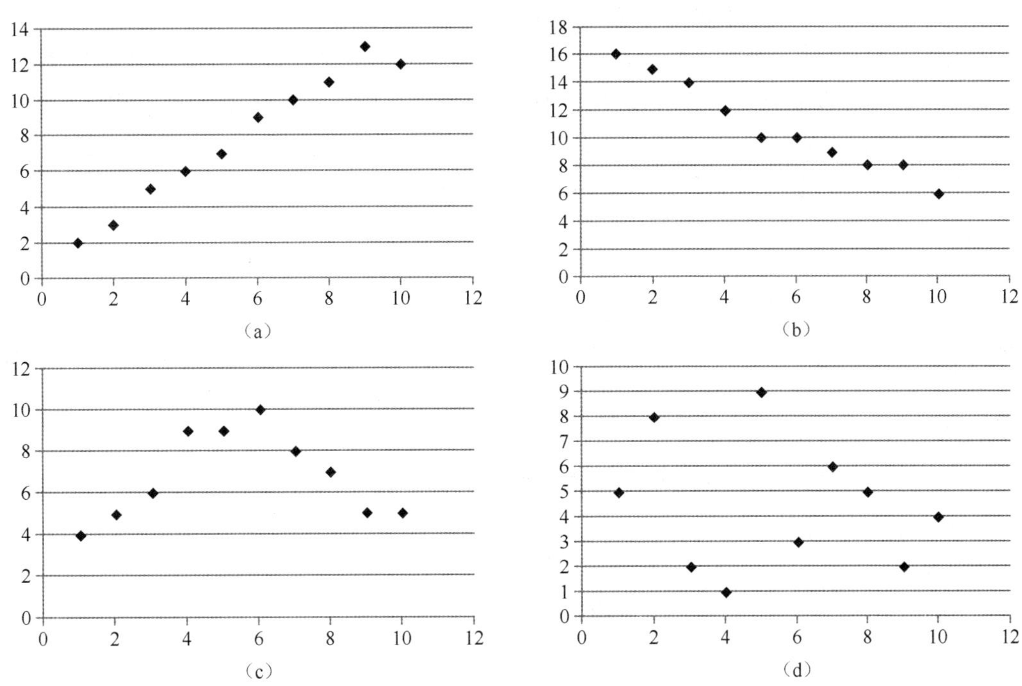

图 7-1　散点图的 4 种形式

其中，图（a）的两个变量间呈现正向的线性相关关系，行变量与列变量的变动方向是相同的；图（b）的两个变量间呈现反向的线性相关关系，行变量与列变量的变动方向是相反的；图（c）的两个变量间虽然不具有线性相关关系，但是呈现出非线性的变动关系，列变量随着行变量的增大先增大后减小；图（d）中两个变量间无任何相关关系存在。

2．相关系数

相关系数是衡量变量之间相关程度的量值。相关系数如果是根据总体全部数据计算的，则称为总体相关系数，记为 ρ；如果是根据样本数据计算的，则称为样本相关系数，记为 r。在统计学中，一般用样本相关系数 r 来推断总体相关系数。

相关系数的取值范围是 $[-1,+1]$，即 $-1 \leqslant r \leqslant +1$。其中，$0 < r \leqslant +1$ 时，表明变量之间存在正相关关系，即两个变量的相随变动方向相同；$-1 \leqslant r < 0$ 时，表明变量之间存在负相关关系，即两个变量的相随变动方向相反。特别地，当 $|r| = 1$ 时，其中一个变量的取值完全取决于另一个变量，二者即为函数关系，当 $r = +1$ 时，表明变量之间完全正相关，当 $r = -1$ 时，

表明变量之间完全负相关。$r=0$时，说明变量之间不存在线性相关关系，但这并不排除变量之间存在其他非线性相关关系的可能。

在说明变量之间线性相关程度时，根据经验可将相关程度分为以下几种情况。

$|r|\geqslant 0.8$时，视为高度相关；$0.5\leqslant|r|<0.8$时，视为中度相关；$0.3\leqslant|r|<0.5$时，视为低度相关；$|r|<0.3$时，说明变量之间的相关程度极弱，可视为不相关。

在一般情况下，总体相关系数ρ是未知的，往往是用样本相关系数 r 作为总体相关系数ρ的估计值。但由于存在样本抽样的随机性，样本相关系数并不能直接反映总体的相关程度。

为了判断r对ρ的代表性大小，需要对相关系数进行假设检验。

（1）假设总体相关性为零$(\rho=0)$，即零假设 H_0 为：两总体不存在显著的线性相关关系。

（2）计算相应的统计量，并得到对应的相伴概率值。如果相伴概率值小于或等于指定的显著性水平，则拒绝零假设 H_0，认为两总体存在显著的线性相关关系；如果相伴概率值大于指定的显著性水平，则接受零假设 H_0，认为两总体不存在显著的线性相关关系。

7.1.2 分析原理和步骤

1. 二元定距变量相关分析的原理及步骤

二元定距变量相关分析是指通过计算两个定距变量之间的相关系数，对变量之间的线性相关程度进行分析。定距变量又称为间隔（Interval）变量，它的取值之间可以比较大小，可以用加减法计算出差异的大小。

皮尔逊简单相关系数（r）用来衡量定距变量间的线性关系，其计算公式为：

$$r=\frac{\sum_{i=1}^{n}(x_i-\overline{x})(y_i-\overline{y})}{\sqrt{\sum_{i=1}^{n}(x_i-\overline{x})^2\sum_{i=1}^{n}(y_i-\overline{y})^2}}$$

对皮尔逊简单相关系数显著性的统计检验是 T 检验，通过计算 t 统计量对相关系数与 0 的差异进行推断。t 统计量的计算公式为：

$$t=\frac{r\sqrt{n-2}}{\sqrt{1-r^2}}$$

t 统计量服从 $n-2$ 个自由度的 T 分布。SPSS 将依据 T 分布表给出对应的相伴概率值。

2. 二元定序变量相关分析的原理及步骤

斯皮尔曼（Spearman）等级相关系数和肯德尔（Kendall's）tua-b 等级相关系数用以衡量定序变量间的线性相关关系，它们利用的是非参数检验的方法。

斯皮尔曼等级相关系数（R）的计算公式为：

$$R=1-\frac{6\sum_{i=1}^{n}D_i^2}{n(n^2-1)}$$

其中，$\sum_{i=1}^{n}D_i^2=\sum_{i=1}^{n}(U_i-V_i)^2$（$U_i$、$V_i$ 分别为两变量排序后的秩）。可见，斯皮尔曼等级相关系数不是直接通过对变量值计算得到的，而是利用秩。

对斯皮尔曼等级相关系数显著性的统计检验分为以下两种情况。

（1）个案数 $n \leqslant 30$，直接利用斯皮尔曼等级相关统计量表，SPSS 将自动根据该表给出对应的相伴概率值。

（2）个案数 $n > 30$，计算 Z 统计量（$Z = R\sqrt{n-1}$）。Z 统计量近似服从正态分布，SPSS 将依据正态分布表给出对应的相伴概率值。

肯德尔 tua-b 等级相关系数（T）的计算公式为：

$$T = 1 - \frac{4V}{n(n-1)}$$

V 是利用变量的秩数据计算而得的非一致对数目。

对肯德尔 tua-b 等级相关系数显著性的统计检验分为以下两种情况。

（1）个案数 $n \leqslant 30$，直接利用肯德尔 tua-b 等级相关统计量表，SPSS 将自动根据该表给出对应的相伴概率值。

（2）个案数 $n > 30$，计算 Z 统计量$\left(Z = \frac{3T\sqrt{n(n-1)}}{\sqrt{2(2n+5)}} \right)$。$Z$ 统计量近似服从正态分布，SPSS 将依据正态分布表给出对应的相伴概率值。

7.1.3　案例详解及软件实现

案例分析 1

数据：“二元定距变量相关分析.sav”。

该数据文件包含 2019 年我国 31 个省、直辖市、自治区（不含港、澳、台地区）的人均 GDP（元）、居民人均可支配收入（元）、居民人均消费支出（元）、居民消费价格指数 4 个变量。所有数据均来自《中国统计年鉴 2020》。具体数据如图 7-2 所示。

	区域	人均GDP	人均可支配收入	人均消费支出	消费价格指数
1	北京	164220	67755.90	43038.30	102.30
2	天津	90371	42404.10	31853.60	102.70
3	河北	46348	25664.70	17987.20	103.00
4	山西	45724	23828.50	15862.60	102.70
5	内蒙古	67852	30555.00	20743.40	102.40
6	辽宁	57191	31819.70	22202.80	102.40
7	吉林	43475	24562.90	18075.40	103.00
8	黑龙江	36183	24253.60	18111.50	102.80
9	上海	157279	69441.60	45605.10	102.50
10	江苏	123607	41399.70	26697.30	103.10
11	浙江	107624	49898.80	32025.80	102.90
12	安徽	58496	26415.10	19137.40	102.70
13	福建	107139	35616.10	25314.30	102.60
14	江西	53164	26262.40	17650.50	102.90
15	山东	70653	31597.00	20427.50	103.20
16	河南	56388	23902.70	16331.80	103.00
17	湖北	77387	28319.50	21567.00	103.10
18	湖南	57540	27679.70	20478.90	102.90
19	广东	94172	39014.30	28994.70	103.40
20	广西	42964	23328.20	16418.30	103.70
21	海南	56507	26679.50	19554.90	103.40
22	重庆	75828	28920.40	20773.90	102.70
23	四川	55774	24703.10	19338.30	103.20
24	贵州	46433	20397.40	14780.00	102.40
25	云南	47944	22082.40	15779.80	102.50
26	西藏	48902	19501.30	13029.20	102.30
27	陕西	66649	24666.30	17464.90	102.90
28	甘肃	32995	19139.00	15879.10	102.30
29	青海	48981	22617.70	17544.80	102.50
30	宁夏	54217	24411.90	18296.80	102.10
31	新疆	54280	23103.40	17396.60	101.90

图 7-2　二元定距变量相关分析数据

研究目的：判别 4 个变量之间的线性相关情况。

软件实现如下。

（1）绘制散点图

第 1 步：在“图形”菜单的“旧对话框”子菜单中选择“散点图/点图”命令，如图 7-3 所示。

第 2 步：在弹出的“散点图/点图”对话框中选择“矩阵散点图”选项，如图 7-4 所示。如果只需绘制两个变量之间的相关关系，则可以选择“简单散点图”选项。

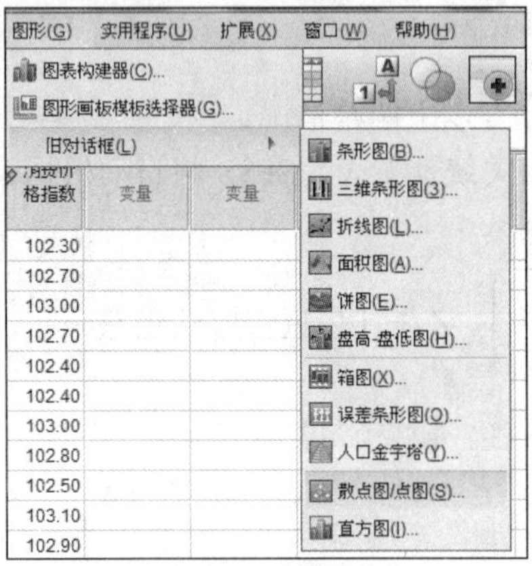

图 7-3　选择“散点图/点图”命令

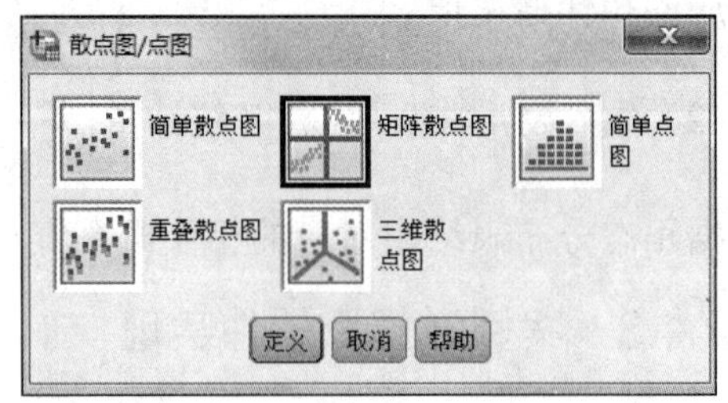

图 7-4　设置“散点图/点图”对话框

第 3 步：单击“定义”按钮，在弹出的“散点图矩阵”对话框中，把左侧的 4 个变量分别通过单击按钮，添加到右侧的“矩阵变量”列表框中，表示任意两个变量都绘制一张散点图，形成图形的矩阵形式，其他选项设置以 SPSS 默认的为准，如图 7-5 所示。单击“确定”按钮，开始绘制散点图。

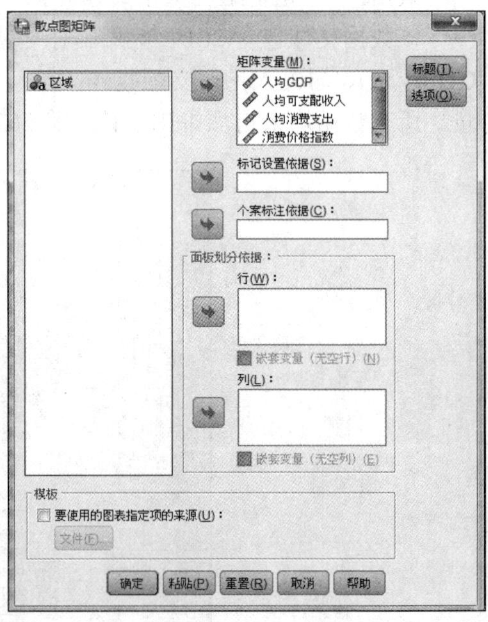

图 7-5　设置“散点图矩阵”对话框

（2）相关系数的推断

第 1 步：在“分析”菜单的“相关”子菜单中选择“双变量”命令，如图 7-6 所示。

第 2 步：在弹出的“双变量相关性”对话框中，从对话框左侧的变量名列表框中将所有变量选中，单击按钮，使之进入右侧的“变量”列表框中。再在“相关系数”选项组中选择相关系数的类型，共有 3 种：皮尔逊简单相关系数、肯德尔 tua-b 等级相关系数和斯皮尔曼等级相关系数。在“显著性检验”选项组中可设定相关系数的单层或双层检验。

双层检验可以检验两个变量之间的相关取向，即可以从结果得知两个变量是正相关的还是负相关的。如果在运算前已经知道两个变量之间的相关取向，则可以直接选用单层检验。

选中对话框最下侧的“标记显著性相关性”复选框表示相关分析结果中将不显示统计检验的相伴概率值，而以星号（*）表示。一个星号表示当用户指定的显著性水平为0.05时，统计检验的相伴概率值小于或等于0.05，即总体无显著线性相关的可能性小于或等于0.05；两个星号表示当用户指定的显著性水平为0.01时，统计检验的相伴概率值小于或等于0.01，即总体无显著线性相关的可能性小于或等于0.01。显然，两个星号比一个星号的检验更精确。

本案例中，4个变量均是定距变量，因此选中“皮尔逊”复选框，选择“双尾”单选项，并选中“标记显著性相关性”复选框，如图7-7所示。

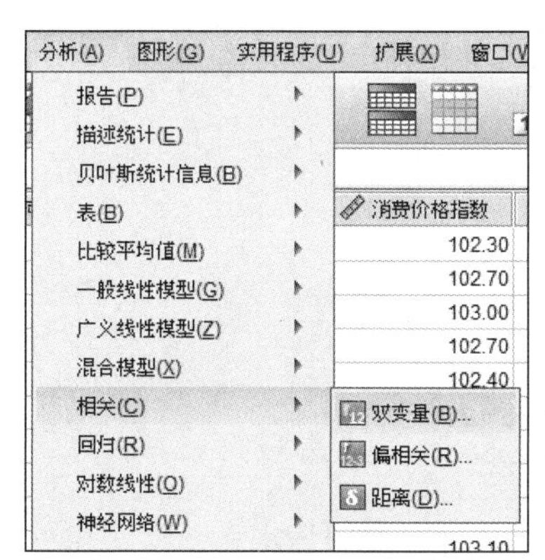

图7-6 选择“双变量”命令

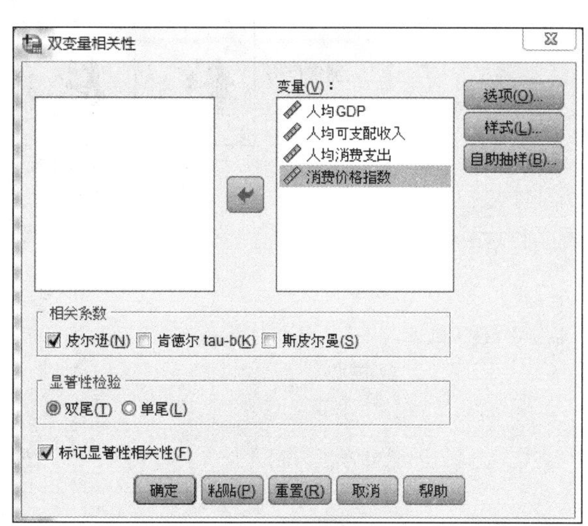

图7-7 设置“双变量相关性”对话框

第3步：单击“选项”按钮，弹出“双变量相关性：选项”对话框。

“统计”选项组中的“平均值和标准差”选项表示在输出相关系数的同时计算输出各变量的平均值和标准差，“叉积偏差和协方差”选项表示输出叉积离差和协方差。叉积离差即皮尔逊简单相关系数公式的分子部分，协方差为“叉积离差/$(n-1)$”，也反映变量间的相关程度。

本例选中“叉积偏差和协方差”复选框，选择“成对排除个案”单选项，如图7-8所示，单击“继续”按钮，返回“双变量相关性”对话框，再单击“确定”按钮。

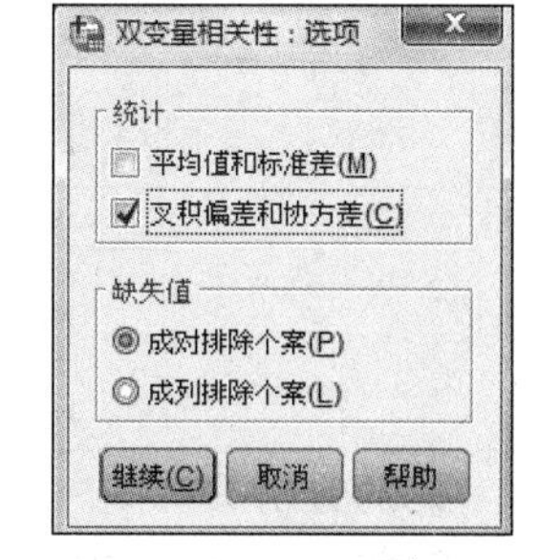

图7-8 设置“双变量相关性：选项”对话框

结果解读如下。

（1）绘出的散点图矩阵图如图7-9所示。从图中可以看出消费价格指数与其他3个变量之间的线性相关性相对较弱。

（2）二元定距变量相关系数的SPSS运行结果如图7-10所示。可以看到人均GDP、人均可支配收入、人均消费支出3个变量之间存在显著线性相关关系，在对应的相关系数数值右上角都有*标注。而消费价格指数与其他3个变量均无显著线性相关关系。人均GDP与人均可支配收入的相关系数为0.949，与人均消费支出的相关系数为0.935；人均可支配收入与人均消费支出的相关系数为0.988。

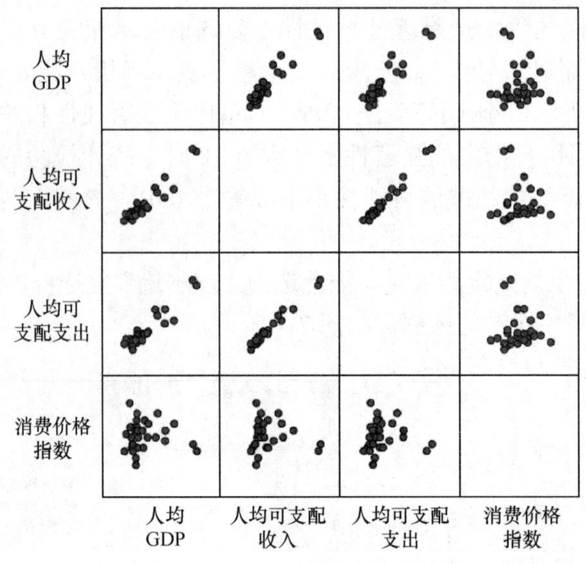

图 7-9　散点图矩阵图

相关性

		人均GDP	人均可支配收入	人均消费支出	消费价格指数
人均GDP	皮尔逊相关性	1	.949**	.935**	-.039
	Sig.（双尾）		.000	.000	.837
	平方和与叉积	3.208E+10	1.151E+10	7008970259	-15494.216
	协方差	1069187334	383777318.7	233632342.0	-516.474
	个案数	31	31	31	31
人均可支配收入	皮尔逊相关性	.949**	1	.988**	-.042
	Sig.（双尾）	.000		.000	.823
	平方和与叉积	1.151E+10	4588316284	2802052334	-6350.357
	协方差	383777318.7	152943876.1	93401744.48	-211.679
	个案数	31	31	31	31
人均消费支出	皮尔逊相关性	.935**	.988**	1	-.037
	Sig.（双尾）	.000	.000		.843
	平方和与叉积	7008970259	2802052334	1753327025	-3472.199
	协方差	233632342.0	93401744.48	58444234.16	-115.740
	个案数	31	31	31	31
消费价格指数	皮尔逊相关性	-.039	-.042	-.037	1
	Sig.（双尾）	.837	.823	.843	
	平方和与叉积	-15494.216	-6350.357	-3472.199	5.015
	协方差	-516.474	-211.679	-115.740	.167
	个案数	31	31	31	31

**. 在 0.01 级别（双尾），相关性显著。

图 7-10　皮尔逊简单相关系数及检验结果

案例分析 2

数据：“二元定序变量相关分析.sav”。

数据文件记录了某班 30 位学生的学号、2019 年平均绩点排名、2020 年平均绩点排名 3 个指标，如图 7-11 所示。

研究目的：判断该班学生 2019 年与 2020 年绩点排名之间是否存在线性相关关系。

软件实现如下。

第 1 步：在“分析”菜单的“相关”子菜单中选择“双变量”命令。

第 2 步：在弹出的“双变量相关性”对话框中，从对话框左侧的变量名列表框中分别选择“排名 2019”和“排名 2020”变量，单击➡按钮，将这两个变量添加到“变量”列表框中。

由于本案例中两个变量均是定序变量，因此在“相关系数”选项组中选中“斯皮尔曼”复选框作为计算变量相关系数的类型。

在“显著性检验”选项组中选择“双尾”单选项，选中“标记显著性相关性”复选框，如图 7-12 所示，所有选项的含义与上一案例所讲的内容一致，这里不再赘述。

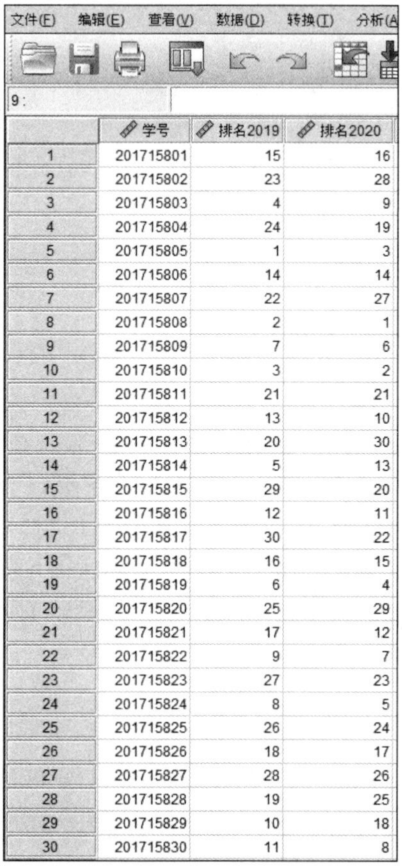

	学号	排名2019	排名2020
1	201715801	15	16
2	201715802	23	28
3	201715803	4	9
4	201715804	24	19
5	201715805	1	3
6	201715806	14	14
7	201715807	22	27
8	201715808	2	1
9	201715809	7	6
10	201715810	3	2
11	201715811	21	21
12	201715812	13	10
13	201715813	20	30
14	201715814	5	13
15	201715815	29	20
16	201715816	12	11
17	201715817	30	22
18	201715818	16	15
19	201715819	6	4
20	201715820	25	29
21	201715821	17	12
22	201715822	9	7
23	201715823	27	23
24	201715824	8	5
25	201715825	26	24
26	201715826	18	17
27	201715827	28	26
28	201715828	19	25
29	201715829	10	18
30	201715830	11	8

图 7-11 “二元定序变量相关分析.sav”数据

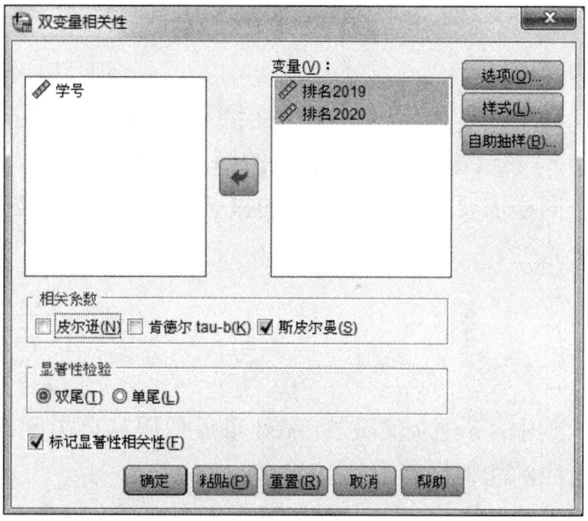

图 7-12 设置“双变量相关性”对话框

第 3 步：单击“确定”按钮，SPSS 开始计算斯皮尔曼等级相关系数。

结果解读如下。

SPSS 的运行结果如图 7-13 所示。结果表明，排名 2019 与排名 2020 两个变量的斯皮尔曼等级相关系数为 0.862，右上角有 2 个星号，表示用户指定的显著性水平为 0.01 时，统计检验的相伴概率值小于或等于 0.01（在表格中显示为“.000”），即两次绩点排名之间存在显著线性相关关系，且为正相关。

相关性

			排名2019	排名2020
斯皮尔曼 Rho	排名2019	相关系数	1.000	.862**
		Sig.（双尾）	.	.000
		N	30	30
	排名2020	相关系数	.862**	1.000
		Sig.（双尾）	.000	.
		N	30	30

**. 在 0.01 级别（双尾），相关性显著。

图 7-13 斯皮尔曼等级相关系数计算结果

7.2 偏相关分析

7-2 偏相关分析

二元变量的相关分析在一些情况下无法较为真实、准确地反映事物之间的相关关系。例如，在研究某农场春季早稻产量与平均降雨量、平均温度之间的关系时，产量和平均降雨量之间的关系中实际还包含了平均温度对产量的影响，同时平均降雨量对平均温度也会产生影响。在这种情况下，单纯计算简单相关系数，显然不能准确地反映事物之间的相关关系，而是需要在剔除其他相关因素影响的条件下计算相关系数。偏相关分析正是用来解决这个问题的。

7.2.1 偏相关系数

偏相关分析是指当两个变量同时与其他变量相关时，将其他变量的影响剔除，只分析这两个变量之间相关程度的过程。

偏相关分析采用偏相关系数衡量变量之间的偏相关关系程度。

假设有 3 个变量 x_1，x_2，x_3，剔除变量 x_3 的影响后，变量 x_1 和 x_2 之间的偏相关系数记为 $r_{12,3}$，其计算公式为：

$$r_{12,3}=\frac{r_{12}-r_{13}r_{23}}{\sqrt{1-{r_{13}}^2}\sqrt{1-{r_{23}}^2}}$$

其中，r_{12} 表示变量 x_1 与变量 x_2 的简单相关系数，r_{13} 表示变量 x_1 与变量 x_3 的简单相关系数，r_{23} 表示变量 x_2 与变量 x_3 的简单相关系数。

同样需要对偏相关系数的显著性进行统计推断。这里采用 T 检验，T 检验统计量 t 的构建公式为：

$$t=\frac{r_{12,3}}{\sqrt{\frac{1-r^2_{12,3}}{n-3}}}$$

其中，n 为个案数。t 统计量近似服从自由度为 n–3 的 T 分布，SPSS 将依据 T 分布表给出对应的相伴概率值。

可将 3 个变量的情况拓展到 k 个变量。

设有 k 个变量 $x_1,x_2,\cdots,x_k$，在任意两个变量间计算皮尔逊简单相关系数 r_{ij}，并形成皮尔逊简单相关系数矩阵 $\boldsymbol{R}$，如下所示。

$$\boldsymbol{R}=\begin{pmatrix} r_{11} & r_{12} & \cdots & r_{1k} \\ r_{21} & r_{22} & \cdots & r_{2k} \\ \cdots & \cdots & \cdots & \cdots \\ r_{k1} & r_{k2} & \cdots & r_{kk} \end{pmatrix}$$

皮尔逊简单相关系数矩阵 $\boldsymbol{R}$ 是对称的，即 $r_{ij}=r_{ji}(i,j=1,2,\cdots,k)$。设 $\Delta=|\boldsymbol{R}|$，则变量 x_i 与 x_j 之间的偏相关系数为 $R_{ij}=\frac{-\Delta_{ij}}{\sqrt{\Delta_{ii}\times\Delta_{jj}}}$，其中 Δ_{ij}、Δ_{ii}、Δ_{jj} 分别为 Δ 中元素 r_{ij}、r_{ii}、r_{jj} 的代

数余子式。

7.2.2　案例详解及软件实现

数据："二元定距变量相关分析.sav"。

研究目的：判断剔除人均GDP的影响后，人均可支配收入与人均消费支出两个变量之间是否存在线性相关关系。

软件实现如下。

第1步：在"分析"菜单的"相关"子菜单中选择"偏相关"命令，如图7-14所示。

第2步：在弹出的"偏相关性"对话框中，从左侧的变量名列表框中分别选择"人均可支配收入"和"人均消费支出"变量，单击➡按钮，将这两个变量添加到"变量"列表框中；再选择"人均 GDP"变量，单击➡按钮，将其添加到"控制"列表框中，表示现在所求的是剔除"人均GDP"变量影响后"人均可支配收入"和"人均消费支出"变量之间的偏相关系数。

在"显著性检验"选项组中选择"双尾"单选项。选中"显示实际显著性水平"复选框，以在相关分析结果中显示统计检验中具体的相伴概率值，如图7-15所示；不勾选"显示实际显著性水平"复选框，则相关系数的显著性以星号（*）表示，星号的意义与计算简单相关系数中介绍的相同。

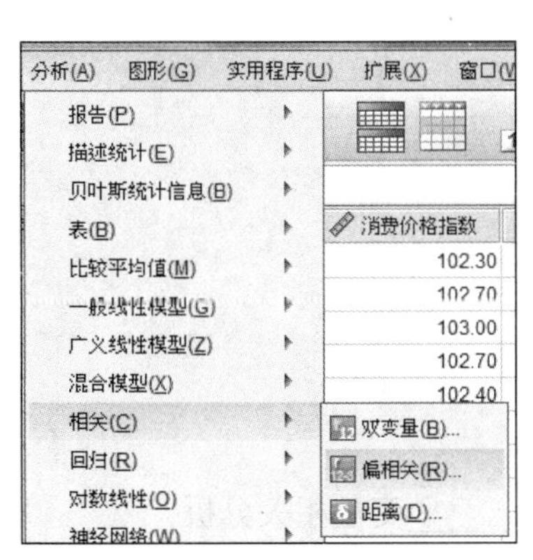

图7-14　选择"偏相关"命令

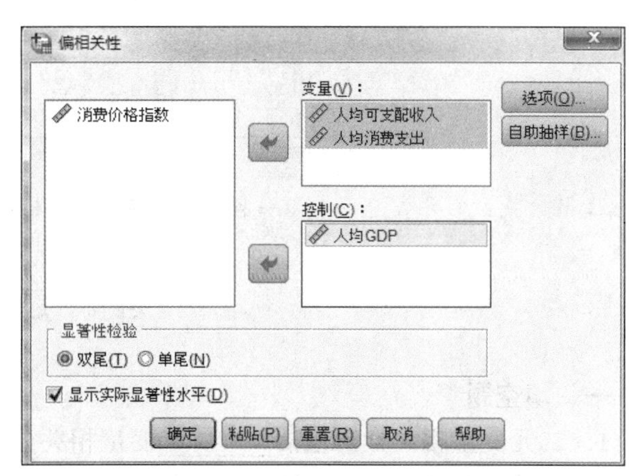

图7-15　设置"偏相关性"对话框

第3步：单击"选项"按钮，弹出"偏相关性：选项"对话框。"统计"选项组中的"平均值和标准差"选项表示在输出相关系数的同时计算输出各变量的平均值和标准差，"零阶相关性"选项表示在输出偏相关系数的同时输出变量间的简单相关系数。缺失值处理方式与之前所有操作均相同。

本例选中"零阶相关性"复选框，选择"成列排除个案"单选项，如图7-16所示。

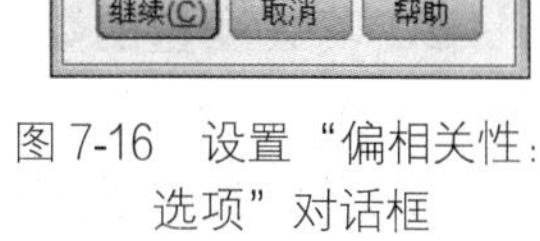

图7-16　设置"偏相关性：选项"对话框

第4步：单击"继续"按钮，返回"偏相关性"对话框，单击"确定"按钮，即可得到SPSS相关分析的结果。

SPSS的运行结果如图7-17所示。

表中上半部分输出的是变量两两之间的皮尔逊简单相关系数，人均可支配收入与人均消费支出之间的皮尔逊简单相关系数为0.988，且相伴概率小于0.05，拒绝零假设，说明人均可支配收入与人均消费支出之间具有显著线性相关关系。表中下半部分是剔除人均 GDP 的影响后的偏相关分析的输出结果。其中，对每个变量都有 3 行输出结果：第一行为偏相关系数、第二行为检验统计量的相伴概率值、第三行为统计检验的自由度。从中可知，在剔除了人均 GDP 变量的影响条件下，人均可支配收入与人均消费支出两变量的偏相关系数为 0.900，相伴概率值为 0.000，自由度为 28，两者之间仍存在显著的线性相关关系，但是相关程度有所降低。可见，简单相关系数和偏相关系数相比，前者有夸大的成分，后者更符合实际。

相关性

控制变量			人均可支配收入	人均消费支出	人均GDP
-无-[a]	人均可支配收入	相关性	1.000	.988	.949
		显著性（双尾）	.	.000	.000
		自由度	0	29	29
	人均消费支出	相关性	.988	1.000	.935
		显著性（双尾）	.000	.	.000
		自由度	29	0	29
	人均GDP	相关性	.949	.935	1.000
		显著性（双尾）	.000	.000	.
		自由度	29	29	0
人均GDP	人均可支配收入	相关性	1.000	.900	
		显著性（双尾）	.	.000	
		自由度	0	28	
	人均消费支出	相关性	.900	1.000	
		显著性（双尾）	.000	.	
		自由度	28	0	

a. 单元格包含零阶（皮尔逊）相关性。

图 7-17　偏相关分析输出结果

习　题

一、填空题

1．二元变量相关分析包括________变量相关分析和________变量相关分析。

2．衡量定距变量间的线性关系常用________相关系数。

3．衡量定序变量间的线性关系常用________和________相关系数。

4．偏相关分析采用________衡量变量之间的线性相关关系。

5．如果相关系数是根据总体的全部数据计算得到的，称为________；如果相关系数是根据样本数据计算得到的，称为________。

二、选择题

1．测定变量之间相关密切程度的指标是（　　）。

A．标准误　　B．相关系数　　C．协方差　　D．标准差

2．若 X 变量的数值上升，Y 变量的数值下降，则两者之间的关系为（　　）。

A．正相关　　B．负相关　　C．不相关　　D．复相关

3．当自变量数值确定后，因变量的数值也随之完全确定，这种关系属于（　　）。

A．函数关系　　B．相关关系　　C．回归关系　　D．随机关系

4．变量之间的依存关系不包括（　　）。

A．函数关系　　B．统计关系　　C．不确定关系　　D．物理关系

5．相关系数为1，说明（　　）。

A．两变量之间不存在相关关系　　B．两变量之间是负相关关系

C．两变量之间存在完全的线性相关关系　　D．两变量之间具有高度相关性

三、判断题

1．在二元定距变量相关分析中，要求一个变量是固变量，另一个变量是自变量。（　　）

2．SPSS中计算相关系数的操作步骤为："分析"—"相关"—"双变量"。（　　）

3．相关系数是表示相关程度大小的量值，其结果会大于1。（　　）

4．相关系数分析不需要进行相关系数的显著性检验。（　　）

5．简单相关系数的绝对值越大，表示变量间的相关性越强。（　　）

四、简答题

1．试述偏相关分析与二元定距变量相关分析的区别？

2．试述统计关系与函数关系的区别？

3．如何利用相关系数来判别现象之间的相关关系？

4．什么是相关关系？相关分析的主要内容有哪些？

5．举例说明什么是正相关、负相关？

案例分析题

1．表7-1所示为某次试验中白鼠的进食量和体重增量的原始数据，试判断两者之间有无线性相关关系。

表7-1　白鼠的进食量和体重增量的原始数据

白鼠编号	01	02	03	04	05	06	07	08	09	10
进食量（g）	820	780	890	845	869	876	836	812	865	851
体重增量（g）	196	154	165	125	158	149	169	171	149	156

2．表7-2所示为10家奶茶销售店铺奶茶的日销售额与奶茶平均价格的数据，试判断平均价格与日销售额之间是否存在线性相关关系。

表7-2　奶茶平均价格与日销售额数据

奶茶店编号	01	02	03	04	05	06	07	08	09	10
日销售额（元）	230.6	395.3	196.5	200.8	350.6	387.6	395.5	400.5	275.6	295.0
平均价格（元）	10.6	13.6	9.8	9.8	19.6	15.6	16.8	17.5	10.6	12.5

3．某项关于婴儿出生体重和双顶径的数量关系的研究中，收集了15名婴儿的出生体重和双顶径数据，如表7-3所示，请分析两者之间是否具有显著的线性关系。

表7-3　婴儿出生体重与双顶径数据

婴儿编号	01	02	03	04	05	06	07	08	09	10	11	12	13	14	15
体重（g）	273	299	226	315	294	260	383	273	234	329	302	357	396	368	372
双顶径（mm）	94	88	91	99	93	87	94	93	81	94	94	91	95	85	89

第8章 回归分析与 SPSS 实现

统计分析中，在确定变量之间存在线性相关关系后，还需要了解变量之间的相互作用，这就要用到回归分析。回归分析是研究变量与变量之间联系的最为广泛的模型。根据变量的个数、类型，以及变量之间的相关关系，回归分析通常分为线性回归分析和非线性回归分析。线性回归分析包括一元线性回归分析和多元线性回归分析，非线性回归分析包括曲线回归分析、*Logistic* 回归分析、含虚拟变量的回归分析等类型。

一元线性回归分析只涉及一个自变量的问题，多元线性回归分析用于解决两个或两个以上自变量对因变量的数量变化影响问题，非线性回归分析主要解决在非线性相关关系下，自变量对因变量的作用和影响问题，*Logistic* 回归分析用于解决因变量为定性变量时的回归分析问题。当遇到非数量型变量时，需要引入虚拟变量来探讨不同特征样本群间的作用差异。

学习目标

（1）了解几种常见的非线性回归模型的原理，并能运用软件挑选合适的模型。

（2）熟悉含虚拟变量的回归模型的建模原理和步骤。

（3）掌握构建线性回归模型的基本原理，并能够熟练运用软件进行操作和结果解读。

（4）掌握 *Logistic* 回归模型的构建原理，并能运用软件完成模型的构建。

知识框架

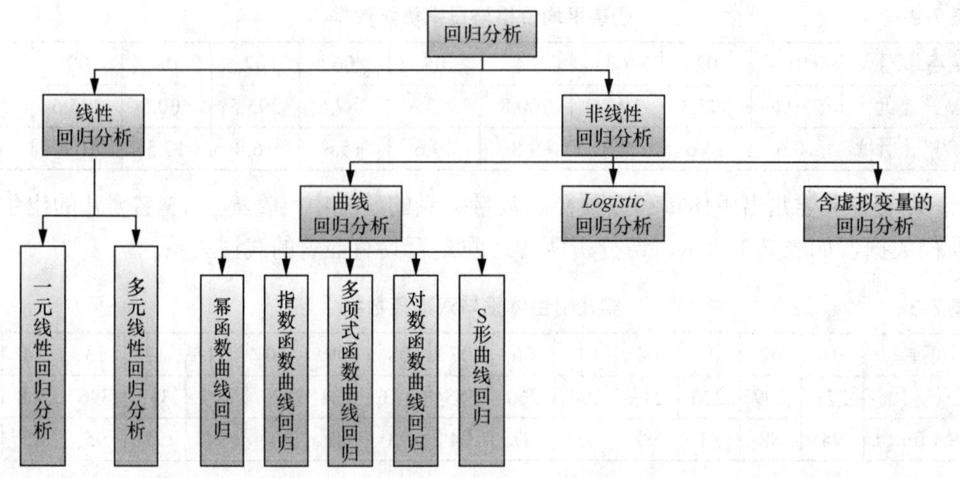

8.1 线性回归分析

8-1 线性回归分析

若自变量对因变量的影响呈现线性变化特征，则可以构建线性回归模型进行分析。根据自变量的不同个数，线性回归分析分为一元线性回归分析和多元线性回归分析。

8.1.1 一元线性回归分析

一元线性回归分析是在排除其他影响因素或假定其他影响因素确定的条件下，分析某一个因素（自变量）对另一事物（因变量）的影响。

1. 基本原理

一元线性回归分析只涉及一个自变量的回归问题。设有两个变量 x 和 y，变量 y 的取值随变量 x 取值的变化而变化，则称 y 为因变量，x 为自变量。对于这两个变量，通过观察或试验可以得到若干组数据，记为 $(x_i, y_i)(i=1,2,\cdots,n)$。将这 n 组数据绘成散点图，可以大致观察它们之间的关系形态。那如何将变量之间的这种关系用一定的数学关系式表达出来呢？

一般来说，对于具有线性相关关系的两个变量，可以用直线方程来表示它们之间的关系，即：

$$y = \beta_0 + \beta_1 x + \varepsilon$$

上式称为一元线性总体回归模型。其中，β_0 和 β_1 是未知参数，β_0 称为回归常数，β_1 称为回归系数；ε 称为随机扰动项，代表主观或客观原因造成的不可观测的随机误差，它是一个随机变量，通常假定 ε 满足：

$$\begin{cases} E(\varepsilon) = 0 \\ \operatorname{var}(\varepsilon) = \sigma^2 \end{cases}$$

上式中 $E(\varepsilon)$ 表示 ε 的数学期望，$\operatorname{var}(\varepsilon)$ 表示 ε 的方差，$\sigma^2 = \operatorname{var}(y)$，称为总体方差，是未知的。

从第一个公式可以看出，随机变量 y 由两部分组成，一部分是其均值部分：

$$E(y) = \beta_0 + \beta_1 x$$

另一部分为随机扰动项 ε。

由上式可以得到一元线性总体回归方程为：

$$E(y) = \beta_0 + \beta_1 x$$

这个公式从平均意义上表达了变量 y 与 x 的统计规律性，这一点在应用上非常重要，因为经常关心的正是这个平均值。

在实际问题中，由于所要研究的现象的总体单位总量一般是很大的，在许多场合甚至是无限的，因此无法掌握因变量 y 总体的全部取值。也就是说，总体回归方程事实上是未知的，需要利用样本的信息对其进行估计。显然，样本回归方程的函数形式应与总体回归方程的函数形式一致。

一元线性回归模型的样本回归方程可以表示为：

$$\hat{y} = \hat{\beta}_0 + \hat{\beta}_1 x$$

上式中，$\hat{y}$ 是样本回归直线上与 x 相对应的 y 值，可视为 $E(y)$ 的估计；$\hat{\beta}_0$ 和 $\hat{\beta}_1$ 是未知常数，作为总体回归参数 β_0 和 β_1 的估计值，$\hat{\beta}_0$ 为直线在 y 轴上的截距，$\hat{\beta}_1$ 为直线的斜率，也称为回归系数，它表示自变量 x 每变动一个单位时因变量 y 的平均变动量。从几何意义上讲，一元线性回归方程是二维平面上的一条直线。

实际观测到的因变量 y 值并不完全等于 $\hat{y}$，其二者之差 $e=y-\hat{y}$。由此得到一元线性样本回归模型为：

$$y=\hat{\beta}_0+\hat{\beta}_1x+e$$

上式中，e 称为残差（Residual），它与总体回归模型中的随机扰动项 ε 在概念上相对应。所不同的是，ε 是 y 与未知的总体回归直线之间的纵向距离，它是不可直接观测的；而 e 是 y 与样本回归直线之间的纵向距离，当根据样本观测值拟合出样本回归直线之后，可以计算出 e 的具体数值。

2．参数估计

当研究某个实际问题时，对于组样本观测值 $(x_1,y_1),(x_2,y_2),\cdots,(x_i,y_i)$ 来说，上式还可以用以下样本回归模型表达：

$$y_i=\hat{\beta}_0+\hat{\beta}_1x_i+e_i \qquad (i=1,2,\cdots,n)$$

e 满足

$$\begin{cases}\sum_{i=1}^{n}e_i=0\\ \sum_{i=1}^{n}x_ie_i=0\end{cases}$$

为了由样本数据得到总体回归参数 β_0 和 β_1 的估计值 β_0 和 $\hat{\beta}_1$，一般利用普通最小二乘法确定回归方程 $\hat{\beta}_0$ 和 $\hat{\beta}_1$ 的取值，从而确定一条和总体回归直线最为拟合的样本回归直线。

可以证明：

$$E(\hat{\beta}_0)=E(\beta_0),E(\hat{\beta}_1)=E(\beta_1)$$

上式说明 $\hat{\beta}_0$、$\hat{\beta}_1$ 分别是 β_0、β_1 的无偏估计，表示如果多次变更数据，反复求 $\hat{\beta}_0$、$\hat{\beta}_1$，其结果的平均值将趋近 β_0、β_1。

另外，求得：

$$\mathrm{var}(\hat{\beta}_0)=\sigma^2\left[\frac{1}{n}+\frac{(\overline{x})^2}{\sum(x_i-\overline{x})^2}\right]$$

$$\mathrm{var}(\hat{\beta}_1)=\frac{\sigma^2}{\sum(x-\overline{x})^2}$$

这两个公式说明，回归常数 $\hat{\beta}_0$ 的方差不仅与随机误差的方差 σ^2 和自变量 x 的取值波动有关，而且与样本数据的个数 n 有关。回归系数 $\hat{\beta}_1$ 的方差不仅与随机误差的方差 σ^2 有关，还和自变量 x 的取值波动程度有关。如果 x 的取值比较分散，即 x 的波动较大，则 $\hat{\beta}_1$ 的波动就小，意味着 $\hat{\beta}_1$ 比较稳定；反之，$\hat{\beta}_1$ 的稳定性较差。

为了使所求得的回归直线最能代表变量之间的相关关系，回归直线散点图中的所有观测点与直线的垂直距离$e=y-\hat{y}$（残差）都应尽可能地小，即让所有的观测点与直线的垂直距离之和$\sum e$为最小。不过由于有些观测点在直线之上，有些观测点在直线之下，因此有些e是正数，有些 e 是负数，相加后正负抵消，有可能总和$\sum e$很小，但是个别的e还是很大。为了解决这个问题，先将e平方，使它们都变成正数，然后再求和并使之变成最小，这就是“普通最小二乘法估计（OLSE）”。

选择$\hat{\beta}_0$、$\hat{\beta}_1$使：

$$\sum e^2=\sum (y-\hat{y})^2$$

为最小。

由于残差平方和：

$$\sum_{i=1}^{n}e_i^2=\sum_{i=1}^{n}(y_i-\hat{y}_i)^2=\sum_{i=1}^{n}[y_i-(\hat{\beta}_0+\hat{\beta}_1x_i)]^2$$

是$\hat{\beta}_0$和$\hat{\beta}_1$的二次函数，并且是非负和连续可微的，可知残差平方和存在极小值。

当$\sum e^2$为最小时，$\sum e^2$对$\hat{\beta}_0$和$\hat{\beta}_1$的偏导数等于零。从而可推导出$\hat{\beta}_0$和$\hat{\beta}_1$的公式（推导过程略）：

$$\hat{\beta}_0=\overline{y}-\hat{\beta}_1\overline{x}$$

$$\hat{\beta}_1=\frac{\sum (x-\overline{x})(y-\overline{y})}{\sum (x-\overline{x})^2}$$

3．统计检验

通过样本数据建立一个回归方程后，不能立即就将方程用于对某个实际问题的预测。因为能否将应用最小二乘法求得的样本回归直线作为总体回归直线的近似，必须在对这种近似是否合理做各种统计检验后才能确定。通常要做以下的统计检验。

（1）拟合优度检验

回归方程的拟合优度检验就是要检验样本数据聚集在样本回归直线周围的密集程度，从而判断回归方程对样本数据的代表程度。

回归方程的拟合优度检验一般用判定系数R^2实现。该指标建立在对总变异平方和进行分解的基础上。

因变量的实际观测值（y）与其样本均值（$\overline{y}$）的离差即总离差（$y-\overline{y}$），可以分解为两部分：一部分是因变量的理论回归值（或称预测值$\hat{y}$）与其样本均值（$\overline{y}$）的离差（$\hat{y}-\overline{y}$），它可以看成能够由回归直线解释的部分，称为可解释离差；另一部分是实际观测值与理论回归值的离差（$y-\hat{y}$），它是不能由回归直线加以解释的残差e。对任一实际观测值y总有：

$$y-\overline{y}=(\hat{y}-\overline{y})+(y-\hat{y})$$

将此式两边平方，并对所有 n 个点求和，最终可得：

$$\sum (y-\overline{y})^2=\sum (\hat{y}-\overline{y})^2+\sum (y-\hat{y})^2$$

$$SST=SSR+SSE$$

上式中，$SST=\sum (y-\overline{y})^2$，是总变异平方和；$SSR=\sum (\hat{y}-\overline{y})^2$，称为回归平方和，是由

回归直线解释的那一部分离差平方和；$SSE = \sum (y - \hat{y})^2$，称为残差平方和（或剩余平方和），是用回归直线无法解释的离差平方和。

显然，各样本观测点（散点）与样本回归直线靠得越紧，$\frac{SSR}{SST}$越大，直线拟合得越好。将这一比例定义为判定系数（或可决系数），记为R^2，即：

$$R^2 = \frac{SSR}{SST} = 1 - \frac{SSE}{SST}$$

判定系数R^2测度了回归直线对观测数据的拟合程度。若所有观测值y_i都落在回归直线上，$SSE = 0$，$R^2 = 1$，拟合是完全的；如果回归直线没有解释任何离差，y的总离差全部归于残差平方和，即$SST = SSE$，$R^2 = 0$，则表示自变量x与因变量y完全无关；通常观测值都是部分落在回归直线上的，即$0 < R^2 < 1$。R^2越接近 1，表明回归直线的拟合程度越好；反之，R^2越接近 0，回归直线的拟合程度就越差。

（2）回归方程的显著性检验（F 检验）

回归方程的显著性检验是对因变量与所有自变量之间的线性关系是否显著的一种假设检验。

回归方程的显著性检验一般采用 F 检验，利用方差分析的方法进行。F 检验的统计量定义为：平均的回归平方和与平均的残差平方和（均方误差）之比。对于一元线性回归方程：

$$F = \frac{SSR / 1}{SSE / (n-2)}$$

F 检验统计量服从第一自由度为 1、第二自由度为$n-2$的 F 分布。即：

$$F \sim F(1, n-2)$$

利用 F 检验统计量进行回归方程显著性检验的步骤如下。

① 提出假设。

零假设 H_0：$\beta_1 = 0$。

备择假设 H_1：$\beta_1 \neq 0$。

如果接受备择假设 H_1，说明回归模型总体是显著线性的；如果接受零假设 H_0，说明回归模型总体不存在线性关系，即所有自变量对因变量不存在显著的线性作用。

② 计算回归方程的 F 检验统计量值。

$$F = \frac{SSR / 1}{SSE / (n-2)}$$

根据给定的显著性水平α确定临界值$F_\alpha(1, n-2)$，或者计算F值所对应的相伴概率（p）值。

③ 做出判断。

如果F值大于或等于临界值$F_\alpha(1, n-2)$（或者$p \leqslant \alpha$），就拒绝零假设 H_0，接受备择假设 H_1；反之，如果F值小于临界值$F_\alpha(1, n-2)$（或者$p > \alpha$），则接受零假设 H_0。

（3）回归系数的显著性检验（T 检验）

所谓回归系数的显著性检验就是根据样本估计的结果对总体回归系数的有关假设进行检验。

之所以对回归系数进行显著性检验，是因为回归方程的显著性检验只能检验所有回归系数是否同时与零存在显著差异，却无法得出每一个回归系数是否与零存在显著差异的结论。

因此，可以通过回归系数显著性检验对每个回归系数进行考查。

回归系数显著性检验一般采用 T 检验的方法，对于一元线性回归方程，构建 t 统计量，其计算公式为：

$$t = \frac{\hat{\beta}_1}{S_{\hat{\beta}_1}} \sim t(n-2)$$

式中，n 为样本大小，$n-2$ 为自由度，$S_{\hat{\beta}_1}$ 为回归系数 $\hat{\beta}_1$ 的标准误差。

β_0 和 β_1 的检验方法是相同的，但 β_1 的检验更为重要，因为它表明自变量对因变量线性影响的程度。下面以 β_1 的检验为例，介绍回归系数显著性检验的基本步骤。

① 提出假设：H_0: $\beta_1=0$；H_1: $\beta_1 \neq 0$。

上式中，H_0 表示零假设；H_1 表示备择假设。如果零假设 H_0 成立，则说明 x 对 y 不存在显著线性影响；反之，则 x 对 y 存在显著线性影响。

② 计算回归系数的 T 检验统计量值。

$$t = \frac{\hat{\beta}_1}{S_{\hat{\beta}_1}}$$

根据给定的显著性水平 α 确定临界值，或者计算 t 值所对应的 p 值。

T 检验的临界值是由显著性水平 α 和自由度决定的。应该注意的是，这里进行的检验是双层检验，所以临界值为 $t_{\frac{\alpha}{2}}(n-2)$。

③ 做出判断。

如果 t 的绝对值大于等于临界值（或者 $p \leqslant \alpha$），则拒绝零假设 H_0，接受备择假设 H_1，说明 x 对 y 具有显著影响；反之，如果 t 的绝对值小于临界值的绝对值（或者 $p > \alpha$），则接受零假设 H_0，说明 x 对 y 不具有显著影响。

8.1.2　多元线性回归分析

在线性相关条件下，两个或两个以上自变量与一个因变量的数量变化关系的研究称为多元线性回归分析。表现这一数量关系的数学公式称为多元线性回归模型。多元线性回归模型是一元线性回归模型的扩展，其基本原理与一元线性回归模型类似，只是在计算上更为复杂，一般需借助计算机来完成。

1. 基本原理

设随机变量 y 与一般变量 $x_1, x, \cdots, x_k$ 的线性回归模型为：

$$y = \beta_0 + \beta_1 x_1 + \beta_2 x_2 + \cdots + \beta_k x_k + \varepsilon$$

其中，$\beta_0, \beta_1, \cdots, \beta_k$ 是 $k+1$ 个未知参数，β_0 称为回归常数，$\beta_1, \beta_2, \cdots, \beta_k$ 称为回归系数；y 称为被解释变量（因变量）；$x_1, x, \cdots, x_k$ 是 k 个可以精确测量并可控制的一般变量，称为解释变量（自变量）。

当 $k=1$ 时，上式即为 8.1.1 节的一元线性总体回归模型；当 $k \geqslant 2$ 时，上式就称为多元线性回归模型。ε 是随机扰动项，与一元线性总体回归模型一样，通常假定：

$$\begin{cases} E(\varepsilon) = 0 \\ \text{var}(\varepsilon) = \sigma^2 \end{cases}$$

同样，多元线性总体回归方程为：

$$E(y) = \beta_0 + \beta_1 x_1 + \beta_2 x_2 + \cdots + \beta_k x_k$$

系数 β_1 表示在其他自变量不变的情况下，自变量 x_1 变动一个单位时引起的因变量 y 的平均变动单位。其他回归系数的含义类似。从几何意义上讲，多元线性回归方程是多维空间上的一个平面。

多元线性样本回归方程为：

$$\hat{y} = \hat{\beta}_0 + \hat{\beta}_1 x_1 + \hat{\beta}_2 x_2 + \cdots + \hat{\beta}_k x_k$$

上式中，$\hat{\beta}_0, \hat{\beta}_1, \hat{\beta}_2, \cdots, \hat{\beta}_k$ 为 $\beta_0, \beta_1, \beta_2, \cdots, \beta_k$ 的估计值。

2．参数估计

多元线性回归方程中回归系数的估计同样可以采用最小二乘法。残差平方和的计算公式为：

$$SSE = \sum (y - \hat{y})^2$$

根据微积分中求极小值的原理，可知残差平方和 SSE 存在极小值。若使 SSE 达到最小，SSE 对 $\beta_0, \beta_1, \beta_2, \cdots, \beta_k$ 的偏导数必须等于零。

将 SSE 对 $\beta_0, \beta_1, \beta_2, \cdots, \beta_k$ 求偏导数，并令其等于零，加以整理后可得到 k+1 个方程式（称为标准方程组）：

$$\frac{\partial SSE}{\partial \beta_0} = -2\sum (y - \hat{y}) = 0$$

$$\frac{\partial SSE}{\partial \beta_i} = -2\sum (y - \hat{y}) x_i = 0 \quad (i=1,2,\cdots,n)$$

通过求解这一方程组便可分别得到 $\beta_0, \beta, \beta_2, \cdots, \beta_k$ 的估计值 $\hat{\beta}_0, \hat{\beta}_1, \hat{\beta}_2, \cdots, \hat{\beta}_k$。

实际求解回归系数的估计值时，当自变量个数较多时，计算十分复杂，必须依靠计算机完成。现在，利用 SPSS，只要将有关数据输入，并指定因变量和相应的自变量，立刻就能得到计算结果。

3．统计检验

（1）拟合优度检验

测定多元线性回归的拟合程度时，与一元线性回归中的判定系数类似，使用多重判定系数，其定义为：

$$R^2 = \frac{SSR}{SST} = 1 - \frac{SSE}{SST} == 1 - \frac{\sum (y - \hat{y})^2}{\sum (y - \overline{y})^2}$$

上式中，SSR 为回归平方和，SSE 为残差平方和，SST 为总变异平方和。

与一元线性回归分析类似，$0 \leqslant R^2 \leqslant 1$，$R^2$ 越接近 1，回归平面拟合程度越高；反之，R^2 越接近 0，回归平面拟合程度越低。

R^2 的平方根称为复相关系数（R），也称为多重相关系数。它表示因变量 y 与所有自变量 x 之间的线性相关程度，实际反映的是样本数据与预测数据间的相关程度。

判定系数 R^2 的大小受到自变量 x 的个数 k 的影响。在实际回归分析中可以看到，随着自变量 x 个数的增加，回归平方和（SSR）增大，R^2 增大。由于增加自变量个数引起的 R^2 增大与拟合好坏无关，因此在自变量个数 k 不同的回归方程之间比较拟合程度时，R^2 就不是一个合适的指标，必须加以修正或调整。

调整的方法为：把残差平方和与总变异平方和之比的分子分母分别除以各自的自由度，变成均方差之比，以剔除自变量个数对拟合优度的影响。调整后的 R^2 为：

$$\overline{R}^2 = 1 - \frac{SSE/(n-k-1)}{SST/(n-1)} = 1 - \frac{SSE}{SST} \times \frac{n-1}{n-k-1} = 1-(1-R^2)\frac{n-1}{n-k-1}$$

由上式可以看出，$\overline{R}^2$ 考虑的是平均的残差平方和，而不是残差平方和。因此，一般在线性回归分析中，$\overline{R}^2$ 越大越好。

（2）回归方程的显著性检验（F 检验）

多元线性回归方程的显著性检验一般采用 F 检验，利用方差分析的方法进行。F 检验的统计量定义为：平均的回归平方和与平均的残差平方和（均方误差）之比。对于多元线性回归方程，F 检验统计量的计算公式为：

$$F = \frac{SSR/k}{SSE/(n-k-1)} = \frac{\sum(\hat{y}-\overline{y})^2/k}{\sum(y-\hat{y})^2/(n-k-1)}$$

上式中，SSR 为回归平方和，SSE 为残差平方和，n 为样本数，k 为自变量个数。F 检验统计量服从第一自由度为 k、第二自由度为（$n-k-1$）的 F 分布。即：

$$F \sim F(k,n-k-1)$$

从 F 检验统计量的定义式可以看出，如果 F 值较大，则说明自变量造成的因变量的变动远远大于随机因素对因变量造成的影响。

另外，从另一个角度来看，F 检验统计量也可以反映回归方程的拟合优度。将 F 检验统计量的公式与 R^2 的公式做结合转换，可得：

$$F = \frac{R^2/k}{(1-R^2)/(n-k-1)}$$

可见，如果回归方程的拟合优度高，F 检验统计量就越显著；F 检验统计量越显著，回归方程的拟合优度也越高。

利用 F 检验统计量进行回归方程显著性检验的步骤如下。

① 提出假设。

H_0: $\beta_1 = \beta_2 = \cdots = \beta_k = 0$。

H_1: β_j 不全为 $0\ (j=1,2,\cdots,k)$。

② 在 H_0 成立的条件下，计算 F 检验统计量。

$$F = \frac{SSR/k}{SSE/(n-k-1)} \sim F(k,n-k-1)$$

由样本观测值计算 F 值。

根据给定的显著性水平 α 确定临界值 $F_\alpha(k,n-k-1)$，或者计算 F 值所对应的相伴概率值（p）。

③ 做出判断。

如果 $F \geqslant F_\alpha(k,n-k-1)$（或者 $p \leqslant \alpha$），就拒绝零假设 H_0，接受备择假设 H_1，认为至少有一个自变量对因变量具有显著线性作用关系，回归方程整体线性关系显著。

如果 $F < F_\alpha(1,n-k-1)$（或者 $p > \alpha$），则接受零假设 H_0，认为所有回归系数同时与零不存在显著差异，自变量和因变量之间不存在显著线性关系，自变量的变化无法反映因变量的线性变化，回归方程整体线性关系不显著。

（3）回归系数的显著性检验（T 检验）

回归系数的显著性检验是检验各自变量 $x_1, x_2, \cdots, x_k$ 对因变量 y 的影响是否显著，从而找出哪些自变量对因变量的影响是重要的，哪些是不重要的。

与一元线性回归方程一样，要检验自变量 x_i 对因变量 y 的线性作用是否显著，要使用 T 检验。对于多元线性回归方程，t 统计量的计算公式为：

$$t = \frac{\hat{\beta}_i}{S_{\hat{\beta}_i}} \sim t(n-k-1)$$

上式中，n 为样本大小，$(n-k-1)$ 为自由度，$S_{\hat{\beta}_i}$ 为回归系数 $\hat{\beta}_i$ 的标准误差。

可见，如果某个自变量 x_i 的回归系数 β_i 的标准误差较大，则必然会得到一个相对较小的 t 值，表明该自变量 x_i 解释说明因变量变化的能力较差。因此，当某个自变量 x_i 对应的 t 值小到一定程度时，该自变量 x_i 就不应保留在回归方程中。

T 检验的基本步骤如下。

① 提出假设。

H_0: $\beta_i = 0(i=1,2,\cdots,k)$。

H_1: $\beta_i \neq 0(i=1,2,\cdots,k)$。

上式中，H_0 表示零假设，H_1 表示备择假设。如果零假设 H_0 成立，则说明 x_i 对 y 不存在显著线性影响；反之，则 x_i 对 y 存在显著线性影响。

② 在 H_0 成立的条件下，计算回归系数的 T 检验统计量。

$$t = \frac{\hat{\beta}_i}{S_{\hat{\beta}_i}}$$

根据给定的显著性水平 α，确定临界值 $t_{\frac{\alpha}{2}}(n-k-1)$，或者计算 t 值所对应的相伴概率值 p。

应该注意的是，T 检验的临界值是由显著性水平 α 和自由度决定的，这里进行的检验是双侧检验，所以临界值为 $t_{\frac{\alpha}{2}}(n-k-1)$。

③ 做出判断。

如果 $|t| \geqslant t_{\frac{\alpha}{2}}(n-k-1)$（或者 $p \leqslant \alpha$），就拒绝零假设 H_0，接受备择假设 H_1，认为该回归系数与零存在显著差异，该自变量与因变量之间存在显著线性关系，该自变量的变化确实能够较好地反映因变量的线性变化，因此应保留在回归方程中。

如果 $|t| < t_{\frac{\alpha}{2}}(n-k-1)$（或者 $p > \alpha$），则接受零假设 H_0，认为该回归系数与零不存在显著差异，该自变量与因变量之间不存在显著线性关系，它的变化无法较好地解释说明因变量的变化，因此应剔除出回归方程。

（4）多重共线性检验

线性回归模型中的自变量之间可能存在线性相关关系，从而使模型估计失真或难以估计准确，这就是多重共线性问题。一般来说，由于数据的限制使模型设计不当，自变量间会存在 3 种关系：完全共线性，即变量之间线性相关系数为 1；不存在共线性，即变量间线性相关系数为 0；不完全共线性，即变量间存在不等于 0 的线性相关系数。当存在线性相关关系时，就产生了多重共线性问题。多重共线性是一个容忍度的问题，当多重共线性严重到影响了模型的估计和形式时，就需要做相应的处理。

SPSS 提供了多种多重共线性的检验方法。

①容许度（Tolerance）

$$Tol_i = 1 - R_i^2$$

容许度 Tol_i 越小，自变量 x_i 与其他自变量之间的共线性越强。

②方差膨胀因子（VIF）

$$VIF_i = \frac{1}{1 - R_i^2} = \frac{1}{Tol_i}$$

方差膨胀因子 VIF_i 数值越大，说明自变量 x_i 引起的多重共线性越严重。

从经验上看，当方差膨胀因子 $VIF \geqslant 5$ 时，可能存在共线性；当方差膨胀因子 $VIF \geqslant 10$ 时，可能存在严重的多重共线性。

③条件指数（Condition Index，CI）

条件指数的数值越大，说明自变量间的多重共线性越严重。当 $CI \geqslant 15$ 时，可能存在多重共线性；当 $CI \geqslant 30$ 时，可能存在严重的多重共线性。

④特征值和方差比例

特征值和方差比例诊断方法下，会计算不同维度下的特征值和对应的变量方差比例。若特征值较小并接近于 0，则说明变量间存在很高的相关性，这时继续观察同一维度（序号）的特征值所对应的变量方差比例，方差比例越大的变量，引起多重共线性的可能性就越大。

在诊断出引起多重共线性问题的自变量后，可采用直接删除对应自变量或对自变量进行形态转变等方法来消除共线性问题。

8.1.3　案例详解及软件实现

数据：“线性回归分析.sav”。

该数据文件包含 2019 年我国 31 个省、直辖市、自治区（不含港、澳、台地区）的居民人均可支配收入（元）、人均 GDP（元）、居民消费价格指数、居民人均消费支出（元）4 个指标。数据如图 8-1 所示，所有数据均来自《中国统计年鉴 2020》。

研究目的：分析地区居民人均可支配收入是否与人均 GDP、居民消费价格指数、居民人均消费支出存在线性回归关系。

软件实现如下。

第 1 步：打开数据文件，在“分析”菜单的“回归”子菜单中选择“线性”命令，如图 8-2 所示。

第 2 步：在弹出的“线性回归”对话框中，从左侧的变量名列表框中选择“人均可支配收入”变量，单击➡按钮，将其添加到“因变量”框中；选择“人均 GDP”“居民消费价格指数”“居民人均消费支出”变量，单击➡按钮，使之添加到“自变量”列表框中，如图 8-3 所示。

线性回归.sav [数据集2] - IBM SPSS Statistics 数据编辑器

	区域	人均可支配收入	人均GDP	居民消费价格指数	居民人均消费支出
1	北京	67755.90	164220.00	102.30	43038.30
2	天津	42404.10	90371.00	102.70	31853.60
3	河北	25664.70	46348.00	103.00	17987.20
4	山西	23828.50	45724.00	102.70	15862.60
5	内蒙古	30555.00	67852.00	102.40	20743.40
6	辽宁	31819.70	57191.00	102.40	22202.80
7	吉林	24562.90	43475.00	103.00	18075.40
8	黑龙江	24253.60	36183.00	102.80	18111.50
9	上海	69441.60	157279.00	102.50	45605.10
10	江苏	41399.70	123607.00	103.10	26697.30
11	浙江	49898.80	107624.00	102.90	32025.80
12	安徽	26415.10	58496.00	102.70	19137.40
13	福建	35616.10	107139.00	102.60	25314.30
14	江西	26262.40	53164.00	102.90	17650.50
15	山东	31597.00	70653.00	103.20	20427.50
16	河南	23902.70	56388.00	103.00	16331.80
17	湖北	28319.50	77387.00	103.10	21567.00
18	湖南	27679.70	57540.00	102.90	20478.90
19	广东	39014.30	94172.00	103.40	28994.70
20	广西	23328.20	42964.00	103.70	16418.30
21	海南	26679.50	56507.00	103.40	19554.90
22	重庆	28920.40	75828.00	102.70	20773.90
23	四川	24703.10	55774.00	103.20	19338.30
24	贵州	20397.40	46433.00	102.40	14780.00
25	云南	22082.40	47944.00	102.50	15779.80
26	西藏	19501.30	48902.00	102.30	13029.20
27	陕西	24666.30	66649.00	102.90	17646.90
28	甘肃	19139.00	32995.00	102.30	15879.10
29	青海	22617.70	48981.00	102.50	17544.80
30	宁夏	24411.90	54217.00	102.10	18296.80
31	新疆	23103.40	54280.00	101.90	17396.60

图 8-1 “线性回归分析.sav”数据

分析(A) 图形(G) 实用程序(U) 扩展(X) 窗口(W) 帮助(H)
报告(P)
描述统计(E)
贝叶斯统计信息(B)
表(B)
比较平均值(M)
一般线性模型(G)
广义线性模型(Z)
混合模型(X)
相关(C)
回归(R)
对数线性(O)
神经网络(W)
分类(F)
降维(D)
刻度(A)
非参数检验(N)
时间序列预测(T)
生存分析(S)
多重响应(U)
缺失值分析(Y)...
多重插补(T)
复杂抽样(L)
模拟(I)...
质量控制(Q)
空间和时间建模(S)...
直销(K)
自动线性建模(A)...
线性(L)...
曲线估算(C)...
部分最小平方(S)...
二元 Logistic...
多元 Logistic(M)...
有序(D)...
概率(P)...
非线性(N)...
权重估算(W)...
二阶最小平方(2)...
分位数(Q)...
最优标度 (CATREG)(O)...

图 8-2 选择“线性”命令

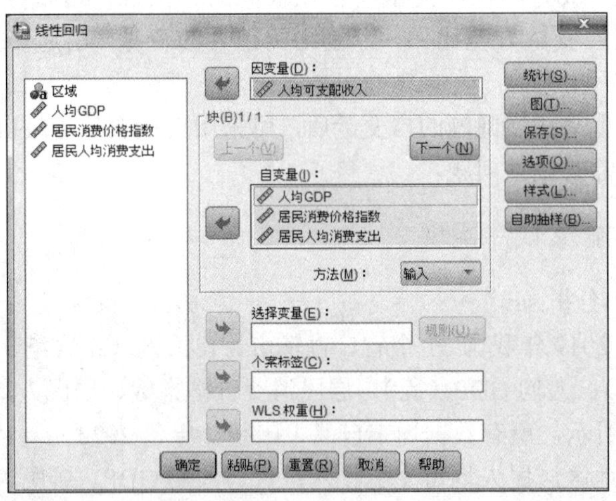

图 8-3 设置“线性回归”对话框

在“方法”下拉列表框中可以选择多元线性回归分析的自变量筛选方法。SPSS 提供了 5 种自变量筛选方法，分别如下。

- 输入：强行进入法，表示所选自变量全部进入回归模型。该选项是 SPSS 默认的方式。
- 步进：逐步进入法，它是向前选择变量法和向后剔除变量法的结合。根据在“线性回归：选项”对话框中所设定的判据，首先根据方差分析结果选择符合判据且与因变量相关程度最高的自变量进入回归方程。使用向前选择变量法选入自变量，然后使用向后剔除变量法

将模型中 F 值最小的且符合剔除判据的变量剔除出模型，重复进行直到回归方程中的自变量均符合进入模型的判据，模型外的自变量都不符合进入模型的判据为止。

- 除去：消去法，表示建立回归方程时，根据设定的条件从回归方程中剔除部分自变量。
- 后退：向后剔除变量法，根据在“线性回归：选项”对话框中所设定的判据，先建立全模型，然后根据设置的判据，每次剔除一个使方差分析中的 F 值最小的自变量，直到回归方程中不再含有不符合判据的自变量为止。
- 前进：向前选择变量法，根据在“线性回归：选项”对话框中所设定的判据，从无自变量开始，在拟合过程中，对被选择的自变量进行方差分析，每次加入一个 F 值最大的自变量，直至所有符合判据的自变量都进入模型为止（第一个引入模型的自变量与因变量间的相关系数的绝对值应该最大）。

本例中选择“输入”选项，如图 8-4 所示。

“选择变量”文本框用来对样本数据进行筛选，挑选满足一定条件的样本数据进行线性回归分析。

“个案标签”文本框用来表示作图时，以哪个变量作为各样本数据点的标志变量。

存在异方差时，可利用加权最小二乘法代替普通最小二乘法估计回归模型。如果可以选定一个变量作为权重变量，首先选择相应变量，然后单击“WLS 权重”文本框旁的按钮即可；如果无法自行确定权重变量，可以用 SPSS 的权重估计来实现。

第 3 步：单击对话框右侧的“统计”按钮，弹出“线性回归：统计”对话框，在该对话框中选择要输出的统计量。SPSS 提供了 3 种输出量，分别是回归系数、模型诊断和残差的相关统计量。各选项的含义如下。

- 估算值：SPSS 默认的输出项，输出与回归系数相关的统计量，如回归系数、回归系数的标准误差、标准化回归系数、T 检验统计量和相应的相伴概率值、各自变量的容忍度等。其中，标准化回归系数有助于判断在多元回归方程中各自变量的单位不统一时，哪个自变量对因变量的影响较大。
- 置信区间：输出每一个非标准化回归系数的可信区间，通常选择 95%的可信区间。
- 协方差矩阵：输出方程中各自变量间的相关系数矩阵和各变量的协方差矩阵。
- 模型拟合：输出判定系数、调整的判定系数、回归方程的标准误差、F 检验的 ANOVA 方差分析表。该选项为默认选项。
- R^2 变化量：表示当回归方程中引入或剔除一个自变量后 R^2、F 值产生的变化量。
- 描述：输出自变量和因变量的均值、标准差、相关系数矩阵，以及单尾检验概率。
- 部分相关性和偏相关性：输出方程中各自变量与因变量之间的简单相关系数、偏相关系数与部分相关系数。
- 共线性诊断：多重共线性分析，输出各自变量的容限度、方差膨胀因子、最小容忍度、特征值、条件指标、方差比例等。

“残差”选项组中的复选框是有关残差分析的。

- 德宾-沃森：输出德宾-沃森检验值。
- 个案诊断：输出标准化残差绝对值大于或等于 3（SPSS 默认值）的样本数据点的相关信息，包括标准化残差、观测值、预测值、残差。另外，还输出最小预测值、最小残差、最大预测值、最大残差、最小标准化预测值、最小标准化残差、最大标准化预测值、最大标准化残差，以及关于预测值、残差、标准化预测值、标准化残差的均值和标准差。有两种设置方式，一是“离群值”，用来设置奇异值的判据，默认为大于或等于 3 倍的标准差；二是“所有个案”，输出所有样本数据的相关残差值。

本例中选中“回归系数”选项组中的“估算值”和“置信区间”复选框，SPSS 默认置信区间的级别为 95%；选中模型诊断中的“模型拟合”“描述”和“共线性诊断”复选框。因为本例并非时间序列数据，所以残差的自相关检验不需要选中，如图 8-5 所示。设置完成后，单击“继续”按钮，返回图 8-3 所示的“线性回归”对话框。

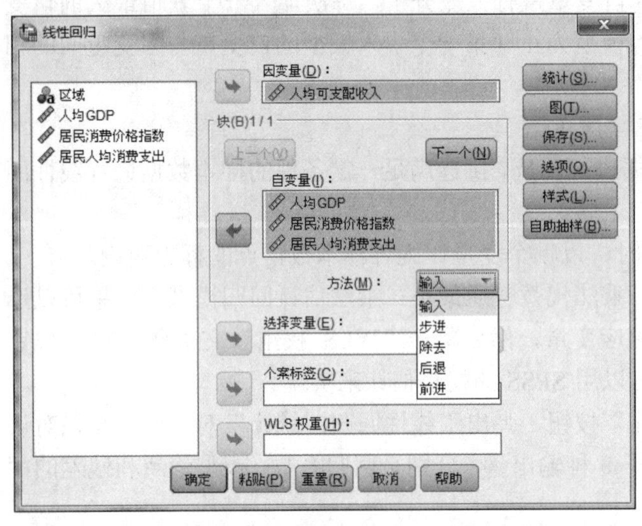

图 8-4 选择“输入”选项

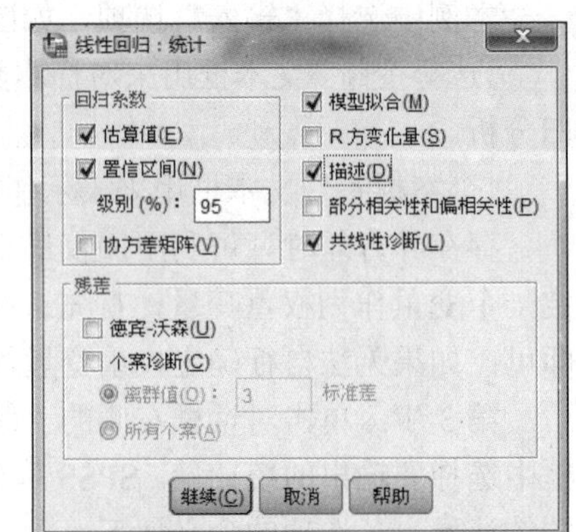

图 8-5 设置“线性回归：统计”对话框

第 4 步：单击图 8-3 所示“线性回归”对话框中的“图”按钮，弹出“线性回归：图”对话框。该对话框用来对残差序列做图形分析，从而检验残差序列的正态性、随机性，以及是否存在异方差现象（默认情况下不输出图形）。

在对话框左上角的源变量列表框中，选择“DEPENDNT”（因变量）添加到“X”或“Y”框中，再选择其他变量添加到“X”或“Y”框中。可以作为轴变量的，除因变量外还有以下参数：ZPRED（标准化预测值）、ZRESID（标准化残差）、DRESID（剔除残差）、ADJPRED（修正后的预测值）、SRESID（学生化残差）、SDRESID（学生化剔除残差）。

“标准化残差图”选项组中可选择使用直方图或正态概率图：选中“直方图”复选框输出带有正态曲线的标准化残差的直方图；选中残差的“正态概率图”复选框输出的数据可用于检查残差的正态性。

选中“生成所有局部图”复选框，可输出每一个自变量残差相对于因变量残差的散点图。

本例中选中“正态概率图”复选框，验证是否存在异方差，如图 8-6 所示。设置完成后，单击“继续”按钮，返回图 8-3 所示的对话框。

第 5 步：单击图 8-3 所示“线性回归”对话框中的“保存”按钮，弹出“线性回归：保存”对话框，在该对话框中设置将回归分析的结果保存到 SPSS“数据视图”窗口的变量中，或者保存到某个 SPSS 的数据文件中。SPSS 共提供了 6 种形式的回归估计结果，分别为预测值、距离、预测区间、残差、影响统计、系数统计。

“预测值”选项组中提供 4 种形式的预测值。“未标准化”保存非标准化预测值，“标准化”保存标准化预测值，“调整后”保存调节预测值，“平均值预测标准误差”保存预测值的标准误差。

“距离”选项组中提供 3 种距离，分别为马氏距离、库克距离和杠杆值。

“预测区间”选项组中提供 3 种预测形式。“平均值”用于保存预测区间高低限的平均值，“单值”用于保存一个观测量上限与下限的预测区间，“置信区间”用于确定置信区间，默认值为 95%。

“残差”选项组中提供 5 种形式的残差输出量：“未标准化”残差、“标准化”残差、“学生化”残差、“删除后”残差、“学生化删除后”残差。

“影响统计”选项组中提供 5 种形式的统计效果检验量。DfBeta：因排除一个特定的观测值所引起的回归系数的变化，一般情况下，该值如果大于 2，则被排除的观测值有可能是影响点。标准化 DfBeta：标准化的 DfBeta 值。DfFit：因排除一个特定的观测值所引起的预测值的变化。标准化 DfFit：标准化的 DfFit 值。协方差比率：协方差比率矩阵，即剔除一个影响点观测量的协方差矩阵与全部观测量的协方差矩阵之比。

选中“系数统计”选项组中的“创建系数统计”复选框，可选择系数的保存文件形式，包括创建新数据集和写入新数据文件两种形式。

“将模型信息导出到 XML 文件”选项组，用于将模型的有关信息输出到一个 XML 文件中。

本例中选择输出“标准化”残差，如图 8-7 所示。设置完成后，单击“继续”按钮，返回图 8-3 所示的“线性回归”对话框。

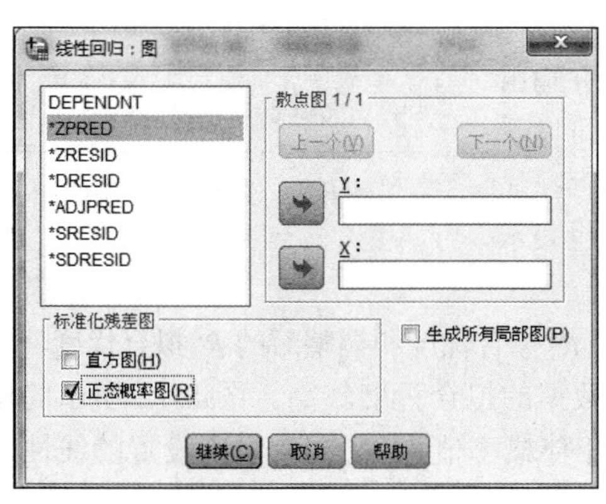

图 8-6　设置“线性回归：图”对话框

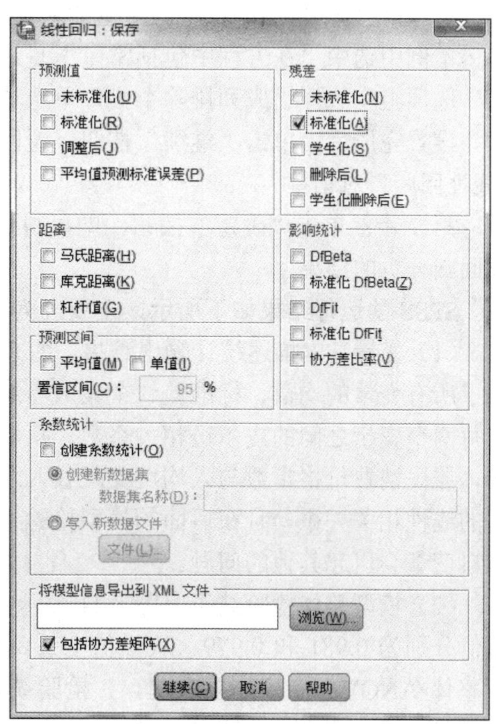

图 8-7　设置“线性回归：保存”对话框

第 6 步：单击图 8-3 所示“线性回归”对话框中的“选项”按钮，弹出“线性回归：选项”对话框。在该对话框中可以对多元线性回归分析中与自变量的筛选有关的参数进行设定，同时也可以设置对缺失值采用不同的处理方法。

“步进法条件”选项组用于设定采用步进法筛选自变量时的参数，包括以下两种形式。

- 使用 *F* 的概率：SPSS 默认以回归系数显著性检验中各自变量的 F 检验统计量的相伴概率作为自变量是否引入模型或者从模型中剔除的标准，包括进入和除去两个标准。“进入”（默认值为 0.05）是指当方程中一个自变量的 F 检验统计量的相伴概率值≤0.05 时，拒绝 H_0，认为该变量对因变量的影响是显著的，应被引入回归方程中；“除去”（默认值为 0.10）是指当方程中一个自变量的 F 检验统计量的相伴概率值≥0.10 时，接受 H_0，认为该变量对因变量的影响是不显著的，应从回归方程中剔除。
- 使用 *F* 值：表示以回归系数显著性检验中的各自变量的 F 检验统计量作为自变量进入模型或从模型中剔除的标准，包括进入和除去两个标准。“进入”（默认值为 3.84）是指当一个变量的 *F* 值≥3.84 时，该变量被选入模型；“除去”（默认值为 2.71）是指当一个变量的 *F* 值≤2.71 时，该变量从模型中剔除。

选中“在方程中包括常量”复选框，表示在回归方程中将包含常数项，该复选框默认被选中。

“缺失值”选项组用于设置对缺失值进行的处理，包括以下 3 种形式。

- 成列排除个案：删除所有带缺失值的个案。
- 成对排除个案：如果计算过程涉及某个有缺失值的变量，则暂时删除那些在对应变量上是缺失值的个案。
- 替换为平均值：将所有变量的缺失值都用相应变量的均值代替。

本例中选中“在方程中包括常量”复选框，在“缺失值”选项组中选择“成列排除个案”单选项，如图 8-8 所示。设置完成后，单击“继续”按钮，返回图 8-3 所示的“线性回归”对话框。

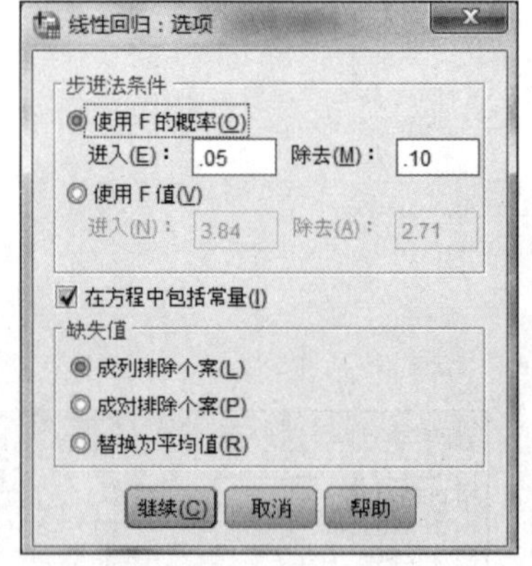

图 8-8　设置“线性回归：选项”对话框

第 7 步：单击“确定”按钮，即可得到 SPSS 多元线性回归分析的结果。

SPSS 的运行结果如下所示，主要分为 3 个模块。

（1）变量基本描述统计输出结果。图 8-9 和图 8-10 显示了所有变量的均值、标准差、个案数等统计量，并输出了每两个变量之间的皮尔逊相关系数。从输出结果可以看出，居民消费价格指数与人均可支配收入之间并不存在显著的线性相关关系，且在后面的模型检验结果中，也表示该自变量会引起其他的问题。

（2）模型整体检验结果。图 8-11 显示了模型的 R^2 拟合优度和调整后的 R^2 拟合优度，其数值分别为 0.981 和 0.979。从数值上看，模型对数据的拟合程度较高。图 8-12 所示的模型整体 ANOVA 检验结果表明，F 检验统计量的相伴概率值为 0.000，说明设置的线性回归模型对数据的拟合效果是较好的。

描述统计

	平均值	标准偏差	个案数
人均可支配收入	30643.2871	12367.04800	31
人均GDP	69235.0645	32698.43015	31
居民消费价格指数	102.7581	.40888	31
居民人均消费支出	21565.9258	7641.70235	31

图 8-9　描述统计输出结果

相关性

		人均可支配收入	人均GDP	居民消费价格指数	居民人均消费支出
皮尔逊相关性	人均可支配收入	1.000	.949	-.042	.988
	人均GDP	.949	1.000	-.039	.935
	居民消费价格指数	-.042	-.039	1.000	-.037
	居民人均消费支出	.988	.935	-.037	1.000
显著性（单尾）	人均可支配收入	.	.000	.412	.000
	人均GDP	.000	.	.418	.000
	居民消费价格指数	.412	.418	.	.422
	居民人均消费支出	.000	.000	.422	.
个案数	人均可支配收入	31	31	31	31
	人均GDP	31	31	31	31
	居民消费价格指数	31	31	31	31
	居民人均消费支出	31	31	31	31

图 8-10　相关性分析结果

模型摘要[b]

模型	R	R 方	调整后 R 方	标准估算的错误
1	.991[a]	.981	.979	1789.28544

a. 预测变量：(常量), 居民人均消费支出, 居民消费价格指数, 人均GDP

b. 因变量：人均可支配收入

图 8-11　模型摘要表

ANOVA[a]

模型		平方和	自由度	均方	F	显著性
1	回归	4501874640	3	1500624880	468.719	.000[b]
	残差	86441644.15	27	3201542.376		
	总计	4588316284	30			

a. 因变量：人均可支配收入

b. 预测变量：(常量), 居民人均消费支出, 居民消费价格指数, 人均GDP

图 8-12　ANOVA 输出结果

（3）参数估计和检验结果。图 8-13 所示是线性回归模型自变量系数的参数检验结果。可以看出，3 个自变量中，只有居民消费价格指数的 T 检验统计量的相伴概率值为 0.861，大于显著性水平 0.05，说明该自变量并未对因变量产生显著的线性作用关系。同时，通过图 8-13 中的 VIF 统计量，以及图 8-14 中的其他共线性检验统计量的输出结果，也可以判定居民消费价格指数引起了模型的较强多重共线性，因此可以在模型修正过程中将其删除。

系数[a]

模型		未标准化系数 B	未标准化系数 标准错误	标准化系数 Beta	t	显著性	B 的 95.0% 置信区间 下限	B 的 95.0% 置信区间 上限	共线性统计 容差	共线性统计 VIF
1	(常量)	12036.010	82196.063		.146	.885	-156616.381	180688.401		
	人均GDP	.076	.028	.201	2.705	.012	.018	.134	.126	7.946
	居民消费价格指数	-141.780	799.555	-.005	-.177	.861	-1782.331	1498.771	.999	1.001
	居民人均消费支出	1.294	.120	.799	10.738	.000	1.047	1.541	.126	7.944

a. 因变量：人均可支配收入

图 8-13　自变量系数 T 检验输出结果

共线性诊断[a]

模型	维	特征值	条件指标	方差比例 (常量)	方差比例 人均GDP	方差比例 居民消费价格指数	方差比例 居民人均消费支出
1	1	3.844	1.000	.00	.00	.00	.00
	2	.147	5.112	.00	.06	.00	.01
	3	.009	21.185	.00	.94	.00	.99
	4	7.647E-6	709.048	1.00	.00	1.00	.00

a. 因变量：人均可支配收入

图 8-14　共线性诊断结果

（4）残差统计结果。图 8-15 显示了因变量预测值、残差，以及标准预测值和标准残差的相关统计结果，图 8-16 所示为残差的正态性 P-P 图。从图形上看，因变量对应的残差散点基本围绕在斜线周围，并未有明显的偏离情况，因此直观上看残差具有正态分布的特征。

残差统计[a]

	最小值	最大值	平均值	标准偏差	个案数
预测值	18114.4414	68488.9609	30643.2871	12249.99951	31
残差	-3167.74756	2818.17725	.00000	1697.46521	31
标准预测值	-1.023	3.089	.000	1.000	31
标准残差	-1.770	1.575	.000	.949	31

a. 因变量：人均可支配收入

图 8-15　残差统计输出结果

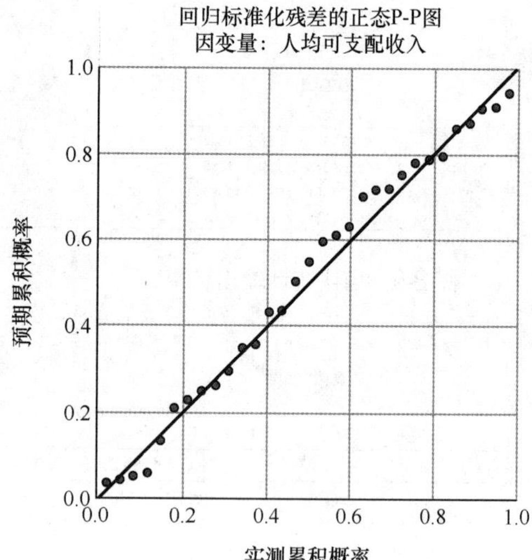

图 8-16　正态性 P-P 图输出结果

从结果可以看出，“居民消费价格指数”与因变量之间并不存在显著的线性相关关系，并且通过共线性诊断可判断，该变量是引起多重共线性的主要变量，因此将“居民消费价格指数”从自变量中删除，再重复之前的操作，得到主要输出结果如图 8-17 和图 8-18 所示。

模型摘要

模型	R	R 方	调整后 R 方	标准估算的错误
1	.991[a]	.981	.980	1758.06623

a. 预测变量：(常量), 居民人均消费支出, 人均GDP

图 8-17　调整后模型摘要表

系数[a]

模型		未标准化系数 B	未标准化系数 标准错误	标准化系数 Beta	t	显著性
1	(常量)	-2538.036	1068.908		-2.374	.025
	人均GDP	.076	.028	.202	2.756	.010
	居民人均消费支出	1.294	.118	.799	10.929	.000

a. 因变量：人均可支配收入

图 8-18　调整后模型系数表

可以看出，与之前的模型相比，优化过后的模型调整的 R^2，即拟合优度略有提升，模型整体的线性检验仍旧通过。并且所有的自变量，包括常数项的系数都通过了 T 检验，自变量的经济学意义显著，可以排除严重多重共线性的存在。残差的 P-P 正态分布图无异常情况出现，读者可自行进行操作，因此该案例的多元线性回归分析结束。

8.2　曲线回归分析

8-2　曲线回归分析

在相关分析中，若变量间不存在线性相关关系，且通过散点图，若判断变量之间的变动关系近似满足某种已知数学函数对应的散点图特征时，可采用曲线回归分析方法来探索因变量与自变量之间的作用关系。SPSS提供了多种曲线估计模型，便于使用者选择最佳的曲线回归模型。曲线回归估计的步骤如下。

首先，根据实际问题本身的特点，同时选择几种模型。

然后，SPSS自动完成模型的参数估计，并显示R^2、F值、相伴概率值等统计量。

最后，选择具有R^2统计量值最大的模型作为此问题的回归模型，并做一些预测。

SPSS提供了以下10种曲线回归估计模型。

二次函数：$y=b_0+b_1x+b_2x^2$。

复合函数：$y=b_0(b_1)^x$。

生长函数：$y=\mathrm{e}^{(b_0+b_1x)}$。

对数函数：$y=b_0+b_1\ln x$。

三次函数：$y=b_0+b_1x+b_2x^2+b_3x^3$。

S形曲线：$y=\mathrm{e}^{(b_0+b_1/x)}$。

指数函数：$y=b_0\mathrm{e}^{b_1x}$。

逆函数：$y=b_0+\dfrac{b_1}{x}$。

幂函数：$y=b_0x^{b_1}$。

*Logistic*函数：$y=(1/u+b_0b_1^{\ x})^{-1}$。

以上方程式中，x为自变量，y为因变量，b_0为常数，b_1、b_2、b_3为回归系数。

8.2.1 常见曲线回归模型

1. 幂函数曲线回归

幂函数模型的一般形式为：

$$y=\beta_0x_1^{\ \beta_1}x_2^{\ \beta_2}\cdots x_k^{\ \beta_k}$$

线性化方法：令$y'=\ln y$，$\beta_0'=\ln\beta_0$，$x_1'=\ln x_1$，…，$x_k'=\ln x$，则转换为线性回归方程：

$$y'=\beta_0'+\beta_1x_1'+\beta_2x_2'+\cdots+\beta_kx_k'$$

2. 指数函数曲线回归

指数函数用于描述几何级数递增或递减的现象。

指数函数模型为：

$$y=\beta_0\mathrm{e}^{\beta_1x}$$

线性化方法：令$y'=\ln y$，$\beta_0'=\ln\beta_0$，$x'=x$，则转换为线性回归方程：

$$y'=\beta_0'+\beta_1x'$$

3. 多项式函数曲线回归

多项式模型在非线性回归分析中占有重要的地位。因为根据级数展开的原理，任何曲线、曲面、超曲面的问题，在一定的范围内都能够用多项式任意逼近。所以，当因变量与自变量之间的真实关系未知时，可以用适当幂次的多项式来近似反映。

当所涉及的自变量只有一个时，所采用的多项式方程称为一元多项式，其一般形式为：

$$y=\beta_0+\beta_1 x+\beta_2 x^2+\cdots+\beta_k x^k$$

线性化方法：令 $x_2=x^2$，$x_3=x^3,\cdots$，$x_k=x^k$，则转换为线性回归方程：

$$y=\beta_0+\beta_1 x+\beta_2 x_2+\cdots+\beta_k x_k$$

利用最小二乘法确定系数 β_0，$\beta_1,\cdots$，β_k，代入原方程即可。

4．对数函数曲线回归

对数函数是指数函数的反函数，其方程形式为：

$$y=\beta_0+\beta_1\ln x$$

线性化方法：令 $y'=y$，$x'=\ln x$，则转换为线性回归方程：

$$y'=\beta_0+\beta_1 x'$$

5．S 形曲线函数曲线回归

若因变量 y 随自变量 x 的增加而增加（或减少），最初增加（或减少）很快，以后逐渐放慢并趋于稳定，则可以选用 S 形曲线来拟合。S 形曲线方程形式为：

$$y=\mathrm{e}^{\beta_0+\frac{\beta_1}{x}}$$

线性化方法：令 $y'=\ln y$，$x'=\frac{1}{x}$，则转换为线性回归方程：

$$y'=\beta_0+\beta_1 x'$$

8.2.2　案例详解及软件实现

数据："曲线回归.sav"。

在儿童年龄与锡克实验阴性率的关系试验中，得到了 7 名不同年龄儿童的锡克实验阴性率数据，如图 8-19 所示。

曲线回归.sav [数据集0] - IBM SPSS St

文件(F)　编辑(E)　查看(V)　数据(D)

16 :

	年龄	实验阴性率
1	1	57.1
2	2	76.0
3	3	90.9
4	4	93.0
5	5	96.7
6	6	95.6
7	7	96.2
8		

图 8-19　"曲线回归.sav" 数据

研究目的：用合适的模型拟合年龄与锡克实验阴性率的变动关系。

软件实现如下。

第 1 步：在"图形"菜单的"旧对话框"子菜单中选择"散点图/点图"命令，在打开的对话框中选择"简单散点图"选项，并进行散点图的定义。

在"简单散点图"对话框中，将"实验阴性率"添加至"Y 轴"框中，将"年龄"添加至"X 轴"框中，如图 8-20 所示。单击"确定"按钮，完成散点图的绘制。散点图绘制结果如图 8-21 所示。

散点图绘制结果显示，年龄与锡克实验阴性率之间可能存在非线性变动关系，并且散点图所显示的变量变动特征与二次函数曲线、对数函数曲线、幂函数曲线及逆函数曲线的图形形态较为相近，因此使用曲线回归操作来选择较为合适的回归模型。

第 2 步：在"分析"菜单的"回归"子菜单中选择"曲线估算"命令，如图 8-22 所示。

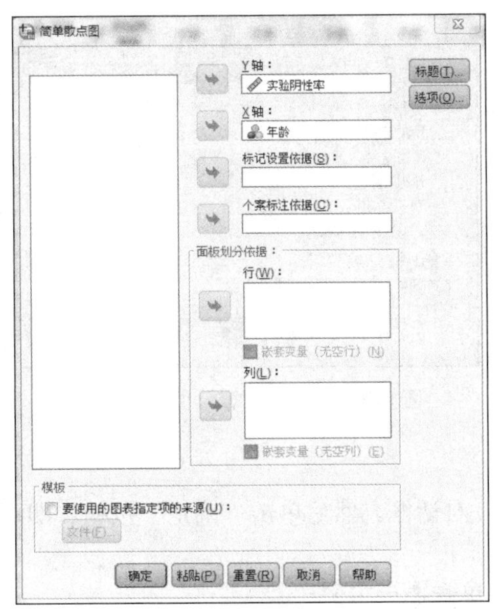

图 8-20　设置"简单散点图"对话框

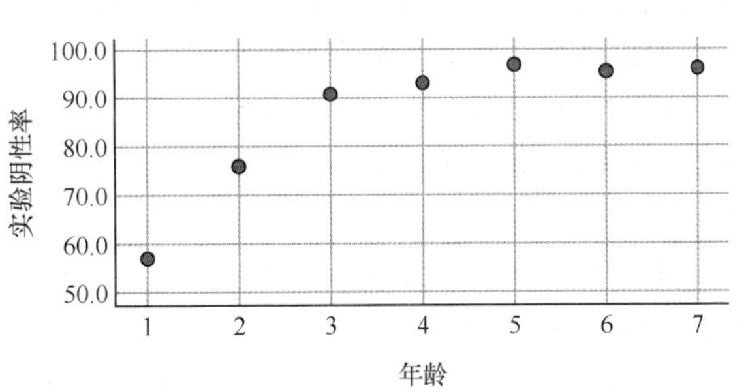

图 8-21　散点图绘制结果

第 3 步：在弹出的"曲线估算"对话框中，从左侧的变量名列表框中选择"实验阴性率"变量，单击 按钮，将其添加到"因变量"列表框中；选择"年龄"变量，单击 按钮，将其添加到"变量"框中。如果不太确定具体的曲线模型形式，初次选择时可以将"模型"选项组中所有复选框均选中，或剔除掉明显不合适的模型形式。本例中，根据散点图的形态，选择"二次""对数""逆""幂"4 种模型，并选中"在方程中包括常量"和"模型绘图"复选框，如图 8-23 所示。

图 8-22　选择"曲线估算"命令

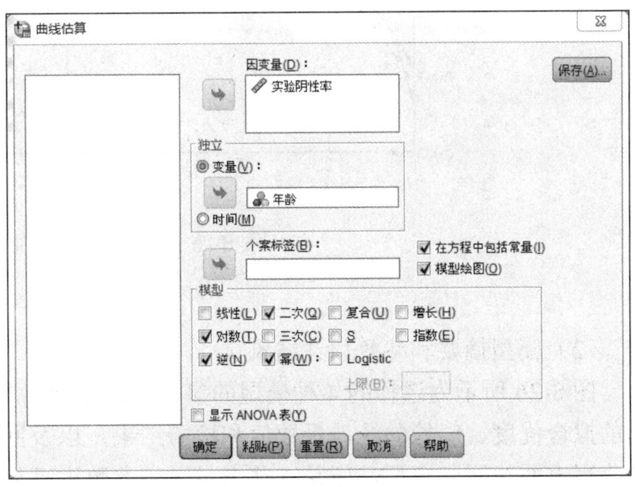

图 8-23　设置"曲线估算"对话框

第 4 步：如果要保存预测值、预测区间、显著性水平等，在“曲线估算”对话框中单击“保存”按钮，弹出“曲线估算：保存”对话框，如图 8-24 所示。

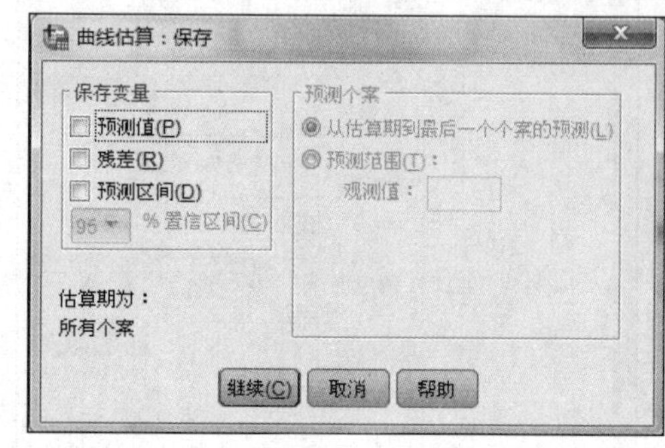

图 8-24 “曲线估算：保存”对话框

SPSS 对变量的保存提供了 3 种形式：因变量的预测值、残差值和预测区间。在选中“预测区间”复选框时还需要设置预测区间的置信区间。

如果选择了时间作为自变量，单击“保存”按钮后，可在“预测个案”选项组中确定一种超过数据时间序列的预测周期。本例中不保存任何数据。

第 5 步：单击“继续”按钮，返回“曲线估算”对话框。然后单击“确定”按钮，即可得到 SPSS 回归分析的结果。

SPSS 的输出结果分为图形和表格两个部分，结果解读如下。

（1）曲线回归拟合曲线图

比较图 8-25 所示 4 种曲线模型的拟合曲线与实测数据之间的吻合程度，可以看出，二次函数模型的发展趋势与原始数据的不太一致，幂函数的发展趋势也与原始数据的偏离较大。因此可以判断对数函数和逆函数的形态与原始数据的最为相似。

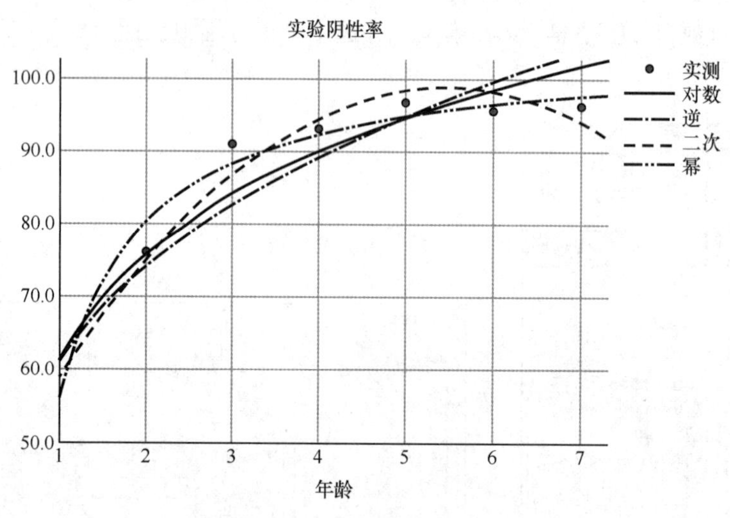

图 8-25 曲线回归拟合曲线图

（2）模型摘要和参数估计结果

图 8-26 所示为选择的 4 种模型的参数估计结果，为表格形式。该表格显示了各个曲线模型的拟合优度、F 检验统计量数值和检验结果，以及回归模型的参数估计值，读者可根据参数值写出曲线回归模型，但是这并未对回归参数进行显著性检验。

模型摘要和参数估算值

因变量：实验阴性率

方程	模型摘要					参数估算值		
	R 方	F	自由度 1	自由度 2	显著性	常量	b1	b2
对数	.913	52.318	1	5	.001	61.326	20.670	
逆	.975	198.446	1	5	.000	104.380	-48.271	
二次	.970	65.204	2	4	.001	39.271	21.825	-2.004
幂	.892	41.409	1	5	.001	61.368	.270	

自变量为 年龄。

图 8-26　模型摘要和参数估算值

8.3　*Logistic* 回归分析

8-3 *Logistic* 回归分析

在许多实际问题中，因变量常常是定性数据，特别是因变量的结果只取两个数值的情况更为普遍。

可用于处理定性因变量的统计分析方法有：判别分析、*Probit* 分析、*Logistic* 回归分析和对数线性模型等。在社会科学中，应用最多的是 *Logistic* 回归分析。*Logistic* 回归分析根据因变量取值类别不同，又可以分为二元 *Logistic* 回归分析和多元 *Logistic* 回归分析。二元 *Logistic* 回归模型中因变量只能取 1、0（虚拟因变量）两个值，而多元 *Logistic* 回归模型中因变量可以取多个值。本节只讨论二元 *Logistic* 回归分析，并将其简称为 *Logistic* 回归。

8.3.1　*Logistic* 回归函数的构建

Logistic 回归函数的形式为：

$$f(x)=\frac{\mathrm{e}^x}{1+\mathrm{e}^x}$$

设因变量 y 是只取 0、1 两个值的定性变量，以简单线性回归模型为例：

$$y=\beta_0+\beta_1 x+\varepsilon$$

因为 y 只取 0、1 两个值，所以因变量 y 的均值为：

$$E(y)=\beta_0+\beta_1 x$$

由于 y 是 0-1 型贝努利随机变量，因此有如下概率分布：

$$P(y=1)=p$$

$$P(y=0)=1-p$$

上式中，P 代表自变量为 x 时 y=1 的概率。

根据离散型随机变量期望值的定义，可得：

$$E(y)=1(p)+0(1-p)=p$$

进而得到：

$$E(y)=p=\beta_0+\beta_1 x$$

因此，从以上的分析可以看出，当因变量是 0、1 时，因变量均值 $E(y)=\beta_0+\beta_1 x$ 总是代表给定自变量时 y=1 的概率。虽然这是从简单线性回归函数分析得出的，但也适合复杂的多元回归函数情况。

因为因变量 y 本身只取 0、1 两个离散值，不适合直接作为回归模型中的因变量，而

$E(y)=p=\beta_0+\beta_1x_1+\beta_2x_2+\cdots+\beta_kx_k$ 表示在自变量为 $x_i(i=1,2,\cdots,k)$ 的条件下 y=1 的概率，所以，可以用它来代替 y 作为因变量，其 *Logistic* 回归方程为：

$$f(p)=\frac{\mathrm{e}^p}{1+\mathrm{e}^p}=\frac{\mathrm{e}^{(\beta_0+\beta_1x_1+\beta_2x_2+\cdots+\beta_kx_k)}}{1+\mathrm{e}^{(\beta_0+\beta_1x_1+\beta_2x_2+\cdots+\beta_kx_k)}}$$

从数学上看，函数 $f(p)$ 对 x 的变化在 $f(p)=0$ 或 $f(p)=1$ 的附近是不敏感的、缓慢的，且非线性的程度较高。于是要寻求一个 $f(p)$ 的函数 $g(p)$，使 $g(p)$ 在 $f(p)=0$ 或 $f(p)=1$ 附近时变化幅度较大，而函数的形式又不是很复杂。因此，引入 $f(p)$ 的 *Logistic* 变换（也称 *Logit* 变换），即：

$$g(p)=\log it(f(p))=\ln\left(\frac{f(p)}{1-f(p)}\right)$$

其中，$\ln\left(\frac{f(p)}{1-f(p)}\right)$、$\log it(f(p))$ 是因变量 y=1 的差异比或似然比的自然对数，称为对数差异比、对数似然比或分对数。

很明显，$g(p)$ 以 $\log it(f(p))=0$ 为中心对称，在 $f(p)=0$ 和 $f(p)=1$ 的附近变化幅度很大，当 $f(p)$ 从 0 变到 1 时，$g(p)$ 从 $-\infty$ 变到 $+\infty$。这就克服了前 $f(p)$ 函数的不足。而且在 $f(p)$ 对 x_i 不是线性关系的情况下，通过 *Logit* 变换可以使 $g(p)$ 对 x_i 是线性的关系，即有：

$$g(p)=\ln\left(\frac{f(p)}{1-f(p)}\right)=\beta_0+\beta_1x_1+\beta_2x_2+\cdots+\beta_kx_k+\varepsilon$$

对于上述模型，可以采用最大似然估计法对其回归参数进行估计。最大似然估计法是利用总体的分布密度或概率分布的表达式及其样本所提供信息建立起求未知参数估计量的一种方法。它与用于估计一般线性回归模型参数的普通最小二乘法形成对比，普通最小二乘法通过使样本观测数据的残差平方和最小来选择参数，而最大似然估计法通过最大化对数似然值来估计参数。最大似然估计法是一种迭代算法，它以一个预测估计值作为参数的初始值，根据算法确定能增大对数似然值的参数的方向和变动。估计了该初始函数后，对残差进行检验并用改进的函数进行重新估计，直到收敛为止（即对数似然不再显著变化）。

设 y 是 0-1 型变量，$x_1x_2,\cdots,x_k$ 是与 y 相关的确定性变量，n 组观测数据为 $(x_{i1},x_{i2},\cdots,x_{ik};y_i)(i=1,2,\cdots,n)$，其中，$y_1,y_2,\cdots,y_n$ 是取值为 0 或 1 的随机变量，y_i 与 $x_{i1},x_{i2},\cdots,x_{ik}$ 的关系为

$$E(y_i)=p_i=\beta_0+\beta_1x_{i1}+\beta_2x_{i2}+\cdots+\beta_kx_{ik}$$

对于 *Logistic* 回归，有：

$$f(p_i)=\frac{\mathrm{e}^{p_i}}{1+\mathrm{e}^{p_i}}=\frac{\mathrm{e}^{(\beta_0+\beta_1x_{i1}+\beta_2x_{i2}+\cdots+\beta_kx_{ik})}}{1+\mathrm{e}^{(\beta_0+\beta_1x_{i1}+\beta_2x_{i2}+\cdots+\beta_kx_{ik})}}$$

y_i 的概率函数为：

$$P(y_i)=f(p_i)^{y_i}[1-f(p_i)]^{1-y_i}$$

$y_i=0,1(i=1,2,\cdots,n)$。

于是 $y_1,y_2,\cdots,y_n$ 的似然函数为：

$$L=\prod_{i=1}^{n}P(y_i)=\prod_{i=1}^{n}f(p_i)^{y_i}[1-f(p_i)]^{1-y_i}$$

对似然函数取自然对数，得：

$$\ln L=\sum_{i=1}^{n}\{y_i\ln f(p_i)+(1-y_i)\ln[1-f(p_i)]\}$$

$$\ln L=\sum_{i=1}^{n}[y_i(\beta_0+\beta_1x_{i1}+\cdots+\beta_kx_{ik})-\ln(1+\mathrm{e}^{(\beta_0+\beta_1x_{i1}+\cdots+\beta_kx_{ik})})]$$

最大似然估计就是选取 $\beta_0,\beta_1,\beta_2,\cdots,\beta_k$ 的估计值 $\hat{\beta}_0,\hat{\beta}_1,\hat{\beta}_2,\cdots,\hat{\beta}_k$，使上式值最大。可以使用 SPSS 计算得到。

8.3.2　*Logistic* 回归模型的检验

模型参数估计后，必须进行检验。下面介绍一些常用的检验统计量。

1．−2 对数似然值

与任何概率一样，似然的取值范围为[0,1]。对数似然值是它的自然对数形式，由于取值范围为[0,1]的数的对数值为负数，因此对数似然值的取值范围为(−∞,0]。对数似然值通过最大似然估计的迭代算法计算得到。因为−2 对数似然值近似服从卡方分布且在数学上更为方便，所以−2 对数似然值可用于检验 *Logistic* 回归的显著性。−2 对数似然值反映了在模型中包括了所有自变量后的误差，用于处理因变量无法解释的变动部分的显著性问题。当−2 对数似然值的实际显著性水平大于给定的显著性水平 α 时，因变量的变动中无法解释的部分是不显著的，这意味着回归方程的拟合程度更好。−2 对数似然值的计算公式为：

$$-2LL=-2\ln L=-2\sum_{i=1}^{n}[y_i(\beta_0+\beta_1x_{i1}+\cdots+\beta_kx_{ik})-\ln(1+\mathrm{e}^{(\beta_0+\beta_1x_{i1}+\cdots+\beta_kx_{ik})})]$$

2．拟合优度统计量

Logistic 回归的拟合优度统计量计算公式为：

$$R^2=\sum_{i=1}^{n}\frac{[y_i-f(p_i)]^2}{f(p_i)[1-f(p_i)]}$$

在实际问题中，通常采用表 8-1 所示的分类表反映拟合效果。

表 8-1　因变量 *y* 分类表

		预测值		
		0	1	正确分类比例
观测值	0	n_{00}	n_{01}	f_0
	1	n_{10}	n_{11}	f_1
	总计			f

其中，$n_{ij}(i=0,1;j=0,1)$ 表示样本中因变量实际观测值为 i，而预测值为 j 的样本数。

$$f_0=\frac{n_{00}}{n_{00}+n_{01}}\times100\%\text{；}\quad f_1=\frac{n_{11}}{n_{10}+n_{11}}\times100\%\text{；}\quad f=\frac{n_{11}+n_{00}}{n_{00}+n_{01}+n_{11}+n_{10}}\times100\%$$

3．考克斯-斯奈尔 R^2

考克斯-斯奈尔 R^2 在似然值基础上模仿线性回归模型的 R^2 解释 *Logistic* 回归模型，一般小于 1。其计算公式为：

$$R^2_{CS}=1-\left(\frac{l(0)}{l(\hat{\beta})}\right)^2$$

其中，$l(0)$ 表示初始模型的似然值，$l(\hat{\beta})$ 表示当前模型的似然值。

4．内戈尔科 R^2

为了对考克斯-斯奈尔 R^2 做进一步调整，使取值范围在 0～1，内戈尔科 R^2 把考克斯-斯奈尔 R^2 除以其最大值，即

$$R^2_N=R^2_{CS}/\max(R^2_{CS})$$

其中，$\max(R^2_{CS})=1-[l(0)]^2$。

5．伪 R^2

伪 R^2 与线性回归模型的 R^2 相对应，其意义相似，但伪 R^2 小于 1。

6．霍斯默-莱梅肖拟合优度检验统计量

与一般拟合优度检验不同，霍斯默-莱梅肖拟合优度检验通常把样本数据根据预测概率分为 10 组，然后根据观测频数和期望频数构造卡方统计量（即霍斯默-莱梅肖的拟合优度检验统计量，简称 H-L 拟合优度检验统计量），最后根据自由度为 8 的卡方分布计算其相伴概率 p 值并对 *Logistic* 模型进行检验。如果 p 值小于等于给定的显著性水平 α（如 $\alpha=0.05$），则拒绝因变量的观测值与模型预测值不存在差异的零假设，表明模型的预测值与观测值存在显著差异。如果 p 值大于 α，则没有充分的理由拒绝零假设，表明在可接受的水平上模型的估计拟合了数据。

7．*Wald* 统计量

Wald 统计量用于判断一个变量是否应该包含在模型中，其检验步骤如下。

（1）提出假设。

H_0：$\beta_i=0(i=1,2,\cdots,k)$。

H_1：$\beta_i\neq 0$。

（2）构造 *Wald* 统计量。

Wald 是回归系数检验的统计量，其计算公式为：

$$Wald_i=\frac{\hat{\beta}_i^2}{\left(SE(\hat{\beta}_i)\right)^2}$$

SPSS 软件没有给出 *Logistic* 回归的标准化回归系数，对于 *Logistic* 回归，回归系数也没有普通线性回归那样的解释，因而计算标准化回归系数并不重要。如果要考虑每个自变量在回归方程中的重要性，不妨直接比较 *Wald* 统计量的大小（或相伴概率 p 值），*Wald* 统计量近似服从于自由度等于参数个数的卡方分布。*Wald* 统计量大者（或 p 值小者）显著性高，也就更重要。

（3）做出统计判断。

8.3.3 案例详解及软件实现

数据：“逻辑回归分析.sav”。

为了研究 SBP、DBP、血肌酐、血尿酸指标对患高血压可能的影响，调查得到 285 名样本的相关数据，包括是否患有高血压（0 表示未患高血压，1 表示患有高血压），以及 SBP、DBP、血肌酐、血尿酸 4 个指标，部分数据如图 8-27 所示。

研究目的：以高血压（分类变量）为因变量，判断 4 个自变量对是否患高血压的影响状况。

软件实现如下。

第 1 步：在“分析”菜单的“回归”子菜单中选择“二元 Logistic”命令，进行 *Logistic* 回归分析，如图 8-28 所示。

	高血压数字	SBP	DBP	血肌酐	血尿酸
1	.00	114.0	62.0	53	285
2	.00	107.0	62.0	59	343
3	.00	110.0	68.0	41	139
4	.00	107.0	59.0	40	220
5	.00	99.0	58.0	43	272
6	.00	101.0	66.0	48	272
7	.00	98.0	55.0	48	284
8	1.00	144.0	80.0	49	500
9	.00	93.0	54.0	65	341
10	.00	107.0	64.0	43	297
11	.00	96.0	60.0	49	272
12	.00	104.0	64.0	49	208
13	.00	91.0	49.0	56	319
14	.00	111.0	69.0	58	343
15	.00	110.0	65.0	58	317
16	.00	130.0	72.0	75	325
17	.00	105.0	66.0	48	313
18	.00	111.0	72.0	51	354
19	.00	136.7	82.7	46	318
20	.00	108.0	62.0	47	307
21	.00	112.0	64.0	82	332
22	1.00	140.0	83.0	80	631
23	.00	124.0	67.0	43	280
24	.00	138.0	61.0	64	439
25	.00	109.0	68.0	50	251
26	1.00	148.0	76.0	54	378
27	.00	134.0	53.5	69	325
28	.00	138.5	75.5	53	245
29	.00	128.0	80.0	64	445
30	.00	109.0	63.0	59	333
31	.00	103.0	50.0	55	264

图 8-27 “逻辑回归分析.sav”数据（部分）

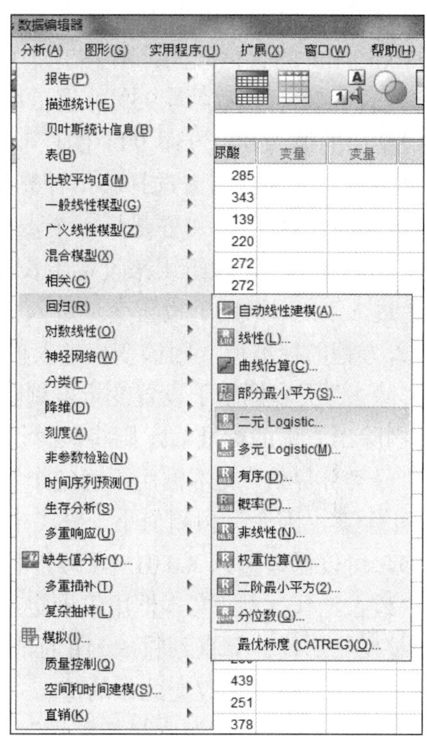

图 8-28 选择“二元 Logistic”命令

第 2 步：在弹出的“Logistic 回归”对话框中，从左侧的变量名列表框中选择“高血压数字”变量，单击按钮，将其添加到“因变量”框中，选择“血尿酸”“血肌酐”“SBP”和“DBP”变量，单击按钮，将其添加到“块”列表框中，表示其为自变量，如图 8-29 所示。

在“方法”下拉列表框中选择 SPSS 默认的“输入”选项，使所选变量全部进入回归方程中，如图 8-30 所示。

第 3 步：单击“Logistic 回归”对话框中的“选项”按钮，在弹出的“Logistic 回归：选项”对话框中按需要选中各复选框。

“Logistic 回归：选项”对话框中的各部分介绍如下。

“统计和图”选项组中的选项用于设置输出的统计量和统计图表，具体选项如下。

分类图：通过比较因变量的观测值和预测值之间的关系，反映回归模型的拟合效果。

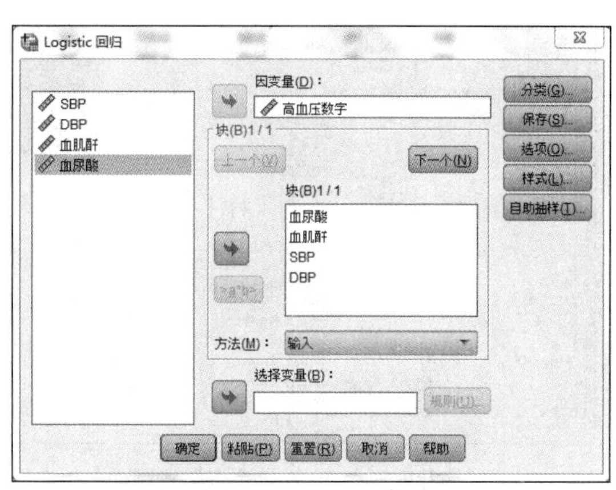

图 8-29 设置“Logistic 回归”对话框

霍斯默-莱梅肖拟合优度：用以检验整个回归模型的拟合优度。

个案残差列表：用来输出标准方差大于某值的个案或者全部个案的入选状态，以及因变量的观测值和预测值及其相应预测概率、残差值。

估算值的相关性：用来输出模型中各估计参数间的相关矩阵。

迭代历史记录：用来输出参数估计迭代过程中的系数及对数似然值。

Exp（B）的置信区间：用来在模型检验的输出结果中列出 Exp（B）（各回归系数指数函数值）的 N%（默认值为 95%）置信区间，如果要改变默认值，可以在文本框内输入 1～99（一般常用的值为 90、95、99）的任何一个整数。

“显示”选项组用来选择输出计算结果的方式。“在每个步骤”选项用于设置显示 SPSS 每个步骤的计算结果；“在最后一个步骤”选项用于设置只显示最终计算结果。

“步进概率”选项组用来设定步长标准，以便逐步控制自变量进入方程或被剔除出方程。

“进入”文本框用于设置变量进入方程的标准值。如果变量的分数统计概率小于等于所设置进入方程的标准值，则该变量进入模型，SPSS 默认的显著性水平 α 为 0.05。

“除去”文本框用于设置变量被剔除出方程的标准值。如果变量的分数统计概率大于所设置被剔除出方程的标准值，则将该变量剔除出方程，SPSS 默认的显著性水平为 0.10。

“分类分界值”文本框用于确定个案分类的中止点。因变量预测值大于分类中止点的个案设为正个案，因变量预测值小于分类中止点的个案设为负个案[1]。SPSS 默认分类中止点的值为 0.5，可以通过输入（0.01～0.99）的任一数值改变该默认值，从而产生新的分类表。

“最大迭代次数”文本框用于确定最大对数似然值达到之前的迭代次数。最大对数似然值是通过反复迭代计算直到收敛为止而得到的。SPSS 中该项的默认值为 20，我们可以重新输入一个新的正整数来改变此项的值。

除此之外，“在模型中包括常量”复选框用以确定所求模型的参数是否要包含常数项。

本例中选中“分类图”“霍斯默-莱梅肖拟合优度”“Exp（B）的置信区间”和“在模型中包括常量”复选框，其余保留 SPSS 的默认值，如图 8-31 所示。单击“继续”按钮，返回“Logistic 回归”对话框。

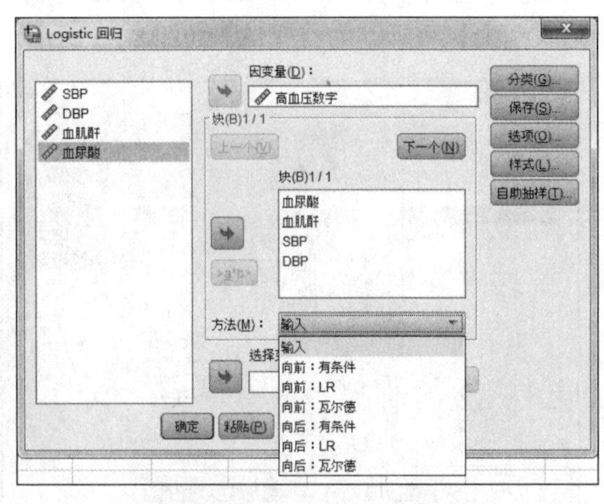

图 8-30 选择“输入”选项

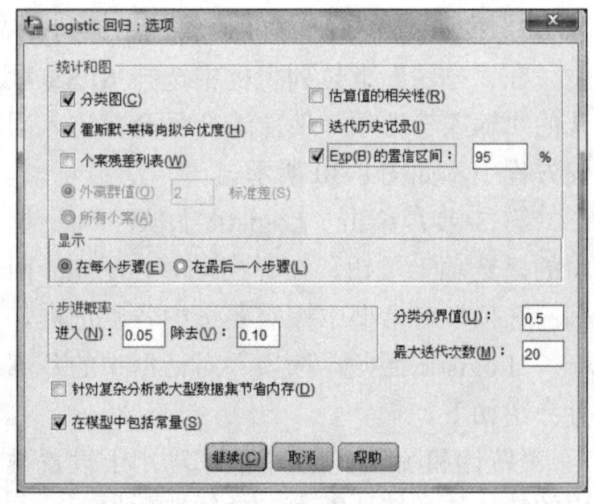

图 8-31 设置“Logistic 回归：选项”对话框

[1] 若因变量预测值等于分类中止点，则该个案的类别归属不明确。当这类情况出现次数不多时，可设置统一规则；当这类情况出现次数较多时，可更改分类中止点。

第 4 步：在图 8-29 所示的对话框中，单击“分类”按钮，弹出“Logistic 回归：定义分类变量”对话框，如图 8-32 所示。该对话框主要用于设置无序多分类自变量。由于本例中并不包含这种类型的自变量，因此无须进行此步骤。单击“继续”按钮，返回“Logistic 回归”对话框。

第 5 步：在图 8-29 所示的对话框中，单击“保存”按钮，弹出“Logistic 回归：保存变量”对话框。该对话框用于设置保存“预测值”“残差”和“影响”的相关统计量。本例的重点在于预测因变量发生的概率，因此选中“概率”和“组成员”复选框，如图 8-33 所示。单击“继续”按钮，返回“Logistic 回归”对话框。

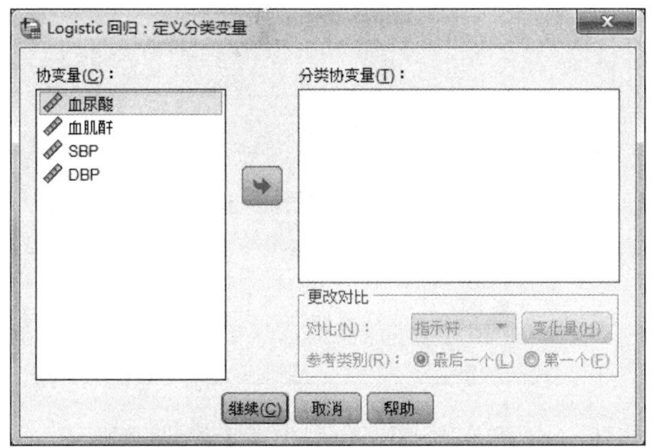

图 8-32 “Logistic 回归：定义分类变量”对话框

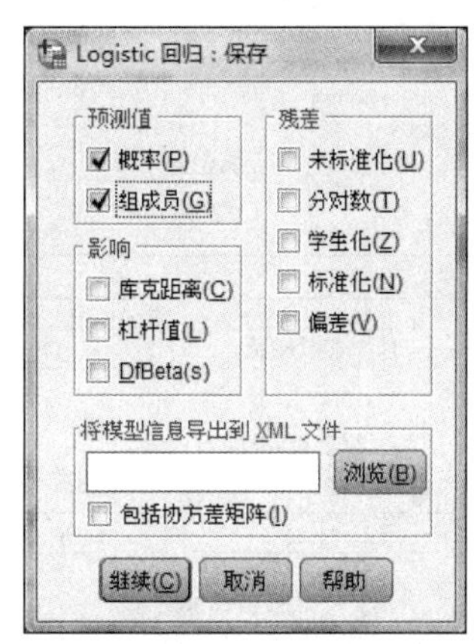

图 8-33 设置“Logistic 回归：保存变量”对话框

第 6 步：单击“确定”按钮，即可得到 SPSS 的分析结果。

SPSS 的输出结果分别给出了“起始块”和所采用的“输入”方法下的计算结果，结果解读如下。

（1）起始块相关结果

起始块的 *Logistic* 回归模型中只包含常数项，并未包含任何自变量，从分类表可以看出，患有高血压的患者的预测准确度为 0，综合准确度只有 64.6%，相对偏低，如图 8-34 和图 8-35 所示。

块 0：起始块

分类表[a,b]

实测			预测 高血压数字 .00	1.00	正确百分比
步骤 0	高血压数字	.00	184	0	100.0
		1.00	101	0	.0
	总体百分比				64.6

a. 常量包括在模型中。

b. 分界值为 .500

图 8-34 起始块分类表

方程中的变量

		B	标准误差	瓦尔德	自由度	显著性	Exp(B)
步骤 0	常量	-.600	.124	23.460	1	.000	.549

未包括在方程中的变量

			得分	自由度	显著性
步骤 0	变量	血尿酸	17.222	1	.000
		血肌酐	7.625	1	.006
		SBP	181.066	1	.000
		DBP	105.223	1	.000
	总体统计		182.367	4	.000

图 8-35 起始块自变量参数估计

（2）最终模型构建结果

最终模型构建结果的第 1 部分是模型整体拟合优度的检验统计量计算结果，如图 8-36 所示。采用“输入”法，4 个自变量都进入 *Logistic* 回归模型，从各种检验的统计推断结果看，模型系数的 Omnibus 检验通过，−2 对数似然值为 28.319，考克斯-斯奈尔 R^2 和内戈尔科 R^2 值分别为 0.699 和 0.961，从数值上看结果是较好的。除了霍斯默-莱梅肖拟合优度的检验结果外，图 8-37 还显示了对每一步筛选变量结果计算的霍斯默-莱梅肖检验统计量。

块 1：方法 = 输入

模型系数的 Omnibus 检验

		卡方	自由度	显著性
步骤 1	步骤	342.249	4	.000
	块	342.249	4	.000
	模型	342.249	4	.000

模型摘要

步骤	-2 对数似然	考克斯-斯奈尔 R 方	内戈尔科 R 方
1	28.319[a]	.699	.961

a. 由于参数估算值的变化不足 .001，因此估算在第 12 次迭代时终止。

霍斯默-莱梅肖检验

步骤	卡方	自由度	显著性
1	.520	8	1.000

图 8-36 “输入”法下模型整体拟合优度检验结果

霍斯默-莱梅肖检验的列联表

		高血压数字 = .00		高血压数字 = 1.00		
		实测	期望	实测	期望	总计
步骤 1	1	29	29.000	0	.000	29
	2	29	29.000	0	.000	29
	3	29	29.000	0	.000	29
	4	29	29.000	0	.000	29
	5	29	29.000	0	.000	29
	6	28	28.484	1	.516	29
	7	11	10.496	18	18.504	29
	8	0	.020	29	28.980	29
	9	0	.000	29	29.000	29
	10	0	.000	24	24.000	24

图 8-37 霍斯默-莱梅肖拟合优度列联表

第 2 部分是使用“输入”法构建模型后的分类表，如图 8-38 所示。从该分类表中可以看出，未患高血压的样本利用 *Logistic* 回归模型进行估计，正确百分比为 98.9%；患有高血压的样本的估计正确率达到 97%。综合正确率为 98.2%，是一个较高的正确率水平，也说明用这些变量进行高血压症状的预测是可行的。

分类表[a]

			预测		
			高血压数字		
实测			.00	1.00	正确百分比
步骤 1	高血压数字	.00	182	2	98.9
		1.00	3	98	97.0
	总体百分比				98.2

a. 分界值为 .500

图 8-38 最终模型分类表

第 3 部分是模型变量的参数统计结果，如图 8-39 所示。从参数统计推断结果看，血尿酸和血肌酐两个变量的参数显著性检验的相伴概率值均大于 0.05，因此这两个变量对于因变量的预测是无意义的，可以将其从 *Logistic* 回归模型中剔除，这样会增加模型的估计精度。其余的变量均对因变量的预测具有显著的作用。

方程中的变量

		B	标准误差	瓦尔德	自由度	显著性	Exp(B)	EXP(B) 的 95% 置信区间 下限	上限
步骤 1[a]	血尿酸	-.010	.007	2.438	1	.118	.990	.977	1.003
	血肌酐	.020	.050	.171	1	.680	1.021	.926	1.125
	SBP	1.465	.421	12.081	1	.001	4.327	1.894	9.885
	DBP	.285	.109	6.873	1	.009	1.330	1.075	1.647
	常量	-221.797	64.440	11.847	1	.001	.000		

a. 在步骤 1 输入的变量：血尿酸, 血肌酐, SBP, DBP。

图 8-39 最终方程中的变量参数统计

8.4 含虚拟变量的回归分析

8-4 含虚拟变量的回归分析

在前面几节所讨论的回归模型中，因变量和自变量都是可以直接用数字计量的，即可以获得其实际观测值，这类变量称作数量变量、定量变量或数量因素。然而，在实际问题的研究中，经常会碰到一些非数量型的变量，如性别、民族、职业、文化程度、地区等定性变量。由于受到这些定性变量的影响，不同变量水平下回归模型的参数不再是固定不变的。这时就需要将这些定性变量纳入回归模型中，从而准确地描述变量之间的关系。

8.4.1 模型构建原理

1. 适用条件

在线性或非线性回归模型分析中，若自变量中含有定性变量，则可通过设置虚拟变量构建模型，反映不同水平下自变量对因变量的作用关系。

2. 虚拟变量的构建

在回归分析中，对是定性变量的自变量先做数量化处理，处理的方法是引进只取“0”和“1”两个值的 0-1 型虚拟自变量。当某一属性出现时，虚拟变量取值为“1”，否则取值为“0”。虚拟变量也称为哑变量。需要指出的是，虽然虚拟变量取某一数值，但这一数值没有数量大小的意义，它仅用来说明观察单位的性质和属性，也称为水平。

如果在回归模型中需要引入多个 0-1 型虚拟变量 D，虚拟变量的个数应按下列原则来确定：对于包含一个具有 k 种特征或状态的质因素的回归模型，如果回归模型不带常数项，则需引入 k 个 0-1 型虚拟变量 D；如果有常数项，则只需引入 $k-1$ 个 0-1 型虚拟变量 D。当 k=2 时，只需要引入 1 个 0-1 型虚拟变量 D。

分情况讨论如下。

（1）自变量中只含有一个定性变量，且这个定性变量下有 k 个水平。

若虚拟变量以加法方式进入模型，且基准模型不包含截距项时，则需要引入 k 个 0-1 型虚拟变量，最终线性回归模型如下：

$$y = \beta_0 x + \beta_1 D_1 + \beta_2 D_2 + \cdots + \beta_k D_k + \varepsilon$$

基准模型包含截距项时，需要引入 $k-1$ 个 0-1 型虚拟变量，最终线性回归模型如下：

$$y = \beta_0 + \beta_1 D_1 + \beta_2 D_2 + \cdots + \beta_{k-1} D_{k-1} + \beta_k x + \varepsilon$$

（2）自变量中包含多个定性变量。

当一个回归模型中含有多个定性变量，且每个定性变量下包含不同水平数时，不仅要考虑单个定性变量的影响，而且要考虑定性变量之间的交互作用。

例如，有两个定性变量，每个定性变量下均有两个水平，则线性回归模型中只需引入两个虚拟变量 D_1 和 D_2，以加法模型建立的线性回归模型如下：

$$y = \beta_0 + \beta_1 D_1 + \beta_2 D_2 + \beta_3 D_1 D_2 + \beta_4 x_1 + \beta_5 x_2 + \varepsilon$$

在 SPSS 中对含有虚拟变量的回归模型进行参数估计时，其操作步骤与一般线性回归模型一致。

3. 虚拟变量的引入方式

（1）加法模式

以加法模式引入虚拟变量，则虚拟变量下不同水平之间的变化只体现在截距项上。例如，模型中只有 1 个定性变量，当该定性变量下只有两个水平时，只需引入 1 个虚拟变量，引入虚拟变量的回归方程为：

$$y = \beta_0 + \beta_1 x + \beta_2 D$$

当 D=0 时，回归方程为：

$$y = \beta_0 + \beta_1 x$$

当 D=1 时，回归方程为：

$$y = (\beta_0 + \beta_2) + \beta_1 x$$

（2）乘法模式

以乘法模式引入虚拟变量，则虚拟变量下不同水平之间的变化不仅体现在截距项上，还体现在自变量的斜率上。例如，模型中只有 1 个定性变量，当该定性变量下只有两个水平时，只需引入 1 个虚拟变量，引入虚拟变量的回归方程为：

$$y = \beta_0 + \beta_2 D + (\beta_1 + \beta_3 D)x$$

当 D=0 时，回归方程为：

$$y = \beta_0 + \beta_1 x$$

当 D=1 时，回归方程为：

$$y = (\beta_0 + \beta_2) + (\beta_1 + \beta_3)x$$

复杂情况下，虚拟变量的引入数量遵循 8.4.1 节所介绍的规则，读者可自己进行模型构建。

8.4.2 案例详解及软件实现

数据：“带虚拟变量的回归分析.sav”。

该数据文件包含我国 31 个省、直辖市、自治区（不含港、澳、台地区）的人均可支配收入（元）、人均 GDP（元）两个指标数据，所有数据均来自《中国统计年鉴 2020》，同时根据地理区位特征将各地区划分为东、中、西 3 种类型。因此，地理区位是定性变量，其下有 3 个水平，可以引入 2 个虚拟变量，分别为：

$$\text{东部}=\begin{cases}1 & \text{东部省区}\\0 & \text{其他}\end{cases} \qquad \text{中部}=\begin{cases}1 & \text{中部省区}\\0 & \text{其他}\end{cases}$$

若样本对应的是“东部=0”“中部=0”，则该样本为西部省区的样本。数据如图 8-40 所示。

研究目的：以人均可支配收入为因变量、人均 GDP 为自变量构建一元线性回归模型，同时探讨不同地理区位省区的模型区别。

软件实现如下。

第 1 步：在“分析”菜单的“回归”子菜单中选择“线性”命令。

第 2 步：在弹出的“线性回归”对话框中，从左侧的变量名列表框中选择“人均可支配收入”变量，单击➡按钮，将其添加到“因变量”框中；选择“人均 GDP”“东部”“中部”变量，单击➡按钮，将其添加到“自变量”列表框中，如图 8-41 所示。其余步骤可以参考多元线性回归模型进行相关设置。

	区域	人均可支配收入	人均GDP	东部	中部
1	北京	67755.90	164220	1	0
2	天津	42404.10	90371	1	0
3	河北	25664.70	46348	1	0
4	山西	23828.50	45724	0	1
5	内蒙古	30555.00	67852	0	1
6	辽宁	31819.70	57191	1	0
7	吉林	24562.90	43475	0	1
8	黑龙江	24253.60	36183	0	1
9	上海	69441.60	157279	1	0
10	江苏	41399.70	123607	1	0
11	浙江	49898.80	107624	1	0
12	安徽	26415.10	58496	0	1
13	福建	35616.10	107139	1	0
14	江西	26262.40	53164	0	1
15	山东	31597.00	70653	1	0
16	河南	23902.70	56388	0	1
17	湖北	28319.50	77387	0	1
18	湖南	27679.70	57540	0	1
19	广东	39014.30	94172	1	0
20	广西	23328.20	42964	1	0
21	海南	26679.50	56507	1	0
22	重庆	28920.40	75828	0	0
23	四川	24703.10	55774	0	0
24	贵州	20397.40	46433	0	0
25	云南	22082.40	47944	0	0
26	西藏	19501.30	48902	0	0
27	陕西	24666.30	66649	0	0
28	甘肃	19139.00	32995	0	0
29	青海	22617.70	48981	0	0
30	宁夏	24411.90	54217	0	0
31	新疆	23103.40	54280	0	0

图 8-40 “带虚拟变量的回归分析.sav”数据

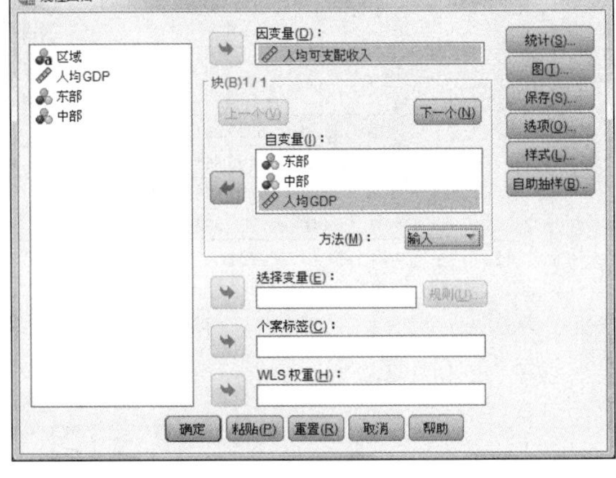

图 8-41 设置“线性回归”对话框

第 3 步：设置完成后，单击“确定”按钮，采用 SPSS 默认的选项，即可得到 SPSS 回归分析的结果。

结果解读如下。

SPSS 输出结果的解释与普通线性回归模型输出结果相同。

（1）从图 8-42 所示的模型摘要表中可以看出，该模型调整后的拟合优度为 0.907。

模型摘要

模型	R	R 方	调整后 R 方	标准估算的错误	更改统计				
					R 方变化量	F 变化量	自由度 1	自由度 2	显著性 F 变化量
1	.957[a]	.916	.907	3770.67654	.916	98.571	3	27	.000

a. 预测变量：(常量), 人均GDP, 中部, 东部

图 8-42 模型摘要表

（2）从图 8-43 所示的模型 ANOVA 检验结果可以看出，模型整体 F 检验的相伴概率值小于 0.05，说明模型整体的线性是较好的。

（3）从图 8-44 所示的各参数的估计和 T 检验结果看，人均 GDP 和东部这两个变量对因变量的线性作用关系是显著的，而中部变量的作用并没有通过显著性检验。因此，可以写出基准模型表达式为：

$$人均可支配收入=5293.251+0.332\times 人均\ GDP+4160.866\times 东部$$

则东部省区的回归模型为：人均可支配收入=9454.117+0.332×人均GDP。

非东部省区的回归模型为：人均可支配收入=5293.251+0.332×人均GDP。

ANOVA[a]

模型		平方和	自由度	均方	F	显著性
1	回归	4204430242	3	1401476747	98.571	.000[b]
	残差	383886042.1	27	14218001.56		
	总计	4588316284	30			

a. 因变量：人均可支配收入

b. 预测变量：(常量), 人均GDP, 中部, 东部

图 8-43　模型 ANOVA 检验结果

系数[a]

模型		未标准化系数		标准化系数	t	显著性	共线性统计	
		B	标准错误	Beta			容差	VIF
1	(常量)	5293.251	1831.081		2.891	.007		
	东部	4160.866	1922.706	.167	2.164	.039	.523	1.912
	中部	2601.375	1733.243	.097	1.501	.145	.741	1.350
	人均GDP	.332	.026	.878	12.709	.000	.650	1.539

a. 因变量：人均可支配收入

图 8-44　模型系数测度和检验结果

习　题

一、填空题

1．回归分析中残差的计算公式为________________。

2．在比较两个模型的拟合效果时，甲、乙两个模型的拟合优度的值分别为 0.9626 和 0.8569，则拟合程度较好的模型是________。

3．线性回归模型 $y=bx+a+e$（a 和 b 均为未知参数)中，e 被称为________。

4．回归分析中根据变量的地位，分为________和________。

5．在回归分析中，用来衡量数据点和它在回归直线上相应位置差异的指标为________。

二、选择题

1．多元线性回归模型的“线性”是指对（　　）而言是线性的。

A．解释变量　　B．被解释变量　　C．回归参数　　D．剩余项

2．下面关于 *Logistic* 回归的说法错误的是（　　）。

A．*Logistic* 回归是对定性变量的回归

B．*Logistic* 回归不属于曲线回归

C．−2 对数似然值可以用于检验 *Logistic* 回归的显著性

D．在 *Logistic* 回归中，*Wald* 统计量可以用来比较自变量在回归方程中的重要性，*Wald* 统计量越大，显著性越高

3．对于两个变量 y 与 x 的回归分析，通常用 R^2 来刻画回归的效果，则正确的叙述是（　　）。

A．R^2 越小，残差平方和越小　　B．R^2 越大，残差平方和越大

C．R^2 与残差平方和无关　　D．R^2 越小，残差平方和越大

4．下列说法正确的是（　　）。

A．任何两个变量都具有相关关系

B．人的知识与其年龄具有相关关系

C．散点图中的各点是分散的，没有规律

D．根据散点图求得的回归方程都是有意义的

5．下列说法正确的是（　　）。

①函数关系是一种确定性关系；②相关关系是一种确定性关系；③回归分析是对具有函数关系的变量进行统计分析的一种方法；④回归分析是对具有相关关系的变量进行统计分析的一种常用方法。

A．①②　　B．①②③　　C．①④　　D．①②③④

三、判断题

1．回归系数的取值范围介于 0 与 1 之间。（　　）

2．回归分析中 x 与 y 变量的地位与相关分析中一样，处于平等的地位。（　　）

3．一个回归模型所涉及的变量越多越好，模型越复杂越好。（　　）

4．建立好回归模型后，无须检验，可直接进行预测、控制、分析。（　　）

5．一元线性回归需要满足高斯马尔可夫条件假设。（　　）

四、简答题

1．简述回归分析的全流程。

2．简述回归分析的概念、基本功能和应用范围。

3．简述相关分析与回归分析的区别与联系。

4．试说明二阶段最小二乘法、加权最小二乘法和普通最小二乘法的关系。

5．什么是多重共线性？它的不良后果是什么？有什么解决方案？

案例分析题

1．调查得到某市出租车使用年限 x 与当年维修费用 y 的数据，如表 8-2 所示。试建立合适的回归模型，用以发现维修费用与使用年限之间的关系。

表 8-2　　案例分析 1 数据

使用年限（年）	1	2	3	4	5	6	7
维修费用（万元）	1.6	2.2	3.8	5.5	6.5	7.0	7.5

2．一家皮鞋零售店将其连续 18 个月的广告投入费用、销售额、员工薪酬总额指标数据进行了汇总，如表 8-3 所示。请根据这些数据建立回归模型，尝试找到销售额与广告投入费用和员工薪酬总额之间的关系。

表 8-3　　案例分析 2 数据

月份	广告投入（万元）	销售额（万元）	员工薪酬总额（万元）
1	30.6	1090.4	21.1
2	31.3	1133	21.4
3	33.9	1242.1	22.9

续表

月份	广告投入（万元）	销售额（万元）	员工薪酬总额（万元）
4	29.6	1003.2	21.4
5	32.5	1283.2	21.5
6	27.9	1012.2	21.7
7	24.8	1098.8	21.5
8	23.6	826.3	21
9	33.9	1003.3	22.4
10	27.7	1554.6	24.7
11	45.5	1199	23.2
12	42.6	1483.1	24.3
13	40	1407.1	23.1
14	45.8	1551.3	29.1
15	51.7	1601.2	24.6
16	67.2	2311.7	27.5
17	65	2126.7	26.5
18	65.4	2256.5	26.8

3．在一次关于公用交通的社会调查中，收集到 28 名受访者的信息，包括上下班乘坐的交通工具（y），y=1 表示主要乘坐公交车上下班，y=0 表示主要骑自行车上下班，此外还获得了受访者的年龄、周收入、性别（1 代表男性，2 代表女性）信息，如表 8-4 所示。试建立 y 与自变量的 Logistic 回归模型。

表 8-4　　　　案例分析 3 数据

序号	上下班交通工具	年龄	周收入（元）	性别
1	0	18	850	0
2	0	21	860	0
3	1	23	1500	0
4	1	30	1800	0
5	1	28	1500	0
6	0	31	850	0
7	1	36	1500	0
8	1	42	1850	0
9	1	46	1950	0
10	0	26	1000	0

续表

序号	上下班交通工具	年龄	周收入（元）	性别
11	1	55	1800	0
12	1	56	2100	0
13	0	23	1200	0
14	0	18	1000	1
15	0	20	1000	1
16	0	25	1200	1
17	1	50	1500	1
18	0	28	850	1
19	1	39	1800	1
20	0	29	1000	1
21	0	28	950	1
22	0	29	1000	1
23	0	38	1100	1
24	0	22	1200	1
25	1	45	2000	1
26	0	32	1000	1
27	1	52	1500	1
28	1	56	1800	1

第 9 章 聚类分析、判别分析与 SPSS 实现

人们在认识某类事物时往往先会对这类事物的各个对象进行分类，以便寻找彼此之间的相似点和差异点。在统计学领域内，对样本进行分类的常用统计方法主要为聚类分析与判别分析。

聚类分析的实质是建立一种分类方法，它能够将一批样本数据按照它们在性质上的亲疏程度在没有先验知识的情况下自动进行分类。常用的聚类分析方法包括系统聚类分析和快速聚类分析，其中根据分类对象不同，系统聚类分析又可分为对样本的聚类（Q 型聚类）和对变量的聚类（R 型聚类）。

判别分析是指先根据已知类别的事物性质建立函数式，对未知事物进行判断以将其归入已知的类别中。判别分析可使用不同的判别函数来实现未知样本的归类。判别分析既可以对未知类别的样本进行类别判断，也可以用于对已有类别的准确性进行判断。

学习目标

（1）了解快速聚类分析方法的聚类过程与步骤。

（2）熟悉系统聚类分析方法的原理。

（3）熟悉判别分析中判别函数的构造原理。

（4）掌握聚类分析和判别分析的软件实现方法以及结果解读方法。

知识框架

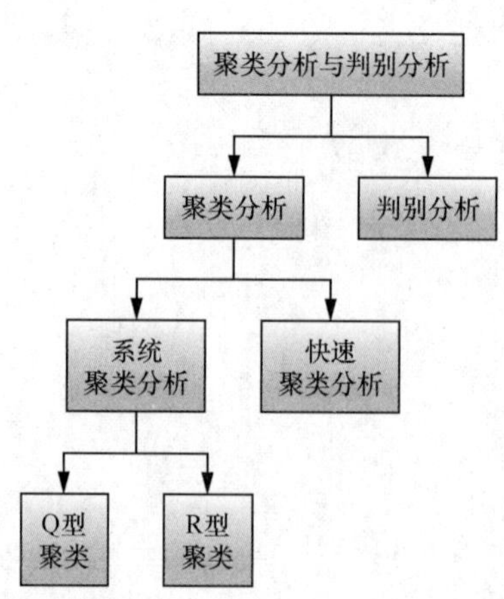

9.1　系统聚类分析

9-1　系统聚类分析

系统聚类分析根据观察值或变量之间的亲疏程度，将最相似的对象结合在一起，以逐次聚合的方式将观察值分类，直到最后所有样本都聚成一类。

系统聚类分析有两种形式，一种是对样本（个案）进行分类，称为 Q 型聚类，它使具有共同特点的样本聚集在一起，以便对不同类的样本进行分析。

另一种是对研究对象的观察变量进行分类，称为 R 型聚类。它使具有共同特征的变量聚在一起，以便从不同类中分别选出具有代表性的变量做分析，从而减少分析变量的个数。

R 型聚类的计算公式和 Q 型聚类的计算公式是类似的，不同的是 R 型聚类是对变量间进行距离的计算，Q 型聚类则是对样本间进行距离的计算。

系统聚类分析中，测度样本之间的亲疏程度是关键。聚类的时候会涉及两种类型亲疏程度的计算：一种是样本数据之间的亲疏程度，另一种是样本数据与小类、小类与小类之间的亲疏程度的计算。下面讲述这两种类型亲疏程度的计算方法和公式。

9.1.1　样本间亲疏程度测度方法

SPSS 根据变量数据类型的不同，分别提供了相似性（即相关系数）和不相似性（即距离）两种方式测度样本间的亲疏程度。

1．连续变量的样本不相似性（距离）测度方法

样本若有 k 个变量，则可以将样本看成一个 k 维空间中的一个点，样本和样本之间的距离就是 k 维空间点和点之间的距离，这反映了样本之间的亲疏程度。聚类时，距离相近的样本属于一类，距离远的样本属于不同类。

（1）欧氏距离（EUCLID）

两个样本之间的欧氏距离是各样本每个变量值之差的平方和的平方根，计算公式为：

$$EUCLID = \sqrt{\sum_{i=1}^{k}(x_i - y_i)^2}$$

其中，k 表示每个样本有 k 个变量，x_i 表示第一个样本在第 i 个变量上的取值，y_i 表示第二个样本在第 i 个变量上的取值。

（2）平方欧氏距离（SEUCLID）

两个样本之间的欧氏距离平方是各样本每个变量值之差的平方和，计算公式为：

$$SEUCLID = \sum_{i=1}^{k}(x_i - y_i)^2$$

其中，k 表示每个样本有 k 个变量，x_i 表示第一个样本在第 i 个变量上的取值，y_i 表示第二个样本在第 i 个变量上的取值。

（3）切比雪夫距离（CHEBYCHEV）

两个样本之间的切比雪夫距离是各样本所有变量值之差的绝对值中的最大值，计算公式为：

$$CHEBYCHEV(x,y) = \max\left|x_i - y_i\right|$$

其中，x_i 表示第一个样本在第 i 个变量上的取值，y_i 表示第二个样本在第 i 个变量上的取值。

（4）块距离（BLOCK）

两个样本之间的块距离是各样本所有变量值之差的绝对值的总和，计算公式为：

$$BLOCK(x,y)=\sum_{i=1}^{k}\left|x_i-y_i\right|$$

其中，k 表示每个样本有 k 个变量，x_i 表示第一个样本在第 i 个变量上的取值，y_i 表示第二个样本在第 i 个变量上的取值。

（5）明可夫斯基距离（MINKOWSKI）

两个样本之间的明可夫斯基距离是各样本所有变量值之差的绝对值的 p 次方的总和求 p 次方根。计算公式为：

$$MINKOWSKI(x,y)=\sqrt[p]{\sum_{i=1}^{k}\left|x_i-y_i\right|^p}$$

其中，k 表示每个样本有 k 个变量，p 是任意可指定的次方，x_i 表示第一个样本在第 i 个变量上的取值，y_i 表示第二个样本在第 i 个变量上的取值。

（6）用户定制距离（Customized）

两个样本之间的用户定制距离是各样本所有变量值之差的绝对值的 p 次方的总和求 q 次方根。计算公式为：

$$Customized(x,y)=\sqrt[q]{\sum_{i=1}^{k}\left|x_i-y_i\right|^p}$$

其中，k 表示每个样本有 k 个变量，p、q 是任意可指定的次方，x_i 表示第一个样本在第 i 个变量上的取值，y_i 表示第二个样本在第 i 个变量上的取值。

2．连续变量的样本相似性（相关系数）测度方法

连续变量亲疏程度的度量，除了计算上面的各种距离外，还可以计算其他统计指标，如皮尔逊相关系数、余弦相似度等。

余弦相似度（COSINE）将样本各变量看作 k 维空间向量，然后计算各个向量间夹角的余弦，计算公式为：

$$COSINE(x,y)=\frac{\sum_{i=1}^{k}x_i^2y_i^2}{\sqrt{(\sum_{i=1}^{k}x_i^2)(\sum_{i=1}^{k}y_i^2)}}$$

其中，k 表示每个样本有 k 个变量，x_i 表示第一个样本在第 i 个变量上的取值，y_i 表示第二个样本在第 i 个变量上的取值。

3．顺序或定性变量的样本亲疏程度测度方法

对于此类变量，可以计算一些有关相似性的统计指标来测度样本间的亲疏程度，也可以通过下面两个计算公式得到。

（1）χ^2 统计量（Chi-square，CHISQ）

计算公式为：

$$CHISQ(x,y)=\sqrt{\frac{\sum_{i=1}^{k}(x_i-E(x_i))^2}{E(x_i)}+\frac{\sum_{i=1}^{k}(y_i-E(y_i))^2}{E(y_i)}}$$

（2）φ^2 统计量（Phi-square，PHISQ）

计算公式为：

$$PHISQ(x,y)=\sqrt{\frac{\dfrac{\sum_{i=1}^{k}(x_i-E(x_i))^2}{E(x_i)}+\dfrac{\sum_{i=1}^{k}(y_i-E(y_i))^2}{E(y_i)}}{n}}$$

9.1.2 类间亲疏程度测度方法

根据样本聚类的过程和原理，在对任意两个样本测度完距离之后，就会形成小类，其后进行的聚类步骤，就会涉及样本数据与小类、小类与小类之间的亲疏程度测度。所谓小类是在聚类过程中根据样本之间亲疏程度形成的中间类。

在 SPSS 聚类运算过程中，提供了多种计算样本与小类、小类与小类之间亲疏程度的计算方法。

（1）最近邻元素法（最近距离法）

最近邻元素法以当前某个样本与已经形成小类中的各样本距离的最小值作为当前样本与该小类之间的距离。

（2）最远邻元素法（最远距离法）

最远邻元素法以当前某个样本与已经形成小类中的各样本距离的最大值作为当前样本与该小类之间的距离。

（3）组间联接法（类间平均链锁法）

组间联接法下两个小类之间的距离为两个小类内所有样本间的平均距离。

（4）组内联接法（类内平均链锁法）

组内联接法与组间联接法类似，两个小类之间的距离是对所有样本对的距离求平均值，包括小类之间的样本对、小类内的样本对。

（5）质心聚类法（重心法）

质心聚类法将两小类间的距离定义成两小类重心间的距离。每一小类的重心就是该类中所有样本在各个变量上的均值代表点。

（6）中位数聚类法（中间距离法）

中位数聚类法是将各类的中位数作为类中心，用类中心的距离作为两小类间的距离。

（7）瓦尔德法 （离差平方和法）

瓦尔德法下小类合并的方法：在聚类过程中，将小类内各个样本的欧氏距离总平方和增加最小的两小类合并成一类。

通过测度样本与样本、样本与小类、小类与小类之间的亲疏程度，小类和样本、小类与小类继续聚合，最终将所有样本都包括在一个大类中，完成聚类过程。

9.1.3 案例详解及软件实现

数据：“聚类分析.sav”。

数据测度对象为我国 31 个省、直辖市、自治区（不含港、澳、台地区），利用 7 个指标从不同方面测度各区域的综合发展能力，指标包括 2019 年各区域的人均可支配收入（元）、

GDP（亿元）、人均 GDP（元）、年末城镇人口比重（%）、居民人均消费支出（元）、研发经费（万元）、城市人口密度（人/平方千米）。数据详情如图 9-1 所示。所有数据均来自《中国统计年鉴 2020》。

聚类分析.sav [数据集4] - IBM SPSS Statistics 数据编辑器

文件(F) 编辑(E) 查看(V) 数据(D) 转换(T) 分析(A) 图形(G) 实用程序(U) 扩展(X) 窗口(W) 帮助(H)

10 :

	区域	人均可支配收入	GDP	人均GDP	年末城镇人口比重	居民人均消费支出	研发经费	城市人口密度
1	北京	67755.9	35371.28	164220	86.60	43038.3	2851859	1137
2	天津	42404.1	14104.28	90371	83.48	31853.6	2134320	4939
3	河北	25664.7	35104.52	46348	57.62	17987.2	4385826	3063
4	山西	23828.5	17026.68	45724	59.55	15862.6	1380813	3804
5	内蒙古	30555.0	17212.53	67852	63.37	20743.4	1183625	1820
6	辽宁	31819.7	24909.45	57191	68.11	22202.8	3102482	1807
7	吉林	24562.9	11726.82	43475	58.27	18075.4	684086	1885
8	黑龙江	24253.6	13612.68	36183	60.90	18111.5	714862	5498
9	上海	69441.6	38155.32	157279	88.30	45605.1	5906564	3830
10	江苏	41399.7	99631.52	123607	70.61	26697.3	22061581	2221
11	浙江	49898.8	62351.74	107624	70.00	32025.8	12742260	2064
12	安徽	26415.1	37113.98	58496	55.81	19137.4	5765371	2663
13	福建	35616.1	42395.00	107139	66.50	25314.3	5985139	3193
14	江西	26262.4	24757.50	53164	57.42	17650.5	3202151	4226
15	山东	31597.0	71067.53	70653	61.51	20427.5	12109485	1665
16	河南	23902.7	54259.20	56388	53.21	16331.8	6087153	4850
17	湖北	28319.5	45828.31	77387	61.00	21567.0	5865143	2846
18	湖南	27679.7	39752.12	57540	57.22	20478.9	5931485	3265
19	广东	39014.3	107671.07	94172	71.40	28994.7	23148566	3859
20	广西	23328.2	21237.14	42964	51.09	16418.3	1044742	2097
21	海南	26679.5	5308.93	56507	59.23	19554.9	108154	2352
22	重庆	28920.4	23605.77	75828	66.80	20773.9	3358918	2012
23	四川	24703.1	46615.82	55774	53.79	19338.3	3878572	3045
24	贵州	20397.4	16769.34	46433	49.02	14780.0	910206	2222
25	云南	22082.4	23223.75	47944	48.91	15779.8	1297741	3133
26	西藏	19501.3	1697.82	48902	31.54	13029.2	5574	1671
27	陕西	24666.3	25793.17	66649	59.43	17464.9	2408037	5140
28	甘肃	19139.0	8718.30	32995	48.49	15879.1	505544	3260
29	青海	22617.7	2965.95	48981	55.52	17544.8	93712	2958
30	宁夏	24411.9	3748.48	54217	59.86	18296.8	415733	3059
31	新疆	23103.4	13597.11	54280	51.87	17396.6	441347	3667

图 9-1 “聚类分析.sav”数据详情

研究目的：根据 7 个测度指标，将 31 个省、直辖市、自治区（不含港、澳、台地区）分为三大类。

软件实现如下。

第 1 步：在“分析”菜单的“分类”子菜单中选择“系统聚类”命令，如图 9-2 所示。

第 2 步：在弹出的“系统聚类分析”对话框中，从左侧的变量名列表框中选择除“区域”之外的 7 个变量，并添加到右边的“变量”列表框中。

选择“区域”变量，添加到“个案标注依据”框中。选择标记变量将增强聚类分析结果的可读性。本例是 Q 型聚类，是对样本（观察个案）的聚类，因此在“聚类”选项组中选择“个案”单选项，如图 9-3 所示。系统聚类分析中默认是 Q 型聚类，即对个案的聚类。

第 3 步：单击“方法”按钮，弹出“系统聚类分析：方法”对话框，如图 9-4 所示，在该对话框中指定距离计算方法。

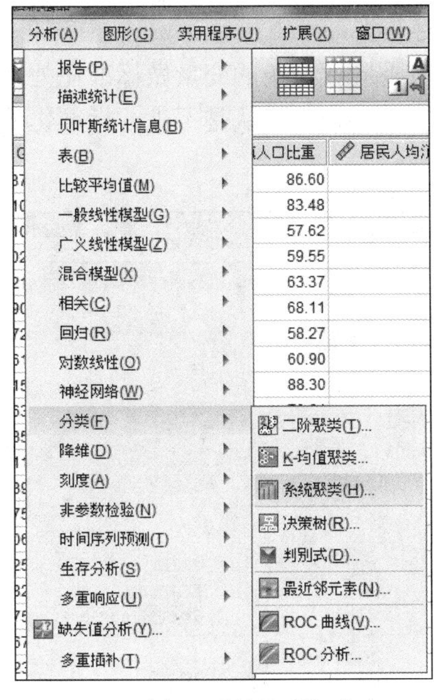

图 9-2　选择“系统聚类”命令

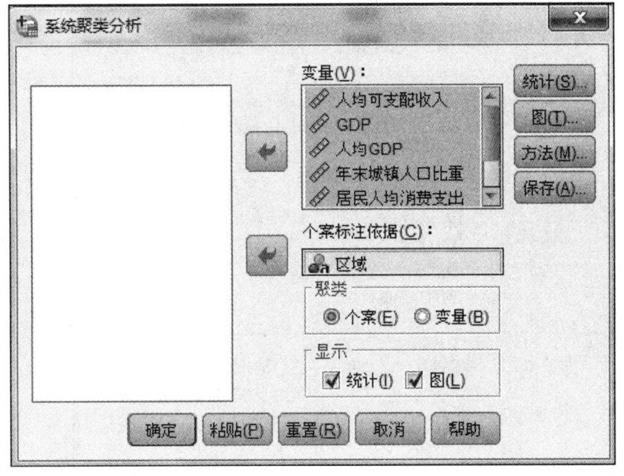

图 9-3　设置“系统聚类分析”对话框

其中“聚类方法”下拉列表中指定的是小类与小类、小类与样本之间的距离计算方法。SPSS 提供了以下 7 种方法供用户选择，分别为组间联接、组内联接、最近邻元素、最远邻元素、质心聚类、中位数聚类、瓦尔德法。SPSS 默认的是组间联接法，如图 9-5 所示。

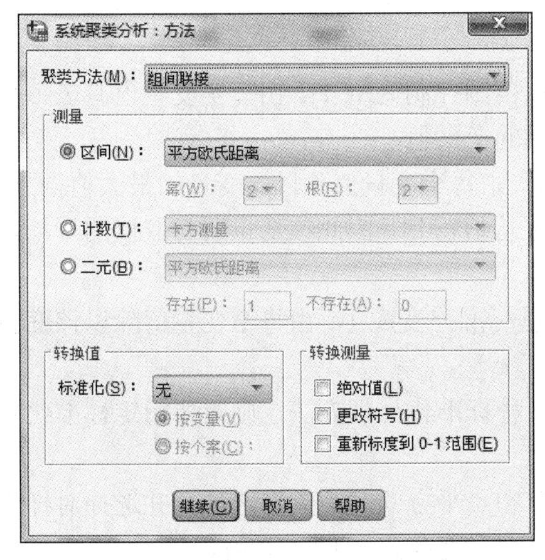

图 9-4　“系统聚类分析：方法”对话框

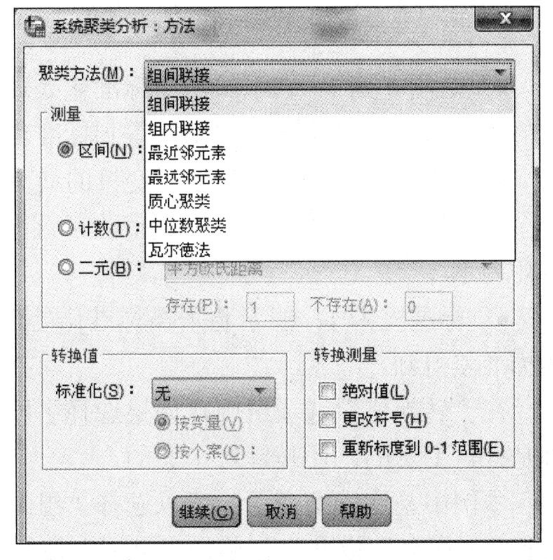

图 9-5　“聚类方法”下拉列表

在“测量”选项组中选择计算样本距离的方法，共包括 3 种类型。

其中，“区间”适合于连续性变量，系统提供了 8 种方法供用户选择：欧氏距离、平方欧氏距离、切比雪夫、块、明可夫斯基、定制、余弦、皮尔逊相关性。前 6 种均是距离测度统计量，后两种是以相关系数测度统计量，如图 9-6 所示。

除“区间”外，SPSS 还提供了“计数”和“二元”两种距离计算规则，感兴趣的读者可参考相关书籍，一般可以选择 SPSS 默认的亲疏程度测度方法。

在“系统聚类分析：方法”对话框中，还可以设置对不同数量级的变量做标准化处理。

在“转换值”选项组中指定变量进行标准化处理的方法。SPSS 默认是不进行标准化处理的。如果需要，可以采用以下处理方法，如图 9-7 所示。

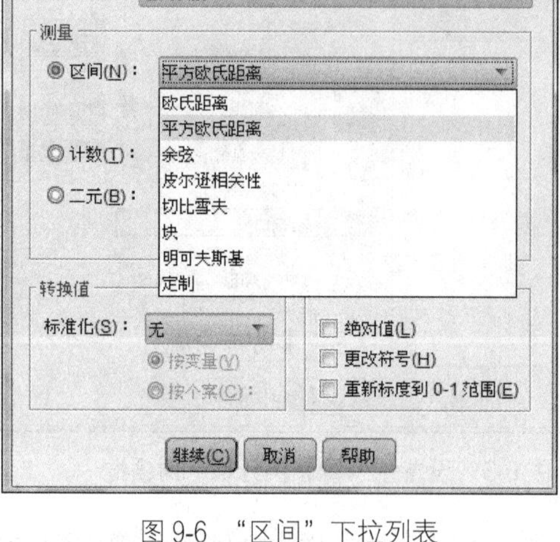

图 9-6 “区间”下拉列表

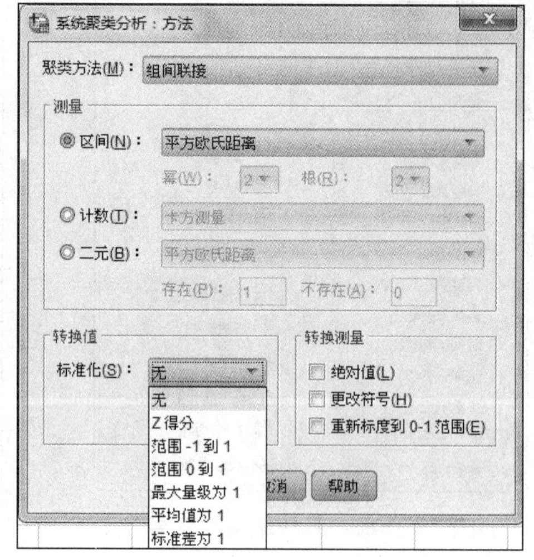

图 9-7 “标准化”下拉列表

- Z 得分：表示计算变量的 Z 分数。标准化后变量的数学期望为 0，标准差为 1。
- 范围−1 到 1：表示将所需标准化处理的变量范围控制为[−1, 1]。由每个变量值做 atan 函数转换，再乘以$\frac{2}{\pi}$后得到的变量值。
- 范围 0 到 1：表示将所需标准化处理的变量范围控制为[0, 1]。由每个变量值减去该变量的最小值再除以该变量的全距得到标准化处理后的变量值。
- 最大量级为 1：处理以后变量的最大值为 1，由每个变量值除以该变量的最大值得到。
- 平均值为 1：由每个变量值除以该变量的平均值得到，因此该变量所有取值的平均值将变为 1。
- 标准差为 1：表示将所需标准化处理的变量标准差变成 1，由每个变量值除以该变量的标准差得到。

在“转换值”选项组中，如果选择了以上某一种标准化处理方法，则需要指定标准化处理是针对变量的，还是针对个案的。

本例中是连续型变量，所以选择“组间联接”和“平方欧式距离”选项，并选择对样本进行“Z 得分”标准化。单击“继续”按钮，返回“系统聚类分析”对话框。

第 4 步：指定 SPSS 分析的图形输出。

单击图 9-3 所示对话框中的“图”按钮，弹出“系统聚类分析：图”对话框。

SPSS 系统聚类的图形结果有两种方式：一种是输出谱系图，另一种是输出冰柱图。

谱系图以树的形式展现聚类分析的每一次合并过程，可以粗略地表现聚类的过程。SPSS 首先将各类之间的距离重新转换到 0～25 内，然后再近似地表示在图中。

冰柱图通过表格中的“X”符号显示，其样子很像冬天房屋下的冰柱。SPSS 默认输出聚类全过程的冰柱图。选择“指定范围内的聚类”单选项，并输入“开始聚类”“停止聚类”“依据”对应的数值，则可以指定显示聚类中某一阶段的冰柱图。如果选择“无”单选项，则不输出冰柱图。

另外，还可以指定冰柱图的显示方向，在“方向”选项组中选择“垂直”单选项表示纵向输出图形，选择“水平”单选项表示横向输出图形。

本例中选中“谱系图”复选框，选择“冰柱图”选项组中的“全部聚类”单选项，并选择“垂直”单选项，如图 9-8 所示。单击“继续”按钮，返回“系统聚类分析”对话框。

第 5 步：显示凝聚状态表。

单击图 9-3 所示对话框中的“统计”按钮，弹出“系统聚类分析：统计”对话框。SPSS 默认选中“集中计划”复选框，输出系统聚类分析的凝聚状态表。

在该对话框中还可以指定输出系统聚类分析的所属类成员情况。所属类成员输出能够非常清楚地显示每个样本属于哪个类。系统聚类分析是探索性的分析，因此 SPSS 会产生多个可能的聚类结果，每个类成员在聚类过程中会不断变化。例如，某个样本、个案在样本聚类成 2 类时，属于第一类；当聚类成 3 类时，就归属为第二类，所以如果希望了解每个样本的归属情况，就应首先确定聚类的类数。通过“聚类成员”选项组中的如下选项可以设定聚类的类数。

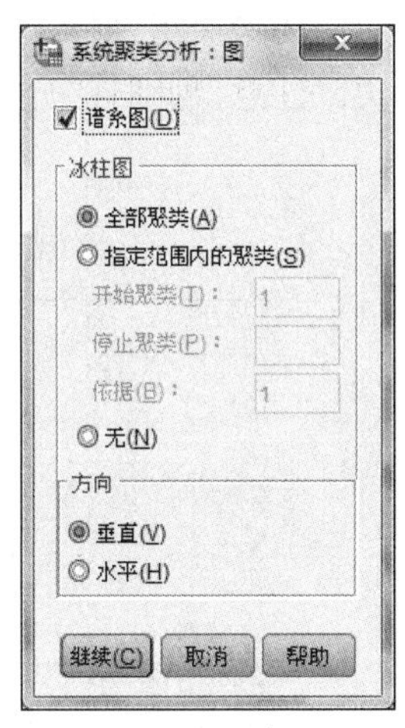

图 9-8　设置“系统聚类分析：图”对话框

- 无：表示不显示类成员构成。
- 单个解：选择并在“聚类数”文本框中输入一个具体的数值 n（n 小于样本总数），表示仅显示聚类成 n 类时，各个类的成员构成。
- 解的范围：分别在“最小聚类数”和“最大聚类数”文本框中输入相应数值 n_1 和 n_2，指定显示聚成 n_1 类到 n_2 类时，各个类的成员构成。

如果选中“系统聚类分析：统计”对话框中的“近似值矩阵”复选框，则 SPSS 还将显示各样本的距离矩阵。

本例中选中“集中计划”复选框，因为研究目标要求所有样本分为 3 类，因此在“单个解”中的“聚类数”文本框中输入“3”，显示将样本分成 3 类时，各个样本的归属情况，如图 9-9 所示。单击“继续”按钮，返回“系统聚类分析”对话框。

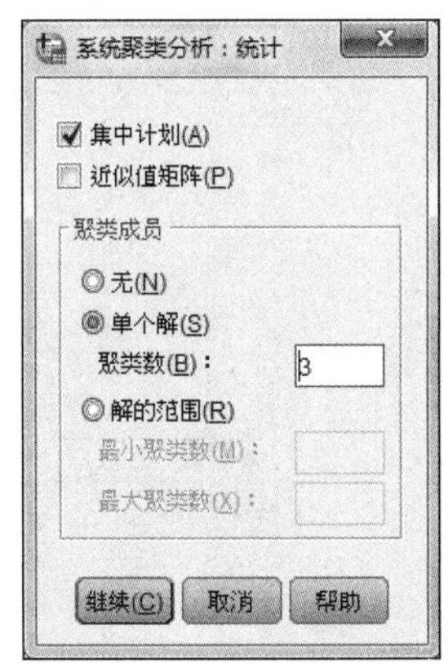

图 9-9　设置“系统聚类分析：统计”对话框

第 6 步：保存系统聚类分析的结果。

单击图 9-3 所示对话框中的“保存”按钮，弹出“系统聚类分析：保存”对话框。在该对话框中可以将 SPSS 系统聚类分析的最终结果以变量的形式保存到 SPSS“数据视图”窗口中，各选项的内容与“统计”对话框中的相同，这里不再赘述。

本例中选择“单个解”单选项，并在“聚类数”文本框中输入“3”，显示将样本分成 3 类时，各个样本的归属情况，并保存为相应的变量，如图 9-10 所示。单击“继续”按钮，返回“系统聚类分析”对话框。单击“确定”按钮，SPSS 自动开始计算。

SPSS 的系统聚类分析结果分为 4 个部分，结果解读如下。

（1）“集中计划”输出结果如图 9-11 所示。

该表反映了整个聚类的凝聚状态过程，显示了每一步聚类的组合体，组合体内聚类个体首次出现的阶段，以及该组合体下一次出现的阶段。

例如，阶段 1 表示样本 20 和 24 最先进行了聚类，样本间的距离为 0.188，样本 20 和 24 都是第一次出现，这两个样本形成的小类将在后面的第 15 步聚类中用到；阶段 3 表示样本 12 和 18 聚成小类，这个小类在第 4 步用到；阶段 4 表示样本 3 和 12 聚成小类，此时的 12 号样本是在第 3 步形成的 12 与 18 号样本合并的小类。其他阶段的含义依此类推。可见，在本例中，经过了 30 步聚类，31 个样本聚成了一个大类。

图 9-10 设置“系统聚类分析：保存”对话框

（2）聚类成员分配表格如图 9-12 所示。

该表格是样本系统聚类分析聚成 3 类时，样本的类归属情况表。从该表格中可以看出，北京、上海对应的聚类组别标记为 1，则它们属于第一类；江苏、浙江、福建、山东、广东对应的聚类组别标记为 3，则它们属于第三类；其余区域对应的聚类组别标记为 2，属于第二类。注意，此时的分类并没有优先等级关系，只反映组别间的区别。

集中计划

	组合聚类			首次出现聚类的阶段		
阶段	聚类 1	聚类 2	系数	聚类 1	聚类 2	下一个阶段
1	20	24	.188	0	0	15
2	29	30	.209	0	0	12
3	12	18	.356	0	0	4
4	3	12	.383	0	3	6
5	5	22	.396	0	0	8
6	3	23	.418	4	0	13
7	7	21	.477	0	0	12
8	5	6	.492	5	0	18
9	4	14	.508	0	0	16
10	25	31	.541	0	0	11
11	25	28	.715	10	0	16
12	7	29	.895	7	2	15
13	3	17	1.040	6	0	18
14	8	27	1.300	0	0	20
15	7	20	1.420	12	1	17
16	4	25	1.487	9	11	17
17	4	7	2.176	16	15	21
18	3	5	2.910	13	8	21
19	10	19	3.207	0	0	27
20	8	16	3.306	14	0	25
21	3	4	3.407	18	17	25
22	11	13	5.164	0	0	24
23	1	9	6.253	0	0	30
24	11	15	6.350	22	0	27
25	3	8	6.725	21	20	26
26	3	26	9.830	25	0	28
27	10	11	11.198	19	24	29
28	2	3	17.073	0	26	29
29	2	10	20.877	28	27	30
30	1	2	42.522	23	29	0

图 9-11 “集中计划”表

聚类成员

个案	3 个聚类
1:北京	1
2:天津	2
3:河北	2
4:山西	2
5:内蒙古	2
6:辽宁	2
7:吉林	2
8:黑龙江	2
9:上海	1
10:江苏	3
11:浙江	3
12:安徽	2
13:福建	3
14:江西	2
15:山东	3
16:河南	2
17:湖北	2
18:湖南	2
19:广东	3
20:广西	2
21:海南	2
22:重庆	2
23:四川	2
24:贵州	2
25:云南	2
26:西藏	2
27:陕西	2
28:甘肃	2
29:青海	2
30:宁夏	2
31:新疆	2

图 9-12 “聚类成员”表

（3）聚类结果图形输出。图 9-13 所示为冰柱图，图 9-14 所示为谱系图。

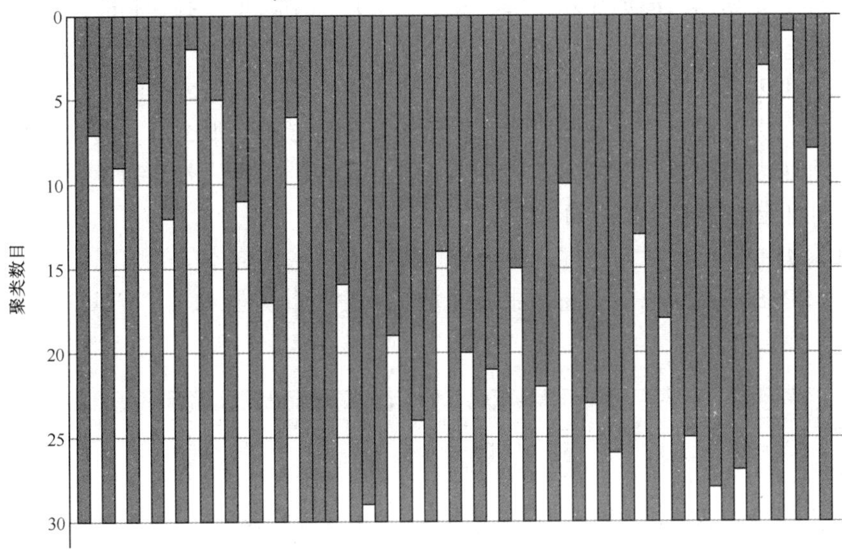

图 9-13 冰柱图

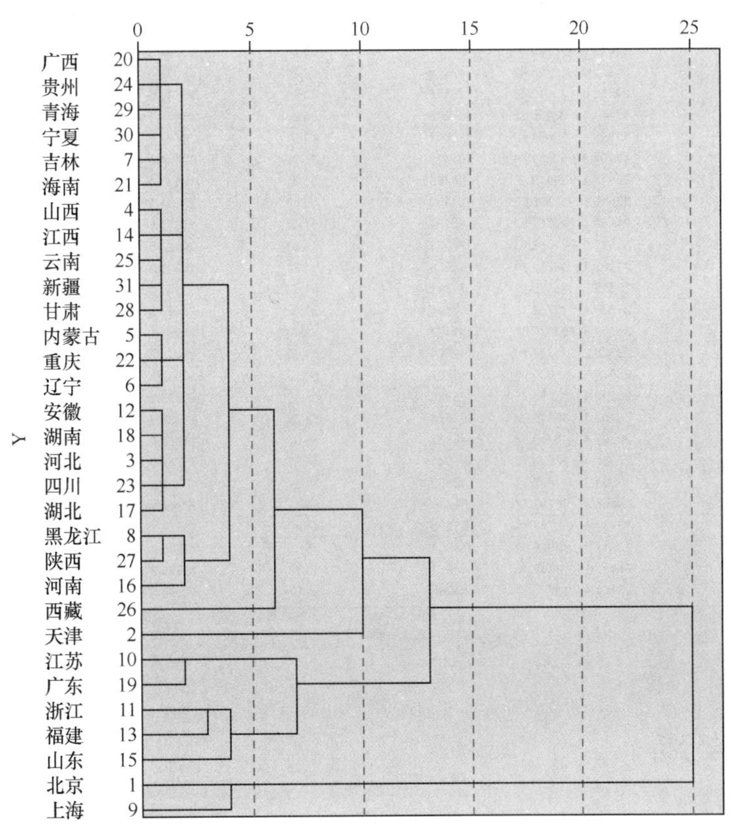

图 9-14 谱系图

冰柱图一般从表格的最下面一行开始观察。最后一行中，样本 20（广西）和 24（贵州）中间的列或冰柱是最长的，表示第一步这两个样本聚成一类。倒数第 2 行中，样本 29（青海）和样本 30（宁夏）中间的列或冰柱是最长的，表示第二步这两个样本聚成一类。可以看出，冰柱图是“集中计划”的图形显示，每一步的聚类过程中，聚合到一起的样本间的列或冰柱是相对最长的。

谱系图既可以直观地显示整个聚类的过程，也可以用于判断分类的类别归属。从右往左看时，在“25”标度对应了 2 条分叉线，表示如果分为 2 类，那么每一类的样本归属可以通过分叉线包含的内容确定，即样本 1 和 9 为一类，其余为一类。若分为 3 类，则可通过标度 10 与 15 之间对应的 3 条分叉线确认。

（4）在聚类过程设置时，将样本聚类成 3 类，并将各个样本的类归属情况保存为一个变量，因此在 SPSS“数据视图”窗口中就新增了一个变量，默认为“CLU3_1”，如图 9-15 所示。

*聚类分析.sav [数据集4] - IBM SPSS Statistics 数据编辑器

文件(F) 编辑(E) 查看(V) 数据(D) 转换(T) 分析(A) 图形(G) 实用程序(U) 扩展(X) 窗口(W) 帮助(H)

16 :

	区域	人均可支配收入	GDP	人均GDP	年末城镇人口比重	居民人均消费支出	研发经费	城市人口密度	CLU3_1
1	北京	67755.9	35371.28	164220	86.60	43038.3	2851859	1137	1
2	天津	42404.1	14104.28	90371	83.48	31853.6	2134320	4939	2
3	河北	25664.7	35104.52	46348	57.62	17987.2	4385826	3063	2
4	山西	23828.5	17026.68	45724	59.55	15862.6	1380813	3804	2
5	内蒙古	30555.0	17212.53	67852	63.37	20743.4	1183625	1820	2
6	辽宁	31819.7	24909.45	57191	68.11	22202.8	3102482	1807	2
7	吉林	24562.9	11726.82	43475	58.27	18075.4	684086	1885	2
8	黑龙江	24253.6	13612.68	36183	60.90	18111.5	714862	5498	2
9	上海	69441.6	38155.32	157279	88.30	45605.1	5906564	3830	1
10	江苏	41399.7	99631.52	123607	70.61	26697.3	22061581	2221	3
11	浙江	49898.8	62351.74	107624	70.00	32025.8	12742260	2064	3
12	安徽	26415.1	37113.98	58496	55.81	19137.4	5765371	2663	2
13	福建	35616.1	42395.00	107139	66.50	25314.3	5985139	3193	3
14	江西	26262.4	24757.50	53164	57.42	17650.5	3202151	4226	2
15	山东	31597.0	71067.53	70653	61.51	20427.5	12109485	1665	3
16	河南	23902.7	54259.20	56388	53.21	16331.8	6087153	4850	2
17	湖北	28319.5	45828.31	77387	61.00	21567.0	5865143	2846	2
18	湖南	27679.7	39752.12	57540	57.22	20478.9	5931485	3265	2
19	广东	39014.3	107671.07	94172	71.40	28994.7	23148566	3859	3
20	广西	23328.2	21237.14	42964	51.09	16418.3	1044742	2097	2
21	海南	26679.5	5308.93	56507	59.23	19554.9	108154	2352	2
22	重庆	28920.4	23605.77	75828	66.80	20773.9	3358918	2012	2
23	四川	24703.1	46615.82	55774	53.79	19338.3	3878572	3045	2
24	贵州	20397.4	16769.34	46433	49.02	14780.0	910206	2222	2
25	云南	22082.4	23223.75	47944	48.91	15779.8	1297741	3133	2
26	西藏	19501.3	1697.82	48902	31.54	13029.2	5574	1671	2
27	陕西	24666.3	25793.17	66649	59.43	17464.9	2408037	5140	2
28	甘肃	19139.0	8718.30	32995	48.49	15879.1	505544	3260	2
29	青海	22617.7	2965.95	48981	55.52	17544.8	93712	2958	2
30	宁夏	24411.9	3748.48	54217	59.86	18296.8	415733	3059	2
31	新疆	23103.4	13597.11	54280	51.87	17396.6	441347	3667	2

图 9-15 新变量“CLU3_1”展示

9.2 快速聚类分析

9-2 快速聚类分析

SPSS 系统聚类分析对计算机的要求比较高，在大样本的情况下，可以采用快速聚类分析的方法。采用快速聚类分析得到的结果比较简单易懂，对计算机的性能要求也不高，因此快速聚类分析应用比较广泛。

9.2.1　适用条件和迭代原理

1．适用条件

快速聚类分析是由用户指定类别数的大样本数据的逐步聚类分析。它先对数据进行初始分类，然后逐步调整，得到最终分类。

和系统聚类分析一致，快速聚类分析也以距离作为样本间亲疏程度的标志。但两者的不同之处在于：系统聚类可以对不同的聚类类数产生一系列的聚类解，而快速聚类只能产生固定类数的聚类解，类数需要用户事先指定。

另外，在快速聚类分析中，用户可以自己指定初始的类中心点。如果用户的经验比较丰富，则可以指定比较合理的初始类中心点；否则需要增加迭代的次数，以保证最终聚类结果的准确性。

2．迭代原理和过程

快速聚类分析是一个不断迭代的过程，其基本原理和迭代步骤如下。

（1）需要用户指定聚类成多少类（如 k 类）。

（2）SPSS 确定 k 个类的初始类中心点。SPSS 会根据样本数据的实际情况，选择 k 个有代表性的样本数据作为初始类中心点。初始类中心点也可以由用户自行指定，需要指定 k 个样本数据作为初始类中心点。

（3）计算所有样本数据点到 k 个类中心点的欧氏距离。SPSS 按照到 k 个类中心点距离最短的原则，把所有样本分派到各中心点所在的类中，形成一个新的 k 类，完成一次迭代过程。其中欧氏距离（EUCLID）的计算公式为：

$$EUCLID=\sqrt{\sum_{i=1}^{k}(x_i-y_i)^2}$$

其中，k 表示每个样本有 k 个变量，x_i 表示第一个样本在第 i 个变量上的取值，y_i 表示第二个样本在第 i 个变量上的取值。

（4）SPSS 重新确定 k 个类的中心点。SPSS 计算每个类中各个变量的变量值均值，并以均值点作为新的类中心点。

（5）重复上面（3）（4）的计算过程，直到达到指定的迭代次数或终止迭代的判断要求。

9.2.2　案例详解及软件实现

数据：“聚类分析.sav”。

研究目的：根据 7 个测度指标，将 31 个省、直辖市、自治区（不含港、澳、台地区）分为三大类。

软件实现如下。

第 1 步：在“分析”菜单的“分类”子菜单中选择“K-均值聚类”命令，如图 9-16 所示。

第 2 步：在弹出的“K 均值聚类分析”对话框中，从左侧的变量名列表框中选择“区域”变量，添加到“个案标注依据”框中，其余变量全部添加到“变量”列表框中；在“聚类数”（即聚类分析的类别数）文本框中输入需要聚成的类别数（本例需要将样本分成 3 类，因此这里输入“3”）；在“方法”选项组中选择类中心点的确定方法，如图 9-17 所示。

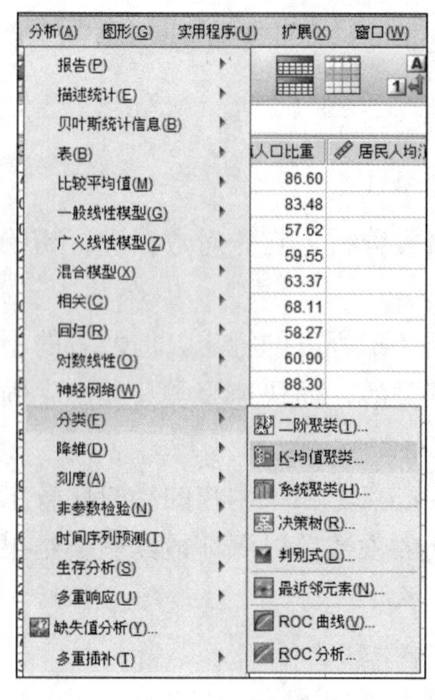

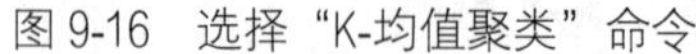

图 9-16　选择“K-均值聚类”命令

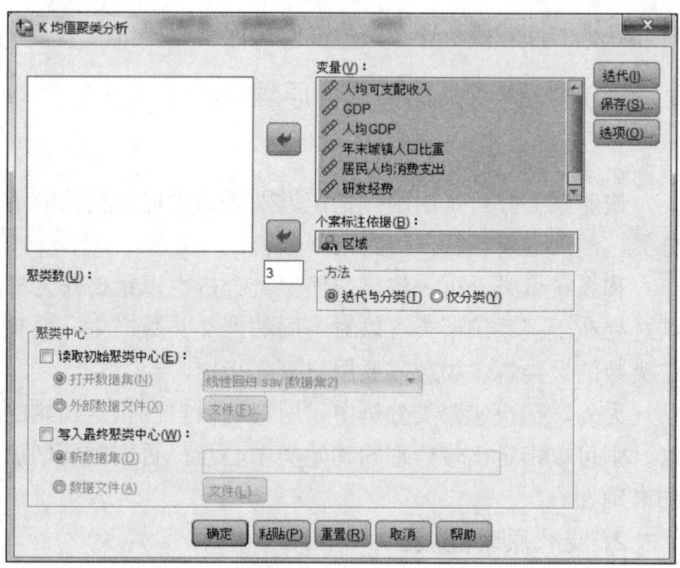

图 9-17　设置“K 均值聚类分析”对话框

类中心点的确定方法有以下两种。

- 迭代与分类（SPSS 默认）：先定初始类别中心点，然后按 K-means 算法做迭代分类。本例选择此单选项。
- 仅分类：仅按初始类别中心点分类，仅做一次迭代计算。

第 3 步：单击“选项”按钮，弹出“K-均值聚类分析：选项”对话框。该对话框可以选择输出聚类分析的相关统计量，并指定对缺失数据的处理方法。各部分介绍如下。

“统计”选项组中可以选择的统计量如下。

- 初始聚类中心：SPSS 默认项，表示显示有关初始类中心点的数据。
- ANOVA 表：对 K-均值聚类分析产生的类做单因素方差分析，并输入各个变量的方差分析表。
- 每个个案的聚类信息：显示所有样本的分类信息及各样本到所属类中心点的距离。

“缺失值”选项组中对缺失值的处理方法与其他统计模型的操作相同，这里不再赘述。

本例中选中“初始聚类中心”“每个个案的聚类信息”复选框，如图 9-18 所示，单击“继续”按钮，返回图 9-17 所示的“K 均值聚类分析”对话框。

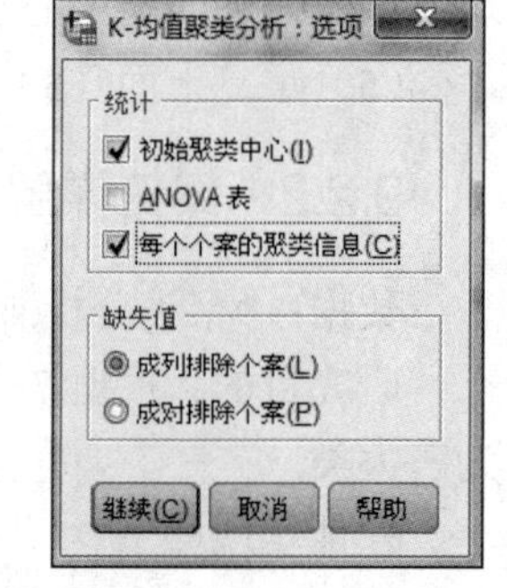

图 9-18　设置“K-均值聚类分析：选项”对话框

第 4 步：单击图 9-17 所示对话框中的“迭代”按钮，弹出“K-均值聚类分析：迭代”对话框。该对话框用于确定快速聚类分析的迭代终止条件，选项如下。

- 最大迭代次数：迭代达到该设定次数时终止聚类分析过程。SPSS 默认最大迭代次数为 10。
- 收敛准则：迭代的距离收敛标准。当新一次迭代形成的若干个类中心点和上一次的类中心点间的最大距离小于指定数据时，终止聚类分析过程。SPSS 默认距离收敛标准为 0。

- 使用运行平均值：选中该复选框表示每当一个样本分配到一类后重新计算新的类中心点，快速聚类分析的类中心点将与样本进入的先后顺序有关；不选中该复选框，则完成所有样本依次类分配后再计算各类中心点。使用运行平均值可以节省运算时间，尤其是样本容量较大的时候。

因样本量不大，本例中指定最大的迭代次数为10次，不选中“使用运行平均值”复选框，如图9-19所示。单击“继续”按钮，返回图9-17所示的“K均值聚类分析”对话框。

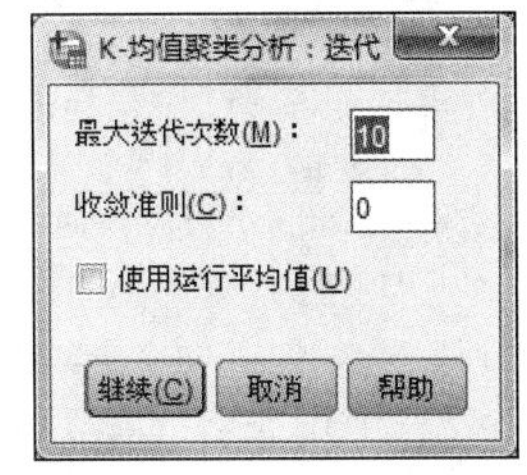

图9-19 设置“K-均值聚类分析：迭代”对话框

第5步：单击图9-17所示对话框中的“保存”按钮，弹出“K-均值聚类：保存新变量”对话框。该对话框可以指定将SPSS快速聚类分析的结果以变量的形式保存到SPSS的“数据视图”窗口中。该对话框给出的选项介绍如下。

选中“聚类成员”复选框，所有样本所属类的类号会保存到变量“QCL-1”中。

选中“与聚类中心的距离”复选框，所有样本到所属类中心点的欧氏距离会保存到变量“QCL-2”中。

本例中选中“聚类成员”复选框，如图9-20所示，单击“继续”按钮，返回图9-17所示的“K均值聚类分析”对话框。

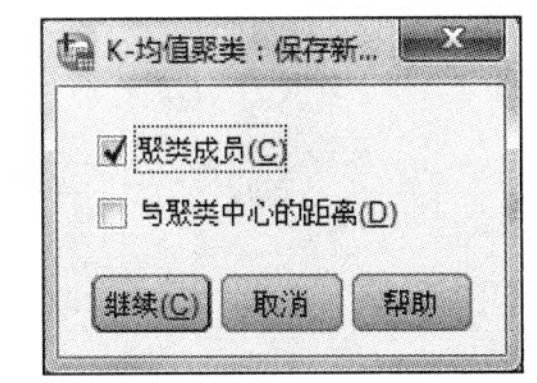

图9-20 设置“K-均值聚类：保存新变量”对话框

第6步：指定初始类中心点。

图9-17所示对话框中的“聚类中心”选项组用于确定聚类中心点，其中的选项说明如下。

选中“读取初始聚类中心”复选框，则从某个SPSS数据文件中读入初始类中心点。这个SPSS文件需要事先创建并存储在计算机中。其中，各变量的变量名应与当前SPSS“数据视图”窗口中的变量名完全吻合；需要指定k个样本的数据，分别对应k个类的初始中心点。

选中“写入最终聚类中心”复选框，快速聚类分析的最终类中心点会写入某个SPSS数据文件中，通过单击其后的“文件”按钮进行指定。

这里由于还不清楚要分析的3个类的具体情况，因此没有指定初始类。这时，SPSS会自动指定初始类中心点的相关数值，通过不断迭代，最终实现聚类分析目标。

第7步：单击图9-17所示对话框中的“确定”按钮，开始计算。

SPSS的“K-均值聚类分析”输出结果包括4个部分，结果解读如下。

（1）初始聚类中心。图9-21显示了SPSS自动指定的3个类别的类中心点。这里的类中心点可以理解为一个虚拟样本，该样本在各个变量上的取值代表了该类别的平均水平。

（2）迭代历史记录。图9-22显示了此次“K-均值聚类分析”的迭代过程，可见只经过了3次迭代，就完成了聚类任务。

（3）聚类成员相关信息。图9-23所示聚类成员结果表中第3列表示各样本的类别分配，表中第四列表示各样本到所属类别最终类中心点的距离。与系统聚类分析结果进行对比，可以发现两种聚类分析方法虽然都是将样本分为3类，但是最终的样本分配结果却略有差异，这也是聚类分析的探索性分析本质所决定的。

（4）最终聚类中心。图9-24所示是经过3次迭代后最终确定的3个类别的中心点信息，可见与最初聚类中心已有较为显著的区别。

初始聚类中心

	聚类		
	1	2	3
人均可支配收入	39014.3	19501.3	31597.0
GDP	107671.07	1697.82	71067.53
人均GDP	94172	48902	70653
年末城镇人口比重	71.40	31.54	61.51
居民人均消费支出	28994.7	13029.2	20427.5
研发经费	23148566	5574	12109485
城市人口密度	3859	1671	1665

图 9-21 “初始聚类中心”结果

迭代历史记录[a]

	聚类中心中的变动		
迭代	1	2	3
1	543709.733	2439296.283	1796560.707
2	.000	134911.672	2112949.047
3	.000	.000	.000

a. 由于聚类中心中不存在变动或者仅有小幅变动，因此实现了收敛。任何中心的最大绝对坐标变动为 .000。当前迭代为 3。初始中心之间的最小距离为 11039172.773。

图 9-22 “迭代历史记录”结果

聚类成员

个案号	区域	聚类	距离
1	北京	2	293472.153
2	天津	2	446455.494
3	河北	2	1806362.458
4	山西	2	1198979.316
5	内蒙古	2	1395993.912
6	辽宁	2	522950.470
7	吉林	2	1895679.525
8	黑龙江	2	1864994.586
9	上海	2	3328616.892
10	江苏	1	543709.733
11	浙江	3	317142.183
12	安徽	2	3185807.954
13	福建	2	3405862.892
14	江西	2	622677.924
15	山东	3	317142.183
16	河南	2	3507703.467
17	湖北	2	3285642.111
18	湖南	2	3351932.391
19	广东	1	543709.733
20	广西	2	1535032.008
21	海南	2	2471529.875
22	重庆	2	779398.050
23	四川	2	1299212.589
24	贵州	2	1669542.923
25	云南	2	1281998.088
26	西藏	2	2574199.436
27	陕西	2	171685.094
28	甘肃	2	2074384.111
29	青海	2	2486035.635
30	宁夏	2	2163991.724
31	新疆	2	2138313.531

图 9-23 “聚类成员”结果

最终聚类中心

	聚类		
	1	2	3
人均可支配收入	40207.0	29186.4	40747.9
GDP	103651.30	23874.49	66709.63
人均GDP	108890	64823	89139
年末城镇人口比重	71.01	59.74	65.76
居民人均消费支出	27846.0	20748.8	26226.7
研发经费	22605074	2579598	12425873
城市人口密度	3040	3090	1865

图 9-24 “最终聚类中心”结果

（5）最终聚类中心之间的距离。图 9-25 显示了 3 个类别中心点之间的欧式距离平方数值，从距离大小上可以判断，第 2 类与第 3 类之间的距离最小，说明这两个类别之间最为相近。

（6）每个聚类中的个案数目。图 9-26 显示了 3 个类的样本数量，第 1 类和第 3 类均包含 2 个样本，第 2 类包含 27 个样本。

（7）经过聚类计算后，在原数据文件后，生成了一个新的变量“QCL_1”，用于表示各个样本的类别归属，如图 9-27 所示。

最终聚类中心之间的距离

聚类	1	2	3
1		20025686.70	10179287.41
2	20025686.70		9846405.603
3	10179287.41	9846405.603	

图 9-25 “最终聚类中心之间的距离”结果

每个聚类中的个案数目

聚类	1	2.000
	2	27.000
	3	2.000
有效		31.000
缺失		.000

图 9-26 “每个聚类中的个案数目”结果

*聚类分析.sav [数据集4] - IBM SPSS Statistics 数据编辑器

文件(F)　编辑(E)　查看(V)　数据(D)　转换(T)　分析(A)　图形(G)　实用程序(U)　扩展(X)　窗口(W)　帮助(H)

16 :

	区域	人均可支配收入	GDP	人均GDP	年末城镇人口比重	居民人均消费支出	研发经费	城市人口密度	QCL_1
1	北京	67755.9	35371.28	164220	86.60	43038.3	2851859	1137	2
2	天津	42404.1	14104.28	90371	83.48	31853.6	2134320	4939	2
3	河北	25664.7	35104.52	46348	57.62	17987.2	4385826	3063	2
4	山西	23828.5	17026.68	45724	59.55	15862.6	1380813	3804	2
5	内蒙古	30555.0	17212.53	67852	63.37	20743.4	1183625	1820	2
6	辽宁	31819.7	24909.45	57191	68.11	22202.8	3102482	1807	2
7	吉林	24562.9	11726.82	43475	58.27	18075.4	684086	1885	2
8	黑龙江	24253.6	13612.68	36183	60.90	18111.5	714862	5498	2
9	上海	69441.6	38155.32	157279	88.30	45605.1	5906564	3830	2
10	江苏	41399.7	99631.52	123607	70.61	26697.3	22061581	2221	1
11	浙江	49898.8	62351.74	107624	70.00	32025.8	12742260	2064	3
12	安徽	26415.1	37113.98	58496	55.81	19137.4	5765371	2663	2
13	福建	35616.1	42395.00	107139	66.50	25314.3	5985139	3193	2
14	江西	26262.4	24757.50	53164	57.42	17650.5	3202151	4226	2
15	山东	31597.0	71067.53	70653	61.51	20427.5	12109485	1665	3
16	河南	23902.7	54259.20	56388	53.21	16331.8	6087153	4850	2
17	湖北	28319.5	45828.31	77387	61.00	21567.0	5865143	2846	2
18	湖南	27679.7	39752.12	57540	57.22	20478.9	5931485	3265	2
19	广东	39014.3	107671.07	94172	71.40	28994.7	23148566	3859	1
20	广西	23328.2	21237.14	42964	51.09	16418.3	1044742	2097	2
21	海南	26679.5	5308.93	56507	59.23	19554.9	108154	2352	2
22	重庆	28920.4	23605.77	75828	66.80	20773.9	3358918	2012	2
23	四川	24703.1	46615.82	55774	53.79	19338.3	3878572	3045	2
24	贵州	20397.4	16769.34	46433	49.02	14780.0	910206	2222	2
25	云南	22082.4	23223.75	47944	48.91	15779.8	1297741	3133	2
26	西藏	19501.3	1697.82	48902	31.54	13029.2	5574	1671	2
27	陕西	24666.3	25793.17	66649	59.43	17464.9	2408037	5140	2
28	甘肃	19139.0	8718.30	32995	48.49	15879.1	505544	3260	2
29	青海	22617.7	2965.95	48981	55.52	17544.8	93712	2958	2
30	宁夏	24411.9	3748.48	54217	59.86	18296.8	415733	3059	2
31	新疆	23103.4	13597.11	54280	51.87	17396.6	441347	3667	2

图 9-27 新变量“QCL_1”展示

9.3 判别分析

9-3 判别分析

判别分析是一种比较常用的分类分析方法，它先根据已知类别的事物性质，利用某种技术建立函数式，然后对未知类别的新事物进行判断以将其归入已知的类别。判别分析的用处很广，除了对个案进行已有类别的归类判断外，还可利用判别分析来对聚类分析结果的准确性进行检验。

9.3.1 判别原理

1. 前提假设

判别分析先根据已知类别的事物性质（自变量）建立函数式（自变量的线性组合，即判别函数），然后对未知类别的新事物进行判断以将其归入已知的类别。

判别分析有如下的假定。

① 预测变量服从正态分布。

② 预测变量之间没有显著的相关。

③ 预测变量的平均值和方差不相关。

④ 预测变量应是连续变量，因变量（类别或组别）是间断变量。

⑤ 两个预测变量之间的相关性在不同类中是一样的。

在分析的各个阶段应把握如下的原则。

① 事前组别（类）的分类标准（作为判别分析的因变量）要尽可能准确和可靠，否则会影响判别函数的准确性，从而影响判别分析的效果。

② 所分析的自变量应是因变量的重要影响因素，应该挑选既有重要特性又有区别能力的变量，达到以最少变量而有高辨别能力的目标。

③ 初始分析的数目不能太少。

2. 判别函数构建

SPSS 通过判别分析，自动建立的判别函数（组）为：

$$\begin{cases} d_{i1} = b_{01} + b_{11}x_{i1} + \cdots + b_{p1}x_{ip} \\ d_{i2} = b_{02} + b_{12}x_{i1} + \cdots + b_{p2}x_{ip} \\ \qquad \cdots \\ d_{ik} = b_{0k} + b_{1k}x_{i1} + \cdots + b_{pk}x_{ip} \end{cases}$$

其中，k 为判别函数（组）中判别函数的个数，为函数 min（#类别数−1，# 预测变量数)的值，即类别数−1 和预测变量数两个值中的较小者；d_{ik} 为第 k 个判别函数所求得的第 i 个个案的值；p 为预测变量的数目；b_{jk} 为第 k 个判别函数的第 j 个系数；x_{ij} 为第 j 个预测变量在第 i 个个案中的取值。

这些判别函数是各个独立预测变量的线性组合。程序自动选择第一个判别函数，以尽可能多地区别各个类，然后再选择和第一个判别函数独立的第二个判别函数，尽可能多地提供判别能力。程序将按照这种方式，提供剩下的判别函数。判别函数的个数为 k。

图 9-28 所示为判别分析的示意图。

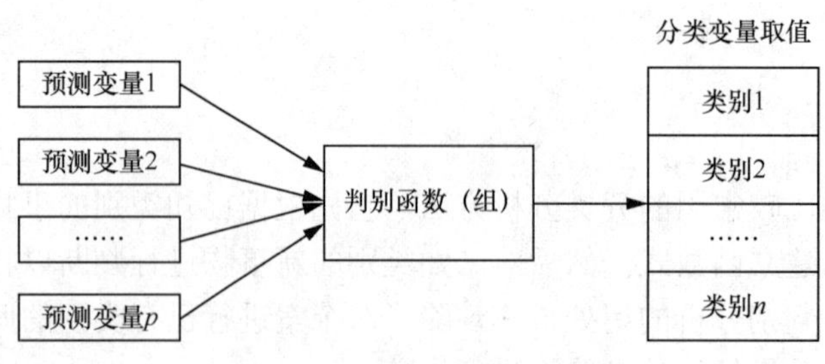

图 9-28　判别分析的示意图

9.3.2　案例详解及软件实现

数据：“判别分析.sav”。

该数据文件的测度对象为黄河中下游流域流经的 31 个主要城市，事先已经根据人口密度

（人/平方千米）、人均 GDP（元）、人均日生活用水量（升）、人均水资源量（立方米/人）、耕地有效灌溉面积（千公顷）、万元 GDP 能耗量变化率（%）、公共供水普及率（%）7 个变量的信息，利用 K-均值聚类分析方法，将 31 个城市分为了 3 个类别，并将每个地区的类别归属保存在变量“类别”中。数据如图 9-29 所示。

判别分析.sav [数据集1] - IBM SPSS Statistics 数据编辑器

	城市	人口密度	人均GDP	人均日生活用水量	人均水资源量	耕地有效灌溉面积	万元GDP能耗量变化率	公共供水普及率	类别
1	呼和浩特市	8923.00	104719.00	71.89	337.45	212.67	11.40	99.37	2
2	包头市	2188.00	138168.00	79.59	332.33	129.77	10.00	100.00	2
3	鄂尔多斯市	2641.00	217107.00	79.87	1498.75	245.92	12.20	99.85	3
4	乌海市	8386.00	103248.00	150.18	51.48	7.06	-2.50	100.00	2
5	巴彦淖尔市	4763.00	54739.00	88.97	611.94	652.72	7.30	98.04	1
6	太原市	3730.00	88272.00	178.55	136.12	47.22	-3.64	100.00	2
7	晋中市	1251.00	57819.00	136.51	373.68	169.41	-3.32	99.79	1
8	运城市	6412.00	28229.00	120.70	183.00	437.93	2.49	99.00	1
9	忻州市	1694.00	31209.00	74.97	695.16	145.31	-3.40	91.94	1
10	临汾市	10283.00	32066.00	86.66	202.69	151.75	2.38	99.35	1
11	吕梁市	5558.00	36585.00	106.00	482.95	107.63	5.47	98.92	1
12	渭南市	2066.00	21374.00	170.94	153.35	280.22	-4.74	84.50	1
13	延安市	6714.00	66593.00	94.19	508.98	27.61	-2.92	89.99	1
14	榆林市	3526.00	100267.00	95.78	711.57	114.95	-3.22	83.62	2
15	郑州市	10937.00	101352.00	140.38	91.61	190.84	-7.15	98.91	2
16	开封市	5321.00	43933.00	139.94	176.24	336.17	-6.24	93.94	1
17	洛阳市	7120.00	67707.00	123.01	263.73	146.81	-6.98	97.42	1
18	新乡市	5640.00	43696.00	184.30	170.99	362.69	-5.83	99.39	1
19	焦作市	5721.00	66329.00	128.27	193.90	176.86	-6.56	99.80	1
20	濮阳市	3982.00	45644.00	166.69	142.61	226.84	-3.63	95.94	1
21	三门峡市	6770.00	67275.00	104.37	479.65	55.45	-6.49	92.11	1
22	济源市	3923.00	87761.00	135.96	371.83	22.70	-6.01	99.64	2
23	济南市	2494.00	106302.00	142.53	260.71	256.58	-12.29	99.68	2
24	淄博市	2588.00	107720.00	125.72	366.24	126.56	-4.78	99.93	2
25	东营市	657.00	191942.00	176.78	853.55	189.88	-2.68	100.00	3
26	济宁市	1785.00	58972.00	116.91	308.65	475.63	-2.22	99.49	1
27	泰安市	1748.00	64714.00	137.91	309.93	247.82	-2.28	92.26	1
28	德州市	1784.00	58252.00	87.62	265.75	507.48	-3.60	96.48	1
29	聊城市	2070.00	51935.00	112.65	214.50	487.79	-11.22	96.43	1
30	滨州市	1110.00	67405.00	160.67	436.20	381.57	-4.91	100.00	1
31	菏泽市	2065.00	35184.00	126.62	247.35	646.47	-3.91	94.24	1

图 9-29 “判别分析.sav”数据信息

研究目的：利用判别分析的方法验证文件中所给出的分类是否准确。

软件实现如下。

第 1 步：在“分析”菜单的“分类”子菜单中选择“判别式”命令，如图 9-30 所示。

第 2 步：在弹出的“判别分析”对话框中，从左侧的变量名列表框中选择除“类别”变量以外的其他所有变量，并添加到“自变量”列表框中，如图 9-31 所示。

第 3 步：选择“类别”变量，将其添加到“分组变量”框中。这时“分组变量”框下的“定义范围”按钮变为可用，如图 9-32 所示。单击该按钮，弹出“判别分析：定义范围”对话框。

图 9-30 选择“判别式”命令

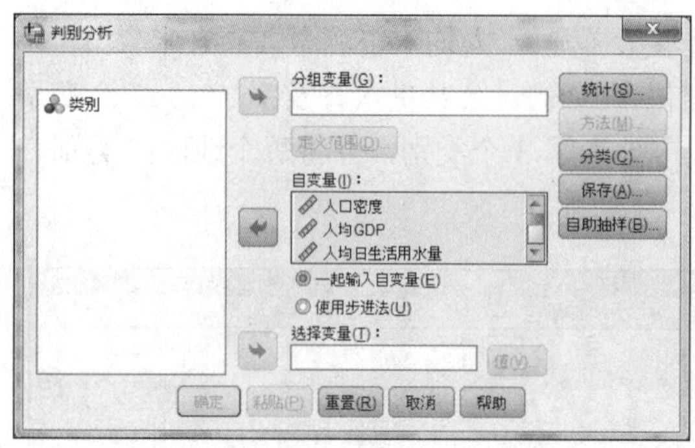

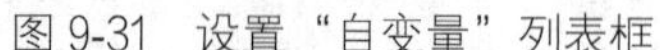
图 9-31　设置“自变量”列表框

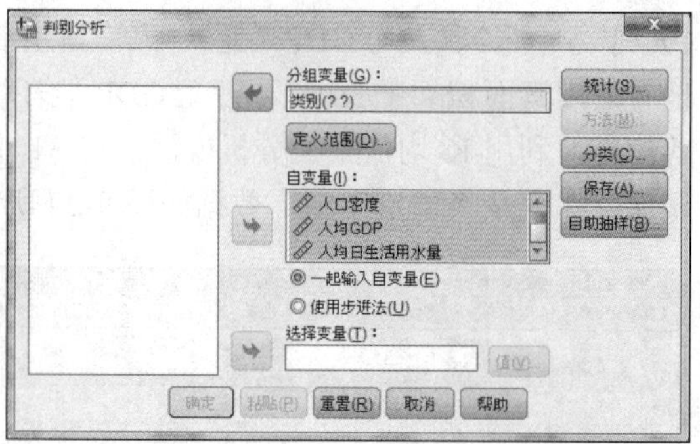

图 9-32　设置“分组变量”列表框

“判别分析：定义范围”对话框用于指定分组变量的范围，本例中设置最小值为 1，最大值为 3，如图 9-33 所示，单击“继续”按钮，返回图 9-31 所示的对话框。

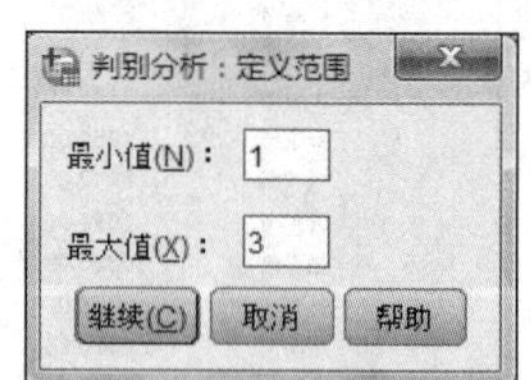

图 9-33　设置“判别分析：定义范围”对话框

第 4 步：选择判别分析的方式。

系统提供了如下两类判别分析方式供选择。

- 一起输入自变量：判别分析的预测变量全部进入判别方程。如果选择此单选项，则右侧的“方法”按钮不可使用。
- 使用步进法：采用逐步的方法选择预测变量进入判别函数方程。选择此单选项时，“方法”按钮变为可用。

单击“方法”按钮，弹出“判别分析：步进法”对话框，如图 9-34 所示。该对话框中提供了 5 种逐步选择方法。“威尔克 Lambda”方法按统计量 Wilks λ 最小值选择变量，“未解释方差”方法按所有组方差之和的最小值选择变量，“马氏距离”方法按相邻两组的最大马氏距离选择变量，“最小 F 比”方法按所有组间最小 F 值比值中的最大值选择变量，“拉奥 V”方法按统计量拉奥 V 的最大值选择变量。

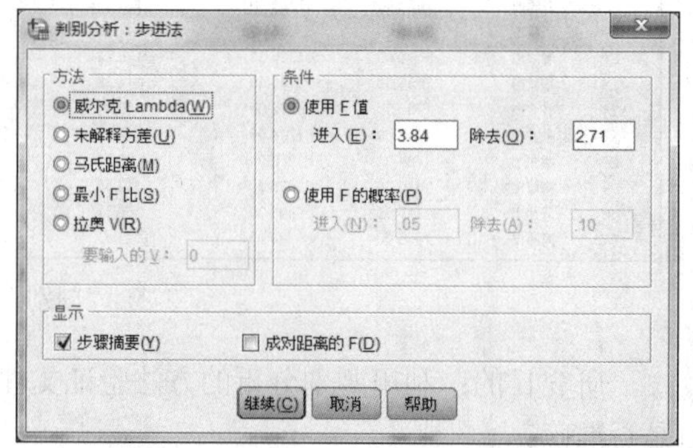

图 9-34　“判别分析：步进法”对话框

本例中，由于将所有预测变量都放入模型，因此选择“一起输入自变量”单选项。

第 5 步：单击“统计”按钮，弹出“判别分析：统计”对话框。该对话框包括“描述”“函数系数”和“矩阵”3 个部分。

“描述”选项组中包括“平均值”“单变量 ANOVA”和“博克斯 M”3 个选项，“平均值”对各组的每个变量做均值与标准差的描述。“单变量 ANOVA”对自变量平均数差异的单因子变异数进行检验。“博克斯 M”对各组共变异数相等的零假设进行博克斯 M 检验。

“函数系数”选项组给出两种判别函数表达式，一种是“费希尔”函数，选中该复选框，系统将给出费希尔分类系数；另一种是“未标准化”函数，选中该复选框，系统将给出显示判别方程的非标准化系数。

“矩阵”选项组中给出了 4 种矩阵：“组内相关性”矩阵、“组内协方差”矩阵、“分组协方差”矩阵和“总协方差”矩阵。

本例中选中“描述”选项组中的“平均值”和“博克斯 M”复选框，选中“函数系数”选项组中的“费希尔”复选框，如图 9-35 所示，单击“继续”按钮，返回“判别分析”对话框。

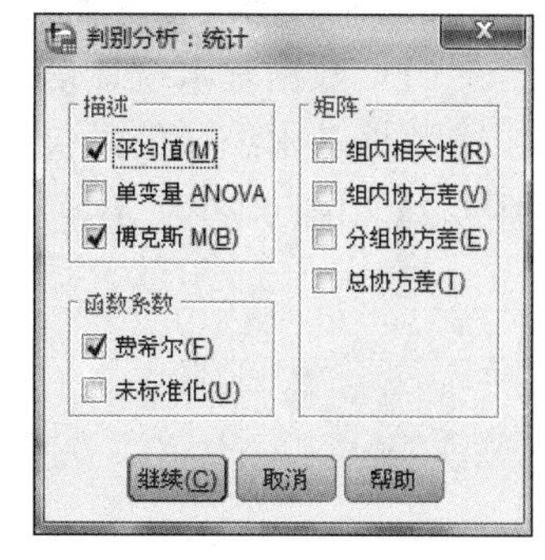

图 9-35　设置“判别分析：统计”对话框

第 6 步：指定分类结果摘要。

单击图 9-31 所示对话框中的“分类”按钮，弹出“判别分析：分类”对话框。该对话框中包含“先验概率”“显示”“使用协方差矩阵”“图”4 个部分。

“先验概率”选项组给出了两种先验概率模式：“所有组相等”，即所有组别的事前概率值均假定相等（系统默认值）；“根据组大小计算”，即事前概率值根据组别大小计算。

“显示”选项组中包括“个案结果”“摘要表”和“留一分类”3 个选项，分别用于给出每个观察值的分类结果、对回代判别结果进行总结评价，以及对每个观察值用全体观察值得到的判别函数进行分类。

“使用协方差矩阵”选项组给出了“组内”和“分组”两种协方差矩阵模式。

“图”选项组给出了“合并组”“分组”和“领域图”3 种图形，分别用于输出合并的判别结果分布图、组间的判别结果分布图，以及边界分布图。

本例中选择“所有组相等”单选项作为先验概率，显示“个案结果”和“摘要表”，使用“组内”协方差矩阵，输出“合并图”，如图 9-36 所示。因为无缺失值，对话框最下端的“将缺失值替换为平均值”复选框可不选中。单击“继续”按钮，返回图 9-31 所示的对话框。

第 7 步：保存判别分析的结果。

单击图 9-31 所示的对话框中的“保存”按钮，弹出“判别分析：保存”对话框。该对话框给出了 3 种保存模式。“预测组成员”表示将判别分析的结果存入 SPSS 的“数据视图”窗口中的变量 dis_1 中。“判别得分”表示保存判别函数的得分值。“组成员概率”表示保存成员进入该分类组的概率值。

选中上述 3 个复选框，如图 9-37 所示，单击“继续”按钮，返回图 9-31 所示对话框。

第 8 步：单击图 9-31 所示对话框中的“确定”按钮，开始计算。

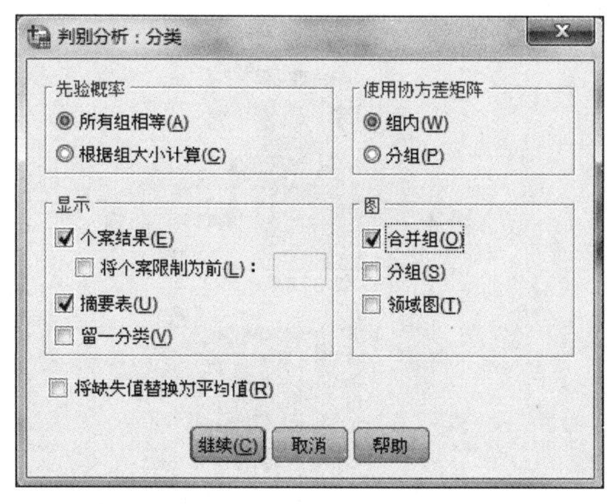

图 9-36　设置“判别分析：分类”对话框

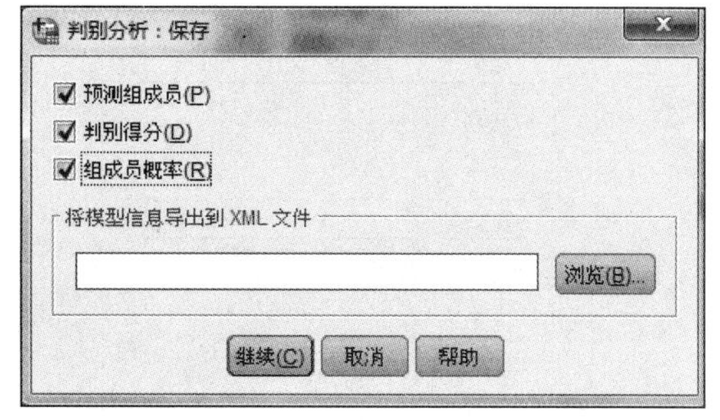

图 9-37　设置“判别分析：保存”对话框

SPSS 的判别分析输出结果如下。

（1）数据基本统计信息。

数据基本统计信息包括个案处理摘要和 3 个分类组的均值、标准偏差、有效样本量，如图 9-38 和图 9-39 所示。

分析个案处理摘要

未加权个案数		个案数	百分比
有效		31	100.0
排除	缺失或超出范围组代码	0	.0
	至少一个缺失判别变量	0	.0
	既包括缺失或超出范围组代码，也包括至少一个缺失判别变量	0	.0
	总计	0	.0
总计		31	100.0

图 9-38　个案处理摘要

类别		平均值	标准 偏差	有效个案数（成列）未加权	加权
1	人口密度	4192.8500	2585.93410	20	20.000
	人均GDP	49983.0000	15169.98920	20	20.000
	人均日生活用水量	123.3950	30.57879	20	20.000
	人均水资源量	321.0625	162.76876	20	20.000
	耕地有效灌溉面积	301.2080	187.16223	20	20.000
	万元GDP能耗量变化率	-3.0305	4.43267	20	20.000
	公共供水普及率	95.9515	4.13642	20	20.000
2	人口密度	5188.3333	3292.68693	9	9.000
	人均GDP	104201.0000	14660.02636	9	9.000
	人均日生活用水量	124.5089	35.17900	9	9.000
	人均水资源量	295.4822	198.36523	9	9.000
	耕地有效灌溉面积	123.1500	86.49746	9	9.000
	万元GDP能耗量变化率	-2.0211	7.77977	9	9.000
	公共供水普及率	97.9056	5.36943	9	9.000
3	人口密度	1649.0000	1402.89985	2	2.000
	人均GDP	204524.5000	17794.34215	2	2.000
	人均日生活用水量	128.3250	68.52572	2	2.000
	人均水资源量	1176.1500	456.22530	2	2.000
	耕地有效灌溉面积	217.9000	39.62626	2	2.000
	万元GDP能耗量变化率	4.7600	10.52175	2	2.000
	公共供水普及率	99.9250	.10607	2	2.000
总计	人口密度	4317.7419	2811.48932	31	31.000
	人均GDP	75694.1290	44772.74461	31	31.000
	人均日生活用水量	124.0365	32.86816	31	31.000
	人均水资源量	368.8029	284.24733	31	31.000
	耕地有效灌溉面积	244.1390	175.61781	31	31.000
	万元GDP能耗量变化率	-2.2348	5.99766	31	31.000
	公共供水普及率	96.7752	4.47459	31	31.000

图 9-39　基本组统计结果

（2）协方差矩阵的博克斯等同性检验。

图 9-40 和图 9-41 所示的这两个表格是博克斯 M 假设检验结果，零假设是组共变异数相等。博克斯 M 的值为 73.784，*F* 值为 1.641，相伴概率值为 0.020，小于显著性水平 0.05，因此判定 3 组样本共变异数不相等，这是不符合判别分析假定的。因此对后面所得到的判别函数的使用需要谨慎。

对数决定因子

类别	秩	对数决定因子
1	7	66.301
2	7	61.948
3	.[a]	.[b]
汇聚组内	7	67.490

打印的决定因子的秩和自然对数是组协方差矩阵的相应信息。

a. 秩 < 2

b. 个案过少以至于无法实现非奇异

图 9-40　对数决定因子

检验结果[a]

博克斯 M		73.784
F	近似	1.641
	自由度 1	28
	自由度 2	888.858
	显著性	.020

对等同群体协方差矩阵的原假设进行检验。

a. 某些协方差矩阵是奇异矩阵，普通过程无法工作。非奇异组将根据它们自己的汇聚组内协方差矩阵进行检验。其决定因子的对数为 67.744。

图 9-41　博克斯 M 检验结果

（3）典则判别函数摘要。

图9-42所示的表格中列出了两个判别函数对应的信息。判别函数的特征值越大，表明该判别函数越具有区别力。第一个判别函数的特征值为11.597，第二个判别函数的特征值为1.243。最后一列为典型相关系数，表示判别函数分数与组别间的关联程度。

图9-43所示是两个判别函数的威尔克Lambda检验结果。结果显示两个判别函数均达到显著性水平。

特征值

函数	特征值	方差百分比	累积百分比	典型相关性
1	11.597[a]	90.3	90.3	.959
2	1.243[a]	9.7	100.0	.744

a. 在分析中使用了前2个典则判别函数。

图9-42 对数决定因子

威尔克 Lambda

函数检验	威尔克 Lambda	卡方	自由度	显著性
1 直至 2	.035	83.528	14	.000
2	.446	20.192	6	.003

图9-43 威尔克Lambda检验结果

其中，“1直至2”表示两个判别函数的平均数在3个组别间的差异情况。其对应的威尔克Lambda的值为0.035，卡方值为83.528，相伴概率值为0.000，小于显著性水平，表示拒绝零假设，判别函数达到显著性水平。

“2”表示在排除第一个判别函数后，第二个判别函数在3个组别间的差异情况，相伴概率值为0.003，表明判别函数“2”也达到显著性水平。

图9-44所示是两个判别函数的标准化系数，由此可以得到两个判别函数分别为：

$$D1 = 0.300\times\text{人口密度}+0.984\times\text{人均GDP}+0.878\times\text{人均日生活用水量}+0.584\times\text{人均水源量}$$
$$+0.135\times\text{耕地有效灌溉面积}+0.221\times\text{万元GDP能耗量变化率}-0.090\times\text{公共供水普及率}$$
$$D2 = 0.220\times\text{人口密度}-0.424\times\text{人均GDP}+0.750\times\text{人均日生活用水量}+1.332\times\text{人均水源量}$$
$$+0.533\times\text{耕地有效灌溉面积}-0.051\times\text{万元GDP能耗量变化率}+0.248\times\text{公共供水普及率}$$

图9-45所示的表格内容是典则判别函数的结构矩阵，是变量和判别函数的组内相关系数矩阵。“*”号表示对应变量和标准化判别函数达到了相关性显著水平。相关系数越大，表明变量对判别函数影响越大。从该矩阵表格可以看出，人均GDP、万元GDP能耗量变化率、人均日生活用水量3个变量对第一个判别函数影响较大，其余4个变量对第二个判别函数影响较大。

标准化典则判别函数系数

	函数	
	1	2
人口密度	.300	.220
人均GDP	.984	-.424
人均日生活用水量	.878	.750
人均水资源量	.584	1.332
耕地有效灌溉面积	.135	.533
万元GDP能耗量变化率	.221	-.051
公共供水普及率	-.090	.248

图9-44 标准化典则判别函数系数

结构矩阵

	函数	
	1	2
人均GDP	.843*	-.330
万元GDP能耗量变化率	.096*	.076
人均日生活用水量	.011*	.003
人均水资源量	.292	.546*
耕地有效灌溉面积	-.084	.392*
人口密度	-.045	-.246*
公共供水普及率	.079	-.080*

判别变量与标准化典则判别函数之间的汇聚组内相关性

变量按函数内相关性的绝对大小排序。

*. 每个变量与任何判别函数之间的最大绝对相关性

图9-45 典则判别函数结构矩阵

图 9-46 所示为 3 个组在两个判别函数的质心对应的函数系数，即按组平均值进行求值的未标准化的典则判别函数系数，由此可以得到两个未标准化的判别函数。

（4）分类处理摘要。

图 9-47 显示了参加判别分类的个案数。

图 9-48 所示为每一组事前的概率值。这里为均匀分布，因此每一组都为 0.333。同时也给出了初始状态下各个组的样本量。

组质心处的函数

类别	函数 1	函数 2
1	-1.814	.515
2	1.620	-1.569
3	10.846	1.915

按组平均值进行求值的未标准化典则判别函数

图 9-46　组质心处的函数

分类处理摘要

已处理		31
排除	缺失或超出范围组代码	0
	至少一个缺失判别变量	0
已在输出中使用		31

图 9-47　分类处理摘要

组的先验概率

类别	先验	在分析中使用的个案	
		未加权	加权
1	.333	20	20.000
2	.333	9	9.000
3	.333	2	2.000
总计	1.000	31	31.000

图 9-48　组的先验概率

图 9-49 所示为采用费希尔方法得到的费希尔线性判别函数相关系数，每一组都有一组相应的费希尔判别函数系数。因此可得 3 个组的费希尔判别函数分别为：

$$F1=-351.417+0.002\times\text{人口密度}+0.000\times\text{人均GDP}+0.368\times\text{人均日生活用水量}+0.123\times\text{人均水资源量}+0.011\times\text{耕地有效灌溉面积}-1.157\times\text{万元GDP能耗量变化率}+6.346\times\text{公共供水普及率}$$

$$F2=-358.965+0.002\times\text{人口密度}+0.000\times\text{人均GDP}+0.410\times\text{人均日生活用水量}+0.119\times\text{人均水资源量}+0.007\times\text{耕地有效灌溉面积}-1.010\times\text{万元GDP能耗量变化率}+6.160\times\text{公共供水普及率}$$

$$F3=-523.814+0.003\times\text{人口密度}+0.001\times\text{人均GDP}+0.725\times\text{人均日生活用水量}+0.171\times\text{人均水资源量}+0.027\times\text{耕地有效灌溉面积}-0.693\times\text{万元GDP能耗量变化率}+6.169\times\text{公共供水普及率}$$

分类函数系数

	类别 1	类别 2	类别 3
人口密度	.002	.002	.003
人均GDP	.000	.000	.001
人均日生活用水量	.368	.410	.725
人均水资源量	.123	.119	.171
耕地有效灌溉面积	.011	.007	.027
万元GDP能耗量变化率	-1.157	-1.010	-.693
公共供水普及率	6.346	6.160	6.169
(常量)	-351.417	-358.965	-523.814

费希尔线性判别函数

图 9-49　分类函数系数

在观察值分组的时候，将每一个样本观察值代入 3 个组的费希尔判别函数，以函数值的大小来做比较，哪个组对应的函数值最大，就表明观察值属于哪个组。由此计算得到判别函数规则下各个样本（或个案）的分类统计结果，如图 9-50 所示。表格中的第一列为个案编号，第二列为实际分组编号，第三列为通过判别函数预测的分组，可以看出，判别规则下预测个案分配结果与事前的样本实际分类结果是完全一致的。

个案统计

	个案号	实际组	最高组					第二最高组			判别得分	
			预测组	P(D>d | G=g)		P(G=g | D=d)	相对质心计算的平方马氏距离	组	P(G=g | D=d)	相对质心计算的平方马氏距离	函数 1	函数 2
				概率	自由度							
原始	1	2	2	.921	2	1.000	.165	1	.000	15.980	1.377	-1.894
	2	2	2	.076	2	1.000	5.146	1	.000	37.772	2.874	-3.460
	3	3	3	.409	2	1.000	1.786	2	.000	123.279	11.810	2.841
	4	2	2	.537	2	1.000	1.242	1	.000	22.318	1.664	-2.683
	5	1	1	.036	2	1.000	6.622	2	.000	25.673	-.802	2.881
	6	2	2	.865	2	.997	.290	1	.003	12.101	1.169	-1.275
	7	1	1	.886	2	.998	.243	2	.002	12.924	-1.321	.497
	8	1	1	.351	2	1.000	2.093	2	.000	29.306	-3.220	.855
	9	1	1	.133	2	1.000	4.037	2	.000	36.296	-3.477	1.641
	10	1	1	.118	2	1.000	4.273	2	.000	28.671	-3.623	-.485
	11	1	1	.670	2	1.000	.800	2	.000	23.766	-2.396	1.194
	12	1	1	.464	2	1.000	1.534	2	.000	25.347	-3.039	.337
	13	1	1	.398	2	.934	1.844	2	.066	7.151	-.747	-.326
	14	2	2	.343	2	.998	2.143	1	.002	14.596	1.950	-.143
	15	2	2	.976	2	1.000	.048	1	.000	17.506	1.687	-1.777
	16	1	1	.888	2	1.000	.238	2	.000	17.223	-2.151	.162
	17	1	1	.352	2	.924	2.091	2	.076	7.077	-.838	-.552
	18	1	1	.457	2	1.000	1.566	2	.000	16.835	-1.075	1.525
	19	1	1	.356	2	.959	2.064	2	.041	8.391	-1.163	-.766
	20	1	1	.899	2	.999	.213	2	.001	13.325	-1.630	.092
	21	1	1	.439	2	.949	1.645	2	.051	7.498	-.677	-.079
	22	2	2	.409	2	.945	1.786	1	.055	7.489	.674	-.626
	23	2	2	.873	2	.999	.273	1	.001	13.559	1.516	-1.058

图 9-50　个案统计结果

图 9-51 所示是两个典则判别函数在各个个案上的得分坐标图。从该图中可以看出，坐标点集中分布在 3 个部分。大方块 1 表示第一组的个案的质心，大方块 2 表示第二组的个案的质心，大方块 3 表示第三组的个案的质心。

图 9-52 所示是分类结果摘要，以分类结果矩阵形式表示。对角线显示的为准确预测的个数，其余为错误预测的个数。可见各个组的预测准确率均达到了 100%。这也说明实现的样本分类是比较准确的，能够体现各类之间的差异。

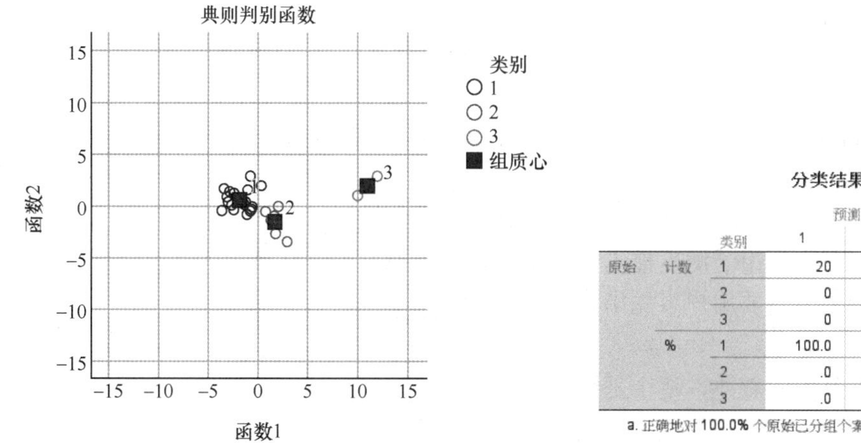

图 9-51　典则判别函数得分坐标图

分类结果[a]

		类别	预测组成员信息 1	2	3	总计
原始	计数	1	20	0	0	20
		2	0	9	0	9
		3	0	0	2	2
	%	1	100.0	.0	.0	100.0
		2	.0	100.0	.0	100.0
		3	.0	.0	100.0	100.0

a. 正确地对 100.0% 个原始已分组个案进行了分类。

图 9-52　分类结果摘要

（5）在实现过程中曾指定了将判别分析的结果作为样本的变量保存到 SPSS 的“数据视图”窗口中。SPSS 运行后的“数据视图”窗口如图 9-53 所示。这里一共保存了 6 个新变量，其中“Dis_1”是样本的预测组，“Dis1_1”表示第一个典则判别函数的判别得分，“Dis2_1”

表示第二个典则判别函数的判别得分，“Dis1_2”“Dis2_2”“Dis3_2”分别表示样本分配到 3 个类（组）中的函数值（也表示该样本属于 3 个类别的概率），这是通过费希尔函数计算得到的，哪个组的函数值（即概率）大，预测组就属于哪一组。

*判别分析.sav [数据集1] - IBM SPSS Statistics 数据编辑器

文件(F) 编辑(E) 查看(V) 数据(D) 转换(T) 分析(A) 图形(G) 实用程序(U) 扩展(X) 窗口(W) 帮助(H)

32 : 城市

	城市	人口密度	人均GDP	人均日生活用水量	人均水资源量	耕地有效灌溉面积	万元GDP能耗量变化率	公共供水普及率	类别	Dis_1	Dis1_1	Dis2_1	Dis1_2	Dis2_2	Dis3_2
1	呼和浩特市	8923.00	104719.00	71.89	337.45	212.67	11.40	99.37	2	2	1.37655	-1.89405	.00037	.99963	.00000
2	包头市	2188.00	138168.00	79.59	332.33	129.77	10.00	100.00	2	2	2.87408	-3.45976	.00000	1.00000	.00000
3	鄂尔多斯市	2641.00	217107.00	79.87	1498.75	245.92	12.20	99.85	3	3	11.80997	2.84135	.00000	.00000	1.00000
4	乌海市	8386.00	103248.00	150.18	51.48	7.06	-2.50	100.00	2	2	1.66383	-2.68297	.00003	.99997	.00000
5	巴彦淖尔市	4763.00	54739.00	88.97	611.94	652.72	7.30	98.04	1	1	-.80235	2.88086	.99993	.00007	.00000
6	太原市	3730.00	88272.00	178.55	136.12	47.22	-3.64	100.00	2	2	1.16911	-1.27507	.00272	.99728	.00000
7	晋中市	1251.00	57819.00	136.51	373.68	169.41	-3.32	99.79	1	1	-1.32122	.49737	.99824	.00176	.00000
8	运城市	6412.00	28229.00	120.70	183.00	437.93	2.49	99.00	1	1	-3.21974	.85541	1.00000	.00000	.00000
9	忻州市	1694.00	31209.00	74.97	695.16	145.31	-3.40	91.94	1	1	-3.47749	1.64129	1.00000	.00000	.00000
10	临汾市	10283.00	32066.00	86.66	202.69	151.75	2.38	99.35	1	1	-3.62315	-.48485	.99999	.00001	.00000
11	吕梁市	5558.00	36585.00	106.00	482.95	107.63	5.47	98.92	1	1	-2.39617	1.19352	.99999	.00001	.00000
12	渭南市	2066.00	21374.00	170.94	153.35	280.22	-4.74	84.50	1	1	-3.03941	.33683	.99999	.00001	.00000
13	延安市	6714.00	66593.00	94.19	508.98	27.61	-2.92	89.99	1	1	-.74726	-.32617	.93422	.06578	.00000
14	榆林市	3526.00	100267.00	95.78	711.57	114.95	-3.22	83.62	2	2	1.94964	-.14290	.00197	.99803	.00000
15	郑州市	10937.00	101352.00	140.38	91.61	190.84	-7.15	98.91	2	2	1.68676	-1.77712	.00016	.99984	.00000
16	开封市	5321.00	43933.00	139.94	176.24	336.17	-6.24	93.94	1	1	-2.15118	.16228	.99980	.00020	.00000
17	洛阳市	7120.00	67707.00	123.01	263.73	146.81	-6.98	97.42	1	1	-.83772	-.55225	.92364	.07636	.00000
18	新乡市	5640.00	43696.00	184.30	170.99	362.69	-5.83	99.39	1	1	-1.07474	1.52459	.99952	.00048	.00000
19	焦作市	5721.00	66329.00	128.27	193.90	176.86	-6.56	99.80	1	1	-1.16264	-.76603	.95943	.04057	.00000
20	濮阳市	3982.00	45644.00	166.69	142.61	226.84	-3.63	95.94	1	1	-1.63022	.09163	.99858	.00142	.00000
21	三门峡市	6770.00	67275.00	104.37	479.65	55.45	-6.49	92.11	1	1	-.67707	-.07925	.94915	.05085	.00000
22	济源市	3923.00	87761.00	135.96	371.83	22.70	-6.01	99.64	2	2	.67381	-.62569	.05462	.94538	.00000
23	济南市	2494.00	106302.00	142.53	260.71	256.58	-12.29	99.68	2	2	1.51590	-1.05761	.00130	.99870	.00000
24	淄博市	2588.00	107720.00	125.72	366.24	126.56	-4.78	99.93	2	2	1.67435	-1.20730	.00055	.99945	.00000
25	东营市	657.00	191942.00	176.78	853.55	189.88	-2.68	100.00	3	3	9.88242	.98965	.00000	.00000	1.00000
26	济宁市	1785.00	58972.00	116.91	308.65	475.63	-2.22	99.49	1	1	-1.58859	.60899	.99944	.00056	.00000
27	泰安市	1748.00	64714.00	137.91	309.93	247.82	-2.28	92.26	1	1	-.72055	-.23887	.93955	.06045	.00000
28	德州市	1784.00	58252.00	87.62	265.75	507.48	-3.60	96.48	1	1	-2.48739	-.36628	.99981	.00019	.00000
29	聊城市	2070.00	51935.00	112.65	214.50	487.79	-11.22	96.43	1	1	-2.67952	.02704	.99996	.00004	.00000
30	滨州市	1110.00	67405.00	160.67	436.20	381.57	-4.91	100.00	1	1	.21633	1.91246	.98217	.01783	.00000
31	菏泽市	2065.00	35184.00	126.62	247.35	646.47	-3.91	94.24	1	1	-2.85635	1.37293	1.00000	.00000	.00000

图 9-53　SPSS 运行后的“数据视图”窗口

习　题

一、填空题

1．在系统聚类分析中，Q 型聚类是按________进行聚类，R 型聚类是按________进行聚类。

2．系统聚类分析中，小类与小类、样本与小类间的聚类方法主要有 7 种，分别为________、________、________、________、________、________、________。

3．在系统聚类分析中，样本间欧式距离的计算公式为________。

4．在系统聚类分析中，用于测度样本相似度的余弦相似度的计算公式为________。

5．快速聚类分析中，需要用户事先指定______________。

二、选择题

1．下列有关聚类分析的叙述，哪个是错误的?（　　）

A．聚类分析的目的在于将事物按其特性分成几个聚类，使同一类内的事物具有高度相似性

B．不同聚类的事物具有高度的异质性

C．衡量相似性一般使用距离或配合系数与相似比

D．建立聚类的方法仅有系统聚类法

2．下列有关判别分析的叙述，哪个是错误的？（　　）

A．判别分析也称为“分辨法”

B．其概念类似于回归分析，均是一组自变量来预测一个因变量

C．判别分析的因变量（分组变量）为连续性数据

D．判别分析的主要目的是计算一组“预测变量”（自变量）的线性组合（判别函数），对因变量加以分类，并检查其再分组的正确性

3. 如果对某公司在一个城市中的各个营业点按彼此之间的路程远近来进行聚类，则最适合采用的距离是（　　）。

A．块距离　　B．切比雪夫距离

C．各变量标准化之后的欧式距离　　D．欧式距离

4．下列方法中，不属于系统聚类的方法是（　　）

A．最近邻元素法　B．质心聚类法　C．最远邻元素法　D．平均距离法

5．下列不属于判别分析中步进法筛选变量的方法的是（　　）

A．拉奥 V 法　B．马氏距离法　C．最小 F 比法　D．欧式距离法

三、判断题

1．进行 K 均值聚类分析时，类个数需事先指定。（　　）

2．当样本量比较大时，适合用系统聚类法。（　　）

3．判别分析是一种有效的对个案进行分类分析的方法，其组别的特征已知。（　　）

4．聚类分析是一种探索性分析，在分类过程中人们不必事先给出一个分类的标准。（　　）

5．常用的判别函数有典则判别函数和费希尔判别函数。（　　）

四、简答题

1．简述快速聚类的基本思想和主要步骤。

2．试分析聚类判别法、贝叶斯判别法和费希尔判别法的异同。

3．什么是判别分析？在分析的各阶段应把握的原则有哪些？

4．在 SPSS 中怎样观察输出的冰状图和谱系图？

5．试说明聚类分析与判别分析的区别与联系。

案例分析题

1．对市面上售卖的 9 种酸奶饮品的满意度进行市场调查，分别从甜度、容量、包装、价格、广告 5 个方面进行满意度评价（采用 10 分制，分值越高满意度越高）。现汇总了受访者对 9 种品牌 5 个方面的满意度平均值，如表 9-1 所示，请根据这些信息将这 9 种酸奶饮品划分为 3 类。

表 9-1　9 种品牌酸奶满意度指标

品牌	甜度	容量	包装	价格	广告
品牌 1	6	5	9	4	8
品牌 2	8	5	6	9	2
品牌 3	7	6	5	5	5

续表

品牌	甜度	容量	包装	价格	广告
品牌 4	6	7	9	4	4
品牌 5	5	8	6	3	6
品牌 6	9	6	4	5	5
品牌 7	8	5	8	6	4
品牌 8	4	8	5	7	8
品牌 9	9	7	6	5	6

2．为了明确诊断出小儿肺炎 3 种类型，某研究机构得到结核性、化脓性和细菌性肺炎各 10 名患儿的 7 项生理、生化指标，其中肺炎类型 1 代表结核性肺炎，2 代表化脓性肺炎，3 代表细菌性肺炎，如表 9-2 所示。若此时得到一位未知类别的患儿，他的 7 项指标分别为 4.0、1.0、0、0、0、7.0、4.571，请利用判别分析方法判断该名患儿的肺炎类别。

表 9-2　　3 种类型小儿肺炎的生理、生化指标

样本 ID	X1	X2	X3	X4	X5	X6	X7	肺炎类型
1	3.0	0	0	1	2	7.0	0.683	1
2	7.0	0	0	0	0	46.0	2.857	1
3	3.0	1	0	0	1	8.0	0.667	1
4	8.0	1	0	0	1	50.0	4.500	1
5	14.0	0	0	1	1	91.5	2.150	1
6	13.0	1	0	1	1	15.0	8.500	1
7	24.0	1	0	1	2	12.0	7.600	1
8	4.0	1	0	1	2	7.0	1.625	1
9	2.0	0	0	1	1	20.0	9.250	1
10	6.0	0	0	1	1	42.0	6.071	1
11	144.0	0	0	0	0	43.0	0.500	2
12	84.0	1	0	1	1	48.0	1.700	2
13	30.0	1	2	0	1	21.0	1.840	2
14	96.0	0	0	0	1	30.0	11.333	2
15	132.0	1	0	0	1	75.5	5.571	2
16	96.0	0	0	0	1	48.0	7.000	2
17	96.0	1	2	0	0	73.0	4.556	2
18	120.0	1	0	0	1	41.0	4.111	2
19	60.0	0	0	0	2	77.5	1.429	2
20	24.0	1	2	0	0	22.5	3.100	2
21	108.0	0	0	0	0	6.0	17.200	3

续表

样本 ID	X1	X2	X3	X4	X5	X6	X7	肺炎类型
22	3.0	1	0	0	0	68.0	3.500	3
23	36.0	1	0	0	0	70.0	10.667	3
24	3.0	1	0	0	1	25.0	2.222	3
25	12.0	1	0	0	0	23.0	4.167	3
26	24.0	1	0	0	1	78.0	3.417	3
27	36.0	0	0	0	0	43.0	10.533	3
28	24.0	0	0	0	0	53.0	24.000	3
29	12.0	1	1	0	0	78.0	13.667	3
30	120.0	0	0	0	0	25.0	5.667	3

3．在某大型化工厂的厂区及邻近地区挑选 10 个有代表性的大气抽样点，每日 4 次同时抽取大气样品，测定其中含有的 5 种气体的浓度，前后共测量 5 天，计算各取样点每种气体的平均浓度，得到表 9-3 所示的数据。试用聚类分析法对大气污染区域进行分类。

表 9-3　　10 个大气抽样点气体的浓度指标

抽样点	氯气	硫化氢	二氧化碳	环氧氯丙烷	环乙烷
1	0.057	0.041	0.113	0.015	0.058
2	0.033	0.061	0.056	0.019	0.026
3	0.025	0.024	0.047	0.012	0.017
4	0.023	0.036	0.048	0.012	0.014
5	0.028	0.027	0.061	0.012	0.023
6	0.031	0.031	0.080	0.012	0.027
7	0.027	0.022	0.079	0.008	0.026
8	0.026	0.027	0.056	0.011	0.025
9	0.080	0.030	0.177	0.010	0.055
10	0.059	0.039	0.101	0.015	0.023

第10章 因子分析与 SPSS 实现

因子分析是由查尔斯·斯皮尔曼（Charles Spearman）在 1904 年首次提出的，其在某种程度上可以看作是主成分分析的推广和扩展。因子分析就是用少量几个因子来描述一组变量或因素之间的联系，以较少的几个因子反应原有变量的大部分信息的统计方法。

因子分析有两个核心问题：一是如何构建因子变量，二是如何对因子变量进行命名解释。因子分析有 4 个基本步骤：（1）确定待分析的原有若干变量是否适合于因子分析；（2）构建因子变量；（3）利用旋转使因子变量更具可解释性；（4）计算因子变量的得分。

学习目标

（1）了解因子分析方法的使用情境和主要用途。

（2）熟悉因子分析方法的基本步骤。

（3）掌握应用 SPSS 进行相关操作的方法，并能正确解读输出结果。

知识框架

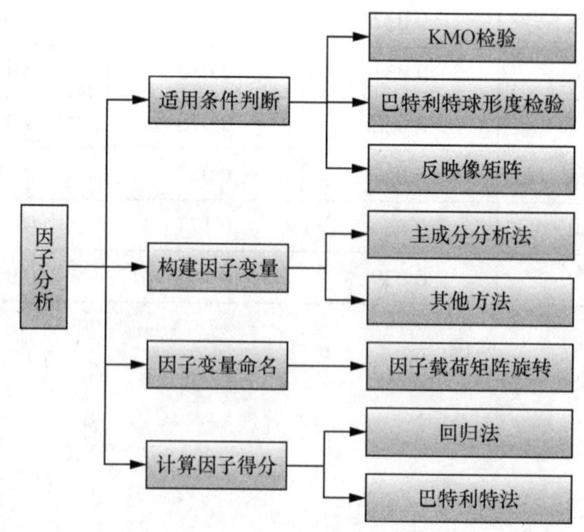

10.1 适用条件

因子分析是从众多的原有变量中构建出少数几个具有代表意义的因子变量，这里面有一个潜在的要求，即原有变量之间要具有比较强的相关关系。如果原有变量之间不存在较强的相关关系，那么就无法从中综合出能反映某些变量共同特性的少数公因子变量。因此，在进行因子分析时，需要对原有变量做相关分析。

10-1　因子分析理论内容

对原有变量做相关分析最简单的方法就是计算变量之间的相关系数矩阵。相关系数矩阵在进行统计检验时，如果大部分相关系数都小于 0.3，并且未通过统计检验，那么这些变量就不适合进行因子分析。

SPSS 在因子分析过程中还提供了几种检验方法来判断变量是否适合做因子分析。主要的统计检验方法有如下几种。

1. KMO 检验

KMO 检验用于比较变量间简单相关和偏相关系数，其统计量的计算公式为：

$$KMO = \frac{\sum\sum_{i \neq j} r_{ij}^2}{\sum\sum_{i \neq j} r_{ij}^2 + \sum\sum_{i \neq j} p_{ij}^2}$$

其中，r_{ij}^2 是变量 i 和变量 j 之间的简单相关系数，p_{ij}^2 是变量 i 和变量 j 之间的偏相关系数。KMO 的取值范围在 0～1 之间。如果 KMO 的值越接近 1，则所有变量之间的简单相关系数平方和远大于偏相关系数平方和，因此变量越适合做因子分析；反之，KMO 越小，则变量越不适合做因子分析。

统计学家凯瑟（Kaiser）给出了有关 KMO 的经验标准。

$0.9 \leqslant KMO$：非常适合。

$0.8 \leqslant KMO < 0.9$：适合。

$0.7 \leqslant KMO < 0.8$：一般。

$0.5 \leqslant KMO < 0.7$：不太适合。

$KMO < 0.5$：不适合。

注意，该经验判断只能作为参考，不可用于精确判断。

2. 巴特利特球形度检验

巴特利特球形度检验以变量的相关系数矩阵为出发点，它的零假设为相关系数矩阵是一个单位阵，即相关系数矩阵对角线上的所有元素都为 1，所有非对角线上的元素都为 0。巴特利特球形度检验的统计量是根据相关系数矩阵的行列式得到的，如果该值较大，且其对应的相伴概率值小于等于设定的显著性水平，那么应该拒绝零假设，认为相关系数矩阵不可能是单位阵，即原始变量之间存在相关性，适合做因子分析；相反，如果该统计量比较小，且其对应的相伴概率值大于显著性水平，则接受零假设，认为相关系数矩阵是单位阵，不适合做因子分析。

3. 反映像矩阵检验

反映像矩阵检验以变量的偏相关系数矩阵为出发点，将偏相关系数矩阵的每个元素取反，得到反映像矩阵。偏相关系数测度的是在控制了其他变量影响下，待分析的两个变量之间的真实线性相关程度。如果变量之间存在较多的重叠影响，那么偏相关系数就会较小。因此，如果反映像相关矩阵中有些元素的绝对值比较大，那么说明这些变量不适合做因子分析。

10.2 因子变量的构建

因子分析的目的是减少变量的数目，用少数的因子变量代替原有变量去分析问题。因子分析模型为：

$$\begin{cases} x_1 = a_{11}F_1 + a_{12}F_2 + \ldots + a_{1m}F_m + \varepsilon_1 \\ x_2 = a_{21}F_1 + a_{22}F_2 + \ldots + a_{2m}F_m + \varepsilon_2 \\ \qquad \ldots \\ x_p = a_{p1}F_1 + a_{p2}F_2 + \ldots + a_{pm}F_m + \varepsilon_p \end{cases}$$

其中，$x_1, x_2, \cdots, x_p$ 为 p 个原有变量，是均值为零、标准差为 1 的标准化变量。$F_1, F_2, \cdots, F_m$ 为 m 个因子变量，也称为公因子或公共因子，且要求 m 小于 p。矩阵 $\boldsymbol{A}=(a_{ij})$ 称为因子载荷矩阵，a_{ij} 为因子载荷，其实质是公因子 F_i 和变量 x_j 的相关系数。ε 为特殊因子，其实质是公因子以外的影响因素。

因子变量的构建是因子分析的一个核心问题，因子分析中有多种构建因子变量的方法，如基于主成分模型的主成分分析法和基于因子分析模型的主轴因子法、极大似然法、最小二乘法等。其中，基于主成分模型的主成分分析法是使用最多的方法之一。

下面以主成分分析法为例对因子变量构建方法进行阐述。

1．数据标准化

因子分析的原始数据通常存在测度单位、数量级的差异，不利于后续的数据计算，因此在进行公因子构造之前，首先要对数据进行标准化。标准化的方法有很多，使用较多的为 Z 标准化方法，计算公式如下：

$$x_{ij}^* = \frac{x_{ij} - x_j}{S_j}$$

其中，$i=1, 2, \cdots, n$，n 为样本点数；$j=1, 2, \cdots, p$，p 为样本原变量数目。为了方便，仍然记为：

$$[x_{ij}^*]_{n\times p} = [x_{ij}]_{n\times p}$$

2．因子载荷矩阵构建

主成分分析通过坐标变换手段，将原有的 p 个相关变量 x_i 做线性变化，转换为另外一组不相关的变量 y_i，可以表示为：

$$\begin{cases} y_1 = u_{11}x_1 + u_{21}x_2 + \cdots + u_{p1}x_p \\ y_2 = u_{12}x_1 + u_{22}x_2 + \cdots + u_{p2}x_p \\ \qquad \ldots \\ y_p = u_{1p}x_1 + u_{2p}x_2 + \cdots + u_{pp}x_p \end{cases}$$

其中，$u^2_{1k} + u^2_{2k} + \cdots + u^2_{pk} = 1(k = 1, 2, \cdots, p)$，$y_1, y_2, y_3, \cdots, y_p$ 为原有变量的第一、第二、第三、…、第 p 个主成分。其中 y_1 在总方差中占的比例最大，综合原有变量的能力也最强，其余主成分在总方差中占的比例逐渐减小，综合原有变量的能力依次减弱。主成分分析就是选取前面几个方差最大的主成分，这样既达到了因子分析对 p 个变量降维的要求，同时又能以较少的变量反映原有变量的绝大部分信息。

主成分分析放在一个多维坐标轴中看，就是对 x_1，x_2，x_3,⋯，x_p 组成的坐标系进行平移变换，使新的坐标系原点和数据群点的重心重合，新坐标系的第一个轴与数据变化最大方向对应（占的方差最大，解释原有变量的能力也最强），新坐标的第二个轴与第一个轴正交（不相关），并且对应数据变化的次最大方向，……。因此称这些新轴为第一主轴 u_1、第二主轴 u_2……若经过舍弃少量信息后，原来的 p 维空间降成 m 维空间，仍能够十分有效地表示原数据的变化情况，则生成的空间 $L(u_1, u_2,\cdots,u_m)$ 称为“m 维主超平面”。用原样本点在主超平面上的投影近似地表示原来的样本点。

根据主成分分析的基本原理，计算因子载荷矩阵的步骤如下。

① 计算经过标准化的数据 $[x_{ij}]_{n\times p}$ 的协方差矩阵 R。

② 求得协方差矩阵 R 的特征值，并根据提取的公因子个数 m，提取 R 的前 m 个特征值（$\lambda_1 \geqslant \lambda_2 \geqslant \lambda_3 \geqslant \cdots \geqslant \lambda_m$），以及对应的特征向量 u_1，u_2,⋯，u_m，它们标准正交。

③ 计算得到 m 个变量的因子载荷矩阵。

$$A=\begin{bmatrix} a_{11}\ a_{12}\ \ldots\ a_{1m} \\ a_{21}\ a_{22}\ \ldots\ a_{2m} \\ \ldots \\ a_{p1}\ a_{p2}\ \ldots\ a_{pm} \end{bmatrix}=\begin{bmatrix} u_{11}\sqrt{\lambda_1}\ u_{12}\sqrt{\lambda_2}\ \ldots\ u_{1m}\sqrt{\lambda_m} \\ u_{21}\sqrt{\lambda_1}\ u_{22}\sqrt{\lambda_2}\ \ldots\ u_{2m}\sqrt{\lambda_m} \\ \ldots \\ u_{p1}\sqrt{\lambda_1}\ u_{p2}\sqrt{\lambda_2}\ \ldots\ a_{pm}\sqrt{\lambda_m} \end{bmatrix}$$

以因子载荷矩阵为基础，介绍因子分析中较为重要的 3 个概念。

① 因子载荷

在各个因子变量不相关的情况下，因子载荷 a_{ij} 就是第 i 个原始变量和第 j 个因子变量的相关系数，即 x_i 在第 j 个公因子变量上的相对重要性。因此，a_{ij} 绝对值越大，公因子 F_j 和原有变量 x_i 关系越强。

② 变量共同度

变量共同度也称为公共方差，反映全部公因子对原有变量 x_i 的总方差解释说明比例。原有变量 x_i 的共同度为因子载荷矩阵 A 中第 i 行元素的平方和，即：

$$h_i^2=\sum_{j=1}^{m} a_{ij}^2$$

原有变量 x_i 的方差可以表示成两个部分：h_i^2 和 ε_i^2。第一部分 h_i^2 反映公因子对原有变量的方差解释比例，第二部分 ε_i^2 反映原有变量方差中无法被公因子解释的部分。因此，第一部分 h_i^2 越接近 1（原有变量 x_i 标准化前提下，总方差为 1），说明公因子对原有变量信息解释力度越大。可以说，各个变量的共同度是衡量因子分析效果的一个指标。

③ 公因子 F_j 的方差贡献

公因子 F_j 的方差贡献定义为因子载荷矩阵 A 中第 j 列各元素的平方和，即：

$$F_j=\sum_{i=1}^{p} a_{ij}^2$$

公因子 F_j 的方差贡献反映了该因子对所有原始变量总方差的解释能力，其值越大，说明因子的重要程度越高。

3．公因子提取

因子分析方法即通过提取较少数量的公因子（m 个），反映原始变量的大部分信息。确定公因子个数 m 的基本原则是使数据信息损失尽可能小。所谓数据信息主要反映在数据方差上，方差越大，数据中所包含的信息就越多。若一个样本中所有个案的变量数值都是一样的，则无须对其进行研究。确定公因子个数 m 的方法如下。

①根据特征值的大小确定，一般取大于 1 的特征值的个数作为 m 的取值。

②根据因子的累计方差贡献率来确定。

前 m 个因子的累计方差贡献率的计算公式为：

$$Q=\frac{\sum_{i=1}^{m}\lambda_i}{\sum_{i=1}^{p}\lambda_i}$$

如果数据已经标准化，则：

$$Q=\frac{\sum_{i=1}^{m}\lambda_i}{p}$$

一般方差的累计贡献率应在 80%以上。如果读者有特殊要求，可调整累计方差贡献率的值。

10.3 因子变量的命名

因子变量的命名解释是因子分析的另外一个核心问题。经过主成分分析得到的 $y_1, y_2, y_3, \cdots, y_m$ 是对原有变量的综合，原有变量都有具体含义，对它们进行线性变换后，得到的综合变量的含义是什么呢？这就需要对因子变量特别是公因子进行解释，根据因子变量的解释来为其命名，可以进一步说明影响原有变量系统构成的主要因素和系统特征。

1．因子载荷矩阵旋转

经过计算直接得到的因子载荷矩阵，其载荷数值彼此相差不大，这样不利于提取公因子的具体含义。因此可以通过因子载荷矩阵旋转，使因子载荷的数值向 0 或 1 两极分化，以便于快速识别到公因子主要反映的原始变量的综合含义。SPSS 软件提供了常用的因子载荷矩阵旋转方法，包括正交旋转、斜交旋转、方差极大法，其中最常用的是方差极大法。

2．变量命名

通过对旋转过后的因子载荷矩阵 A 的值进行分析，得到因子变量和原有变量的关系，从而对公因子进行命名。因子载荷矩阵 A 中某一行中可能有多个 a_{ij} 比较大，说明某个原有变量 x_i 可能同时与多个公因子有比较大的相关关系。因子载荷矩阵 A 中某一列中也可能有多个 a_{ij} 比较大，说明某个公因子可能解释多个原有变量的信息，因此在对公因子命名时，所起名称应尽可能多反映与其相关性较大的原有变量的实际含义。

10.4 因子得分的计算

计算因子得分是因子分析的最后一步。因子变量确定以后，对每一个个案，希望得到它们在不同公因子上的具体数值，这些数值就是因子得分，它和原有变量的变量值相对应。有了因子得分，在以后的研究中，就可以利用因子得分来进行相关比较和分析。

估计因子得分的方法有回归法、巴特利特法、安德森-鲁宾法等。具体方法可以查阅其他书籍。

其中回归法计算因子得分是将公因子得分表示为原有变量的线性组合，即：

$$F_j = \beta_{j1}x_1 + \beta_{j2}x_2 + \cdots + \beta_{jp}x_p \qquad (j = 1, 2, \cdots, m)$$

10.5 案例详解及软件实现

10-2 因子分析软件操作

数据：“因子分析.sav”。

该数据文件的测度对象为黄河中下游流域 31 个主要流经城市，共挑选了 10 个水资源承载力的相关指标，分别为人口密度（人/平方千米）、城镇化率（%）、人均 GDP（元）、第一产业用水量（亿立方米）、第二产业用水量（亿立方米）、水资源总量（亿立方米）、年降水量（亿立方米）、造林面积（公顷）、污水处理率（%）、建成区绿化覆盖率（%）。数据如图 10-1 所示。

*因子分析.sav [数据集1] - IBM SPSS Statistics 数据编辑器

文件(F) 编辑(E) 查看(V) 数据(D) 转换(T) 分析(A) 图形(G) 实用程序(U) 扩展(X) 窗口(W) 帮助(H)

19 :

	城市	人口密度	城镇化率	人均GDP	第一产业用水量	第二产业用水量	水资源总量	年降水量	造林面积	污水处理率	建成区绿化覆盖率
1	呼和浩特市	8923.00	69.80	104719.00	6.46	1.27	10.55	78.65	18000.00	99.51	40.31
2	包头市	2188.00	83.57	138168.00	6.40	2.86	9.60	104.64	30700.00	95.83	44.50
3	鄂尔多斯市	2641.00	74.49	217107.00	10.61	2.86	31.15	339.08	60800.00	99.87	42.39
4	乌海市	8386.00	95.00	103248.00	.73	.82	.29	3.60	600.00	98.10	43.00
5	巴彦淖尔市	4763.00	54.86	54739.00	47.97	.91	10.34	141.55	34000.00	98.75	36.27
6	太原市	3730.00	84.88	88272.00	1.71	2.87	6.02	35.84	17278.00	94.71	44.67
7	晋中市	1251.00	55.37	57819.00	4.47	1.23	12.64	77.85	24065.00	97.74	37.21
8	运城市	6412.00	50.20	28229.00	11.97	1.19	9.81	70.85	11887.00	95.01	37.21
9	忻州市	1694.00	50.95	31209.00	4.57	.89	22.05	143.79	40889.00	95.69	38.03
10	临汾市	10283.00	52.54	32066.00	5.59	.18	9.12	95.95	34073.00	100.00	39.36
11	吕梁市	5558.00	50.59	36585.00	3.28	.99	18.77	119.38	107540.00	94.66	40.58
12	渭南市	2066.00	48.50	21374.00	11.01	1.17	8.17	55.59	34242.00	90.51	39.39
13	延安市	6714.00	62.31	66593.00	1.08	.78	11.50	223.33	68972.00	92.87	40.76
14	榆林市	3526.00	58.94	100267.00	4.83	2.29	24.32	245.14	49816.00	94.04	36.24
15	郑州市	10937.00	73.40	101352.00	4.23	5.27	7.21	42.63	4270.00	98.05	40.83
16	开封市	5321.00	48.80	43933.00	9.91	2.26	9.27	35.89	7670.00	95.71	38.39
17	洛阳市	7120.00	57.60	67707.00	4.89	5.37	18.83	106.86	10550.00	99.31	40.71
18	新乡市	5640.00	53.40	43696.00	12.76	2.50	10.55	50.95	8390.00	93.10	40.10
19	焦作市	5721.00	59.40	66329.00	8.11	3.33	7.31	23.41	6310.00	98.89	41.02
20	濮阳市	3982.00	45.30	45644.00	8.16	2.82	5.69	25.59	2380.00	95.54	40.59
21	三门峡市	6770.00	56.30	67275.00	1.36	1.38	11.08	63.46	16240.00	96.70	36.47
22	济源市	3923.00	62.40	87761.00	1.14	.70	2.64	13.91	3940.00	98.71	41.93
23	济南市	2494.00	72.10	106302.00	7.57	1.88	19.45	64.42	4902.00	98.43	40.73
24	淄博市	2588.00	71.49	107720.00	4.64	3.39	17.22	54.46	2837.00	97.52	45.22
25	东营市	657.00	69.04	191942.00	5.63	2.22	18.54	79.84	6047.00	97.31	41.96
26	济宁市	1785.00	58.85	58972.00	15.85	2.47	25.76	85.29	11041.00	97.47	41.49
27	泰安市	1748.00	61.87	64714.00	6.44	1.81	17.48	63.53	5678.00	97.01	45.05
28	德州市	1784.00	57.01	58252.00	16.56	1.63	15.44	66.92	15311.00	97.38	42.50
29	聊城市	2070.00	51.77	51935.00	14.49	3.03	13.03	56.72	14146.00	97.00	42.14
30	滨州市	1110.00	57.64	67405.00	12.41	3.03	17.11	71.13	18722.00	97.50	44.15
31	菏泽市	2065.00	50.25	35184.00	17.63	1.63	21.68	81.04	7869.00	97.26	40.53

图 10-1 “因子分析.sav”数据

研究目的：用 10 个指标测度城市水资源承载力维度过高，不利于对比分析，请用因子分析的方法降低评价指标的维度。

软件实现如下。

第 1 步：在“分析”菜单的“降维”子菜单中选择“因子”命令，如图 10-2 所示。

第 2 步：在弹出的图 10-3 所示的“因子分析”对话框中，从左侧的变量名列表框中选择 10 个指标对应的变量，添加到“变量”列表框中。

第 3 步：单击“描述”按钮，弹出“因子分析：描述”对话框。该对话框主要包括两部分内容：“统计”和“相关性矩阵”。

图 10-2 选择“因子”命令

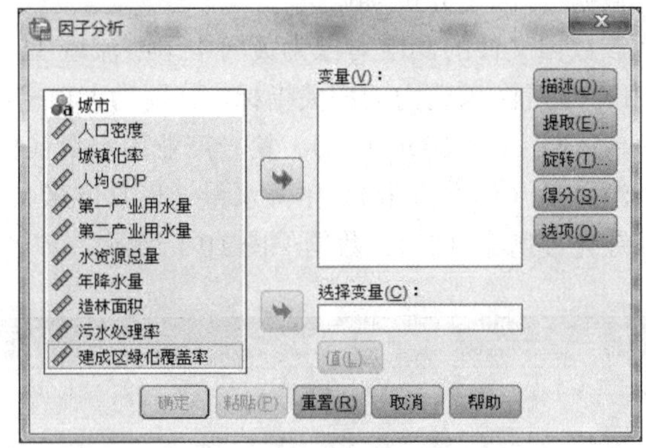

图 10-3 “因子分析”对话框

“统计”选项组包括 2 部分内容：“单变量描述”用于输出各变量的均值与标准差，“初始解”用于输出初始分析结果，输出的是因子提取前分析变量的公因子方差，是一个中间结果。对主成分分析来说，这些值是变量相关或协方差矩阵的对角元素；对因子分析模型来说，输出的是每个变量用其他变量作预测因子的载荷平方和。

“相关性矩阵”选项组提供了 7 种检验变量是否适合做因子分析的检验方法。“系数”用于设置计算相关系数矩阵；“显著性水平”用于设置给出每个相关系数单尾假设检验的水平；“决定因子”用于设置输出相关系数矩阵的行列式；“逆”用于设置输出相关系数矩阵的逆矩阵；“再生”用于设置输出再生相关矩阵，选中相关性矩阵复选框给出因子分析后的相关系数矩阵，还给出残差，即原始相关与再生相关之间的差值；“反映像”用于设置输出反映像矩阵；“KMO 和巴特利特球形度检验”用于设置输出 KMO 检验和巴特利特球形度检验结果。

在本例中，选中“初始解”和“KMO 和巴特利特球形度检验”复选框，如图 10-4 所示。单击“继续”按钮，返回“因子分析”对话框。

第 4 步：单击“提取”按钮，弹出“因子分析：提取”对话框，如图 10-5 所示。

因子提取方法在“方法”下拉列表框中选取，SPSS 共提供了以下 7 种方法，如图 10-6

所示。其中，“主成分”假定原有变量是因子变量的线性组合，第一主成分有最大的方差，后续成分可解释的方差越来越少，这是使用最多的因子提取方法之一；“未加权最小平方”使观测的和再生的相关矩阵之差的平方和最小，不记对角元素；“广义最小平方”用变量的倒数值加权，使观测的和再生的相关矩阵之差的平方和最小；“最大似然”采用的是极大似然估计法，此方法不要求原始指标数据多元正态分布；“主轴因式分解”使用多元相关的平方作为对公因子方差的初始估计，初始估计公因子方差时多元相关系数的平方置于对角线上，这些因子载荷用于估计新公因子方差，并替换对角线上的前一次公因子方差估计，这样的迭代持续到公因子方差的变化满足提取因子的收敛判据；“Alpha 因式分解”常用于量化投资领域的因子分析；“映像因式分解”也称多元回归法，由 Guttman（哥特曼）提出，根据映像学原理提取公因子，把一个变量看成其他各个变量的多元回归。

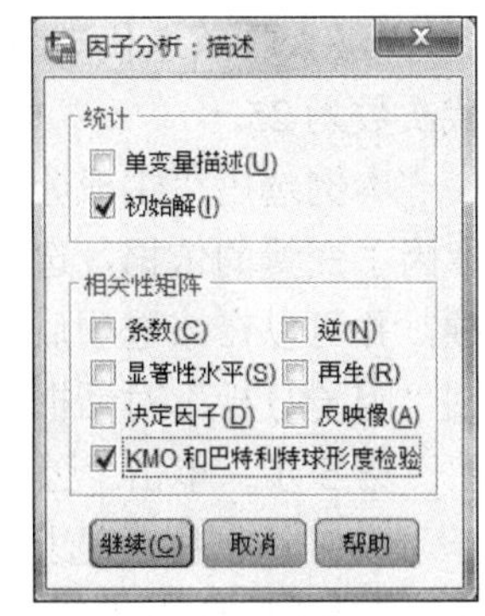

图 10-4 设置“因子分析：描述”对话框

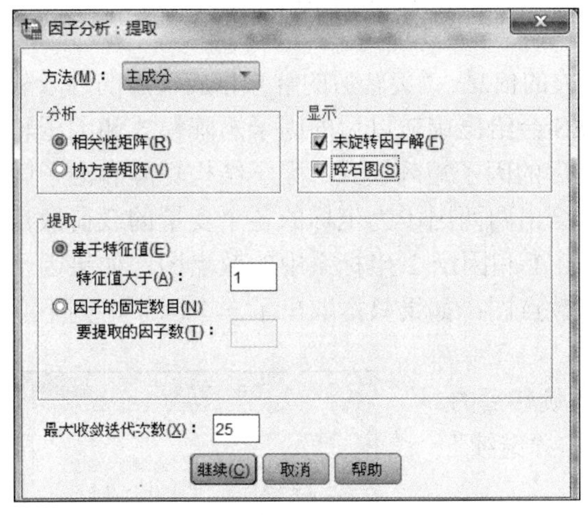

图 10-5 “因子分析：提取”对话框

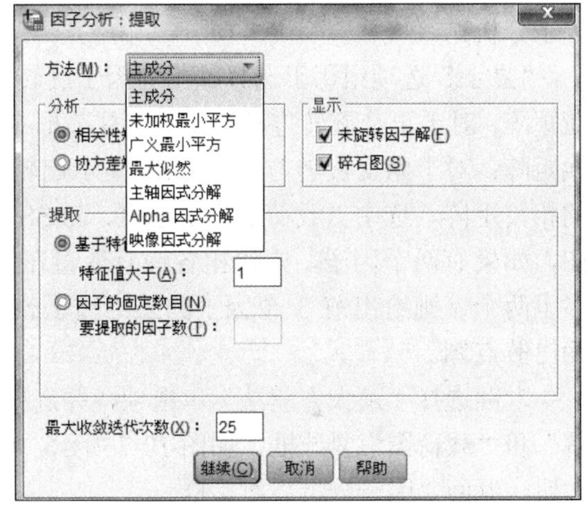

图 10-6 “因子分析：提取”对话框中的“方法”下拉列表框

“分析”选项组用于选择提取因子变量的依据，包括“相关性矩阵”和“协方差矩阵”两个选项，其中相关性矩阵不受到变量量纲的影响，而协方差矩阵受变量量纲影响较大，因此需要先对数据进行标准化。

“显示”选项组用于选择输出与因子提取有关的信息，其中“未旋转因子解”指未经过旋转的因子载荷矩阵；“碎石图”选项用于输出因子与其特征值的碎石图，按特征值大小排列，有助于确定保留多少个因子。

“提取”选项组用于指定因子个数的标准，包括两种方法：“基于特征值”表示 SPSS 将提取特征值大于用户指定特征值的因子，SPSS 默认指定特征值为 1，基于指定特征值提取因子个数是 SPSS 默认的方法；“因子的固定数目”表示 SPSS 将提取指定个数的因子，理论上有多少个变量，就可以有多少个因子，因此输入的数值应该是介于 0 和分析变量数之间的整数。

“最大收敛迭代次数”复选框用于指定因子分析收敛的最大迭代次数，系统默认的最大迭代次数为 25。

本例选用“主成分”方法为提取公因子的主要方法，选择“相关性矩阵”单选项作为提取因子变量的依据，选中“未旋转因子解”和“碎石图”复选框，选择“基于特征值”单选项，并可以在该选项后面输入“1”，指定提取特征值大于 1 的因子。单击“继续”按钮，返回“因子分析”对话框。

第 5 步：单击“因子分析”对话框中的“旋转”按钮，弹出“因子分析：旋转”对话框。

该对话框用于选择因子载荷矩阵的旋转方法。旋转的目的是简化结构，以帮助解释因子。SPSS 默认不进行旋转（无），除此外，还包括 5 种旋转方法。“最大方差法”又称正交旋转，它使每个因子上具有最高载荷的变量数目最小，因此可以简化对因子的解释。选择“直接斜交法”需在下面的文本框中输入 Delta 值，该值范围 0～1，0 值产生最高的相关系数。“四次幂极大法”又称四分最大正交旋转，通过对变量做旋转使每个变量中需要解释的因子数最少。“等量最大法”是“最大方差法”和“四次幂极大法”的结合，对变量和因子均做旋转。“最优斜交法”允许因子间相关，它比直接斜交旋转更快，因此适用于大数据的因子分析。

“显示”选项组用于选择输出与因子旋转有关的信息。“旋转后的解”指旋转后的因子载荷矩阵，对于正交旋转方法，选中该复选框 SPSS 会给出旋转以后的因子矩阵模式和因子转换矩阵；对于斜交旋转方法，SPSS 显示旋转以后的因子矩阵模式、因子结构矩阵和因子间的相关矩阵。选中“载荷图”复选框，SPSS 会给出两两因子为坐标的各个变量的载荷散点图，如果有两个因子，则给出各原有变量在因子 1 和因子 2 坐标系中的散点图；如果因子多于两个，则给出前 3 个因子的三维因子载荷散点图；如果只提取出了一个因子，则不会输出散点图。

本例选择“最大方差法”单选项，并选中“旋转后的解”和“载荷图”复选框，如图 10-7 所示。单击“继续”按钮，返回“因子分析”对话框。

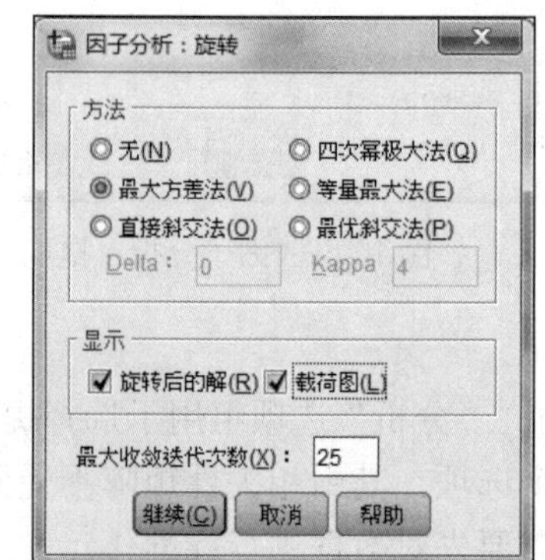

图 10-7　设置“因子分析：旋转”对话框

第 6 步：单击“因子分析”对话框中的“得分”按钮，弹出“因子分析：因子得分”对话框。

该对话框用于对因子得分进行设置，其中选项说明如下。

①“保存为变量”是指将因子得分作为新变量保存在数据文件中。程序运行结束后，在“数据视图”窗口中将显示出新变量。系统提供 3 种估计因子得分的方法，可在“方法”选项组中进行以下选择。

- 选择“回归”单选项：因子得分均值为 0，方差等于估计因子得分与实际因子得分之间的多元相关的平方。
- 选择“巴特利特”单选项：因子得分均值为 0，超出变量范围的各因子平方和被最小化。
- 选择“安德森-鲁宾”单选项：因子得分均值为 0，标准差为 1，彼此不相关。

② 选中“显示因子得分系数矩阵”复选框，将在输出对话框中显示因子得分系数矩阵。

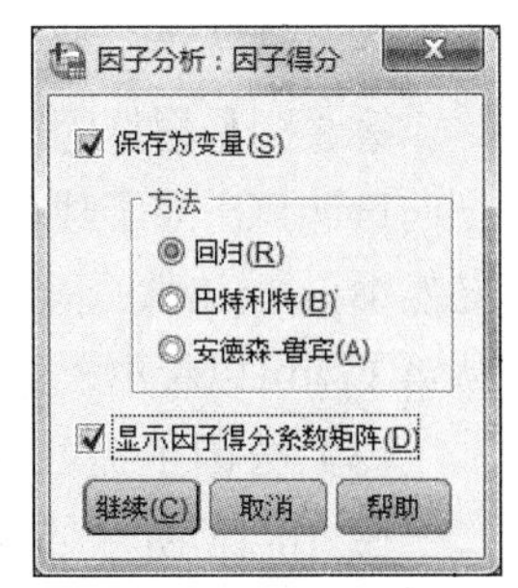

图10-8　设置“因子分析：因子得分”对话框

本例选择“回归”单选项作为因子得分计算方法，并选中“显示因子得分系数矩阵”复选框，如图10-8所示。单击“继续”按钮，返回“因子分析”对话框。

第7步：单击“因子分析”对话框中的“选项”按钮，弹出“因子分析：选项”对话框。

在该对话框中可以指定输出其他因子分析的结果，并选择对缺失数据的处理方法。其中选项说明如下。

缺失值的处理方法共3种。其中，“成列排除个案”指去除所有含缺失值的个案后再进行分析；“成对排除个案”指当分析计算涉及含有缺失值的变量时，去掉在该变量上是缺失值的个案；“替换为平均值”指当分析计算涉及含有缺失值的变量时，用平均值代替对应缺失值。

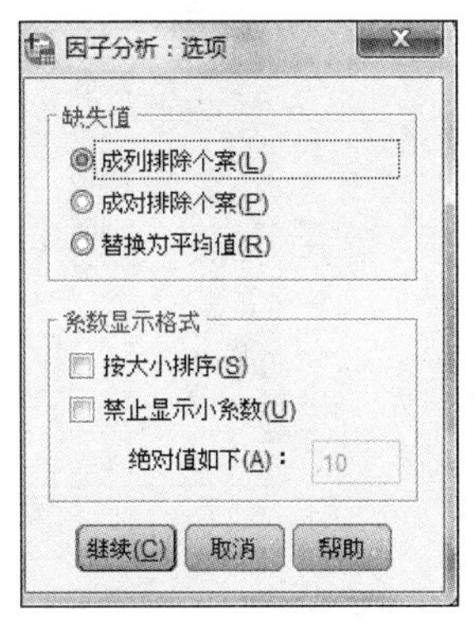

图10-9　设置“因子分析：选项”对话框

“系数显示格式”选项组用于设置载荷系数的显示格式，有2种格式。其中，“按大小排序”指载荷系数按照数值的大小排列，并构成矩阵，使在同一因子上具有较高载荷的变量排列在一起，便于得到结论；“禁止显示小系数”指不显示绝对值小于指定值的载荷系数，选中此复选框需要在其后的文本框中输入一个0～1的数，系统默认该值为0.1，可以突出载荷较大的变量。

本例选择“成列排除个案”单选项，如图10-9所示。单击“继续”按钮，返回“因子分析”对话框，完成设置。单击“确定”按钮，开始计算。

SPSS运行结果包括如下几个部分。

（1）因子分析适用条件检验

输出表格中给出了KMO检验和巴特利特球形度检验结果，如图10-10所示。其中KMO值为0.442，该数值偏小，但并不能给出确切的适用性判断。巴特利特球形度检验给出的相伴概率值为0.000，小于显著性水平0.05，因此拒绝巴特利特球形度检验的零假设，认为适合于因子分析。

（2）因子分析初始解和最终解

图10-11所示表格的第1列列出了10个原始变量名。

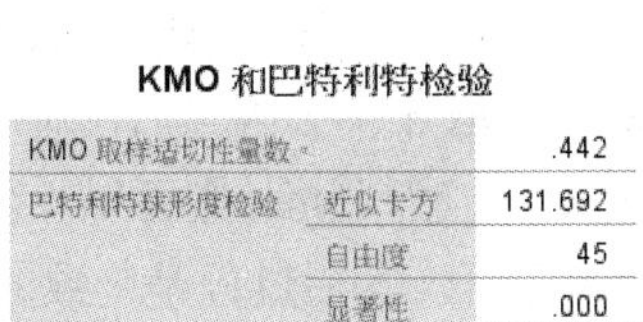

KMO 和巴特利特检验

KMO 取样适切性量数。		.442
巴特利特球形度检验	近似卡方	131.692
	自由度	45
	显著性	.000

图10-10　KMO和巴特利特检验结果

公因子方差

	初始	提取
人口密度	1.000	.861
城镇化率	1.000	.802
人均GDP	1.000	.832
第一产业用水量	1.000	.654
第二产业用水量	1.000	.380
水资源总量	1.000	.823
年降水量	1.000	.924
造林面积	1.000	.834
污水处理率	1.000	.791
建成区绿化覆盖率	1.000	.749

提取方法：主成分分析法。

图10-11　公因子方差提取前后结果

第2列是根据因子分析初始解计算出的变量共同度。利用主成分分析法得到10个特征值是因子分析的初始解，可利用这10个初始解和对应的特征向量计算出因子载荷矩阵。

由于每个原始变量的所有方差都能被公因子解释，因此每个原始变量的共同度都为 1。

第 3 列是根据因子分析最终解计算出的变量共同度。根据最终提取的 k 个特征值和对应的特征向量计算出因子载荷矩阵。这时由于公因子个数少于原始变量的个数，因此每个变量的共同度必然小于 1。例如，第 1 行中 0.861 表示 k 个公因子共解释原有变量“人口密度”方差的 86.1%。从第 3 列可以看出，“第二产业用水量”变量在提取 k 个公因子后，能解释的方差最少，只有 38.0%。

（3）公因子提取过程

图 10-12 所示的表格是因子分析后因子提取和因子旋转的结果。其中，成分列到初始特征值列（第 1 列到第 4 列）给出了因子分析初始解对原有变量总体的描述情况。

总方差解释

成分	初始特征值			提取载荷平方和			旋转载荷平方和		
	总计	方差百分比	累积 %	总计	方差百分比	累积 %	总计	方差百分比	累积 %
1	2.638	26.385	26.385	2.638	26.385	26.385	2.293	22.926	22.926
2	2.361	23.614	49.999	2.361	23.614	49.999	2.250	22.499	45.425
3	1.431	14.305	64.304	1.431	14.305	64.304	1.570	15.697	61.122
4	1.219	12.185	76.489	1.219	12.185	76.489	1.537	15.368	76.489
5	.866	8.656	85.145						
6	.596	5.963	91.108						
7	.475	4.749	95.858						
8	.191	1.905	97.763						
9	.133	1.334	99.097						
10	.090	.903	100.000						

提取方法：主成分分析法。

图 10-12　公因子提取过程

第 1 列是因子分析的 10 个初始解序号。

第 2 列是公因子的特征值，是衡量公因子重要程度的指标。例如，成分 1 对应的特征值为 2.638，表示第 1 个公因子描述了原有变量总方差 10（图 10-11 显示的初始解中每个变量的共同度均为 1）中的 2.638，所以后面因子描述的方差依次减少。

第 3 列是各公因子的方差百分比，表示该公因子描述的方差占原有变量总方差的比例。它的值是第 2 列的特征值除以总方差 10 的结果。例如，成分 1 对应的 26.385%就是 2.638 除以 10 的结果。

第 4 列是公因子的累计方差百分比，表示前 k 个公因子描述的总方差占原始变量总方差的比例。

第 5 列～第 7 列则是从初始解中按照一定标准（在前面的分析中，设定了提取公因子的标准是特征值大于 1）提取了公因子后对原始变量总体的描述情况。因为特征值大于 1 的公因子只有 4 个，所以提取了 4 个公因子，这 4 个公因子加在一起，对原始变量总体信息的提取程度达到了 76.489%（参见第 7 列“累积%”数据）。第 4 列的数据显示，提取 5 个公因子后，对原始变量总体信息的提取程度能够达到 85.145%，如果对信息提取程度要求较为严格，则可以重新进行程度设定，在图 10-5 所示对话框中，设定提取公因子的个数为 5 即可，其后过程是一致的。

第 8 列～第 10 列是旋转以后得到的公因子对原始变量总体的刻画情况。各列的含义和第 5 列～第 7 列是一样的。

（4）碎石图

图 10-13 所示为公因子碎石图。它的横坐标为公因子数，纵坐标为公因子的特征值。可

见前面 4～5 个公因子的特征值变化非常明显，到第 6 个特征值以后，特征值变化趋于平稳。因此，说明提取 4～5 个公因子可以对原始变量的信息描述产生显著作用。从前面的表格中也可以看出这样的结果。

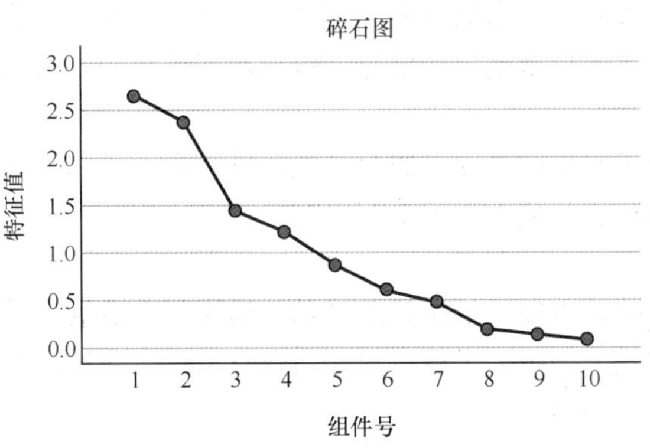

图 10-13　公因子碎石图

（5）未旋转和旋转过后的成分（载荷）矩阵

图 10-14 所示是未旋转时提取的 4 个公因子成分（载荷）矩阵 A，对应前述因子分析的数学模型部分。根据该表格可以得到如下因子分析数学函数。

$$\begin{cases} x_1(\text{人口密度}) = 0.037F_1 - 0.411F_2 + 0.639F_3 + 0.531F_4 \\ x_2(\text{城镇化率}) = 0.815F_1 + 0.142F_2 + 0.342F_3 - 0.012F_4 \\ \cdots \\ x_{10}(\text{建成区绿化覆盖率}) = 0.742F_1 + 0.080F_2 - 0.137F_3 - 0.415F_4 \end{cases}$$

因子成分（载荷）矩阵是因子命名的依据，未旋转时的因子成分（载荷）矩阵中各元素数值差异不大，因子在许多变量上都有较高的成分（载荷）值，不利于明确各公因子的主要含义，因此按照前面设定的最大方差法对因子载荷矩阵进行旋转，如图 10-15 所示。

成分矩阵[a]

	成分			
	1	2	3	4
人口密度	.037	-.411	.639	.531
城镇化率	.815	.142	.342	-.012
人均GDP	.689	.570	.131	.118
第一产业用水量	-.366	.057	-.584	.419
第二产业用水量	.530	.067	-.304	.046
水资源总量	-.117	.838	-.327	.016
年降水量	-.244	.884	.228	.176
造林面积	-.487	.587	.492	-.099
污水处理率	.470	.066	-.185	.729
建成区绿化覆盖率	.742	.080	-.137	-.415

提取方法：主成分分析法。

a. 提取了 4 个成分。

图 10-14　未旋转的因子成分矩阵

旋转后的成分矩阵[a]

	成分			
	1	2	3	4
人口密度	.022	-.069	.119	-.917
城镇化率	.848	-.008	.246	-.147
人均GDP	.705	.358	.439	.115
第一产业用水量	-.659	.038	.402	.238
第二产业用水量	.324	-.193	.407	.268
水资源总量	-.061	.665	.215	.576
年降水量	.006	.955	.070	.083
造林面积	-.065	.807	-.405	-.117
污水处理率	.097	-.018	.868	-.166
建成区绿化覆盖率	.720	-.269	.077	.390

提取方法：主成分分析法。
旋转方法：凯撒正态化最大方差法。

a. 旋转在 8 次迭代后已收敛。

图 10-15　旋转后的因子成分矩阵

经过旋转以后，第一个因子变量（对应第 2 列数据）含义略加清楚，因子成分（载荷）值较大的对应变量为“城镇化率”“人均 GDP”“第一产业用水量”“建成区绿化覆盖率”，可以认为第一公因子主要反应这 4 个变量的信息综合，可以将第一公因子命名为“水资源压力”。

以此类推，第二个公因子主要反映“水资源总量”“年降水量”“造林面积”，综合这 3 个变量的含义，可以将其命名为“水资源基础”。

第三个公因子主要反映“污水处理率”和“第二产业用水量”这两个变量的综合信息。第四个公因子主要反应“人口密度”的信息，可以对应给出较为概括的因子名称。

（6）成分转换矩阵

图 10-16 所示的表格输出的是因子成分转换矩阵，标明了因子提取的方法是主成分分析法，旋转的方法是凯撒正态化最大方差法。

（7）因子载荷图

图 10-17 所示是载荷散点图，最高只能显示三维因子载荷散点图。该图是旋转后因子载荷矩阵的图形化表示方式。如果因子载荷矩阵比较复杂，则通过该图较容易解释。因子提取数量过多时，该图不利于观察。

成分转换矩阵

成分	1	2	3	4
1	.837	-.299	.454	.061
2	.203	.878	.150	.407
3	.389	.332	-.395	-.763
4	-.327	.172	.785	-.498

提取方法：主成分分析法。
旋转方法：凯撒正态化最大方差法。

图 10-16　因子成分转换矩阵

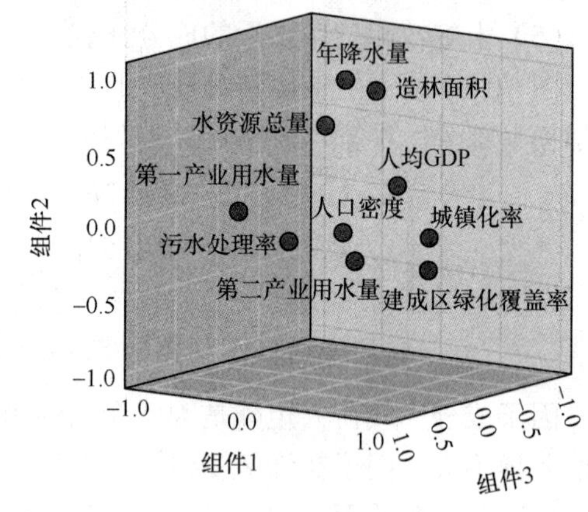

图 10-17　载荷散点图

（8）因子成分得分系数矩阵

图 10-18 所示是因子成分得分系数矩阵。这是根据回归算法计算出来的因子得分函数的系数，根据其中数据可以得到如下因子得分函数：

$$\begin{cases} F_1 = 0.007x_1 + 0.367x_2 + 0.272x_3 + \cdots + 0.317x_{10} \\ F_2 = 0.066x_1 + 0.038x_2 + 0.181x_3 + \cdots - 0.145x_{10} \\ F_3 = 0.146x_1 + 0.047x_2 + 0.195x_3 + \cdots - 0.097x_{10} \\ F_4 = -0.628x_1 - 0.134x_2 - 0.004x_3 + \cdots + 0.274x_{10} \end{cases}$$

图 10-19 所示是因子成分得分协方差矩阵，前面已经说明，所得到的因子变量应该是正交、不相关的。从协方差矩阵来看，不同因子之间的数据为 0，因而也证实了 3 个公因子之间是不相关的。

SPSS 将根据这 4 个公因子得分函数，自动计算 31 个个案的 4 个公因子得分，并且将 4 个公因子得分作为新变量，保存在 SPSS“数据视图”窗口中（分别为 FAC1_1、FAC2_1、FAC3_1、FAC4_1），如图 10-20 所示。

成分得分系数矩阵

	成分			
	1	2	3	4
人口密度	.007	.066	.146	-.628
城镇化率	.367	.038	.047	-.134
人均GDP	.272	.181	.195	-.004
第一产业用水量	-.383	-.013	.372	.142
第二产业用水量	.079	-.099	.209	.167
水资源总量	-.058	.251	.134	.310
年降水量	.013	.434	.064	-.047
造林面积	.056	.374	-.246	-.132
污水处理率	-.091	.031	.605	-.177
建成区绿化覆盖率	.317	-.145	-.097	.274

提取方法：主成分分析法。
旋转方法：凯撒正态化最大方差法。
组件得分。

图 10-18　因子成分得分系数矩阵

成分得分协方差矩阵

成分	1	2	3	4
1	1.000	.000	.000	.000
2	.000	1.000	.000	.000
3	.000	.000	1.000	.000
4	.000	.000	.000	1.000

提取方法：主成分分析法。
旋转方法：凯撒正态化最大方差法。
组件得分。

图 10-19　因子成分得分协方差矩阵

*因子分析.sav [数据集1] - IBM SPSS Statistics 数据编辑器

文件(F)　编辑(E)　查看(V)　数据(D)　转换(T)　分析(A)　图形(G)　实用程序(U)　扩展(X)　窗口(W)　帮助(H)

32 : 城市

	城市	人口密度	城镇化率	人均GDP	第一产业用水量	第二产业用水量	水资源总量	年降水量	造林面积	污水处理率	建成区绿化覆盖率	FAC1_1	FAC2_1	FAC3_1	FAC4_1
1	呼和浩特市	8923.00	69.80	104719.00	6.46	1.27	10.55	78.65	18000.00	99.51	40.31	.34591	.15992	.89422	-1.65023
2	包头市	2188.00	83.57	138168.00	6.40	2.86	9.60	104.64	30700.00	95.83	44.50	1.76998	.09100	-.27735	.52200
3	鄂尔多斯市	2641.00	74.49	217107.00	10.61	2.86	31.15	339.08	60800.00	99.87	42.39	1.29747	3.24460	1.72413	.65600
4	乌海市	8386.00	95.00	103248.00	.73	.82	.29	3.60	600.00	98.10	43.00	1.75112	-1.00656	.06936	-1.86891
5	巴彦淖尔市	4763.00	54.86	54739.00	47.97	.91	10.34	141.55	34000.00	98.75	36.27	-2.69207	.62743	1.94929	-.43204
6	太原市	3730.00	84.88	88272.00	1.71	2.87	6.02	35.84	17278.00	94.71	44.67	1.77027	-.85179	-.91121	.16347
7	晋中市	1251.00	55.37	57819.00	4.47	1.23	12.64	77.85	24065.00	97.74	37.21	-.62953	.06551	-.24554	.05852
8	运城市	6412.00	50.20	28229.00	11.97	1.19	9.81	70.85	11887.00	95.01	37.21	-1.18154	-.33237	-.49078	-.74980
9	忻州市	1694.00	50.95	31209.00	4.57	.89	22.05	143.79	40889.00	95.69	38.03	-.79141	.91196	-.93620	.49233
10	临汾市	10283.00	52.54	32066.00	5.59	.18	9.12	95.95	34073.00	100.00	39.36	-.73588	.30250	.35059	-2.21987
11	吕梁市	5558.00	50.59	36585.00	3.28	.99	18.77	119.38	107540.00	94.66	40.58	-.15758	1.64666	-1.90857	-.52057
12	渭南市	2066.00	48.50	21374.00	11.01	1.17	8.17	55.59	34242.00	90.51	39.39	-.72778	-.44961	-2.38497	.62674
13	延安市	6714.00	62.31	66593.00	1.08	.78	11.50	223.33	68972.00	92.87	40.76	.55326	1.58819	-1.93841	-.98684
14	榆林市	3526.00	58.94	100267.00	4.83	2.29	24.32	245.14	49816.00	94.04	36.24	-.17653	2.06954	-.60120	.10309
15	郑州市	10937.00	73.40	101352.00	4.23	5.27	7.21	42.63	4270.00	98.05	40.83	.90772	-.71999	1.20973	-1.50910
16	开封市	5321.00	48.80	43933.00	9.91	2.26	9.27	35.89	7670.00	95.71	38.39	-.86822	-.73887	-.24383	-.28780
17	洛阳市	7120.00	57.60	67707.00	4.89	5.37	18.83	106.86	10550.00	99.31	40.71	.05152	-.07418	1.41154	-.13368

图 10-20　因子得分计算结果

习　题

一、填空题

1．在因子分析中，因子载荷 a_{ij} 的统计意义是________。

2．在提取公因子的过程中，参数 λ_i 的统计意义是________。

3．因子分析中变量的共同度 h_i^2 是指因子载荷矩阵中的________，g_j^2 是指因子载荷矩阵中的________。

4．若使用主成分分析法提取公因子，公因子提取个数的确定可借助于________和________。

5．为了便于对公因子命名，可通过将因子载荷矩阵________来实现。

二、选择题

1．因子分析的目的是（　　），用少量的概括性指标来反映包含在许多测量项目中的信息。

A．收集数据　　B．简化数据　　C．概括数据　　D．归类数据

2．下列有关因子分析的叙述，哪一项是错误的？（　　）

A．因子分析是用来缩减变量维度的技术

B．其主要目的是将原有很多变量（维度）的数据缩减至较低的维度，但又能保留原数据所提供的大部分信息

C．将变量的数目减少后，在后续的研究报告中，将较容易进行解释或绘图

D．因子分析结果是整个报告的最终分析结果

3．关于因子分析，正确的说法是（　　）。

A．适用于多变量、大样本

B．原有变量间不应存在高度的相关性

C．原有变量必须是定距或定比变量，定性和定序变量不适合做因子分析

D．因子得分可以作为新变量存储在数据表格中

4．在对各原有变量都做了标准化变换后的正交因子模型中，因子载荷是（　　）。

A．原有变量之间的协方差　　B．原有变量与因子的相关系数

C．原有变量与因子的协方差　　D．原有变量之间的相关系数

5．设 A 是载荷矩阵，则衡量（公）因子重要性的一个量是（　　）。

A．A 的列元素平方和　　B．A 的行元素平方和

C．A 的元素平方和　　D．A 的元素

三、判断题

1．因子旋转一定利用了因子的解释。（　　）

2．因子分析有时候可用来对变量进行聚类分析。（　　）

3．在 SPSS 中因子分析的步骤为“分析”—“降维”—“因子”。（　　）

4．因子分析与主成分分析的原理是一致的。（　　）

5．正交旋转将改变共性方差。（　　）

四、简答题

1．因子分析与主成分分析的关系如何？

2．简述因子分析的主要步骤。

3．KMO 与巴特利特球形度检验在因子分析中的功能是什么？

4．在因子分析中，为什么要进行因子旋转？最大方差因子旋转的基本思路是什么？

5．试说明因子分析模型与线性回归模型的区别与联系。

案例分析题

1．某医院要对医院工作情况进行评估，收集了近两年各月的门诊人次、出院人数、病床利用率、病床周转次数、平均住院天数、病死率、治愈好转率共 7 个指标，如表 10-1 所示。请采用因子分析方法分析评价指标体系。

表 10-1　　某医院工作情况评价指标

日期	门诊人次	出院人数	病床利用率	病床周转次数	平均住院天数	病死率	治愈好转率
201901	4.34	209	97.55	1.26	25.63	2.92	93.15
201902	3.45	425	62.18	1.21	29.30	1.99	92.56
201903	4.38	458	82.37	0.36	26.54	2.73	96.36
201904	4.18	514	92.99	0.98	24.89	3.09	94.23
201905	4.57	490	79.66	1.25	26.95	4.21	98.23

续表

日期	门诊人次	出院人数	病床利用率	病床周转次数	平均住院天数	病死率	治愈好转率
201906	4.06	344	90.98	1.06	25.10	1.69	96.45
201907	4.43	508	92.59	1.36	22.30	5.03	99.01
201908	3.53	540	95.10	0.96	29.10	3.65	95.31
201909	4.16	453	93.17	0.69	24.06	3.14	94.03
201910	4.86	515	84.38	1.36	25.89	2.77	96.12
201911	4.03	552	72.96	1.52	26.36	2.96	97.36
201912	3.95	597	91.01	1.06	27.21	4.26	93.33
202001	4.42	437	90.18	1.22	26.54	4.25	93.47
202002	4.06	477	98.26	1.30	25.46	3.24	93.85
202003	4.08	583	89.56	0.87	24.03	3.16	94.89
202004	4.14	552	90.18	0.89	27.56	4.26	92.65
202005	4.04	551	79.84	0.95	27.49	3.59	93.03
202006	3.62	515	90.31	0.93	26.98	3.87	95.16
202007	3.75	554	89.65	1.03	27.36	4.03	90.36
202008	3.77	541	84.38	1.20	26.78	4.02	94.56
202009	4.16	638	69.87	0.99	25.96	3.22	93.56
202010	3.53	589	79.65	0.96	26.19	3.06	98.36
202011	3.05	516	85.36	0.92	26.59	3.26	91.68
202012	4.03	523	89.25	0.87	23.22	3.09	91.17

2．为了对2018年中国31个省、直辖市、自治区（不含港、澳、台地区）的经济社会发展状况进行评价，选取了6个指标，如表10-2所示。请利用因子分析的方法对评价指标体系进行简化。

表10-2　经济社会发展状况评价指标

城市	年末人口数	GDP	失业人员	人均可支配收入	人均消费支出	耕地面积
单位	万人	亿元	万人	元	元	千公顷
北京	2154	30319.98	7.9	62361.2	39842.7	213.7
天津	1560	18809.64	25.8	39506.1	29902.9	436.8
河北	7556	36010.27	38	23445.7	16722	6518.9
山西	3718	16818.11	24.6	21990.1	14810.1	4056.3
内蒙古	2534	17289.22	27	28375.7	19665.2	9270.8
辽宁	4359	25315.35	44.4	29701.4	21398.3	4971.6
吉林	2704	15074.62	26.8	22798.4	17200.4	6986.7
黑龙江	3773	16361.62	39.4	22725.8	16994	15845.7
上海	2424	32679.87	19.4	64182.6	43351.3	191.6
江苏	8051	92595.4	34.4	38095.8	25007.4	4573.3
浙江	5737	56197.15	34.1	45839.8	29470.7	1977

续表

城市	年末人口数	GDP	失业人员	人均可支配收入	人均消费支出	耕地面积
安徽	6324	30006.82	28.1	23983.6	17044.6	5866.8
福建	3941	35804.04	17.3	32643.9	22996	1336.9
江西	4648	21984.78	35.1	24079.7	15792	3086
山东	10047	76469.67	46.5	29204.6	18779.8	7589.8
河南	9605	48055.86	48.6	21963.5	15168.5	8112.3
湖北	5917	39366.55	36.1	25814.5	19537.8	5235.9
湖南	6899	36425.78	40.4	25240.7	18807.9	4151
广东	11346	97277.77	36.6	35809.9	26054	2599.7
广西	4926	20352.51	16.7	21485	14934.8	4387.5
海南	934	4832.05	5.5	24579	17528.4	722.4
重庆	3102	20363.19	13.1	26385.8	19248.5	2369.8
四川	8341	40678.13	53.3	22460.6	17663.6	6725.2
贵州	3600	14806.45	15.1	18430.2	13798.1	4518.8
云南	4830	17881.12	20.9	20084.2	14249.9	6213.3
西藏	344	1477.63	2.1	17286.1	11520.2	444
陕西	3864	24438.32	24.1	22528.3	16159.7	3982.9
甘肃	2637	8246.07	10	17488.4	14624	5377
青海	603	2865.23	4.6	20757.3	16557.2	591.1
宁夏	688	3705.18	5.4	22400.4	16715.1	1289.9
新疆	2487	12199.08	9.5	21500.2	16189.1	5239.6

参考文献

[1] 谢蕾蕾，宋志刚，何旭洪．SPSS 统计分析实用教程（第 2 版）[M]．北京：人民邮电出版社，2013．

[2] 张文彤，闫洁．SPSS 统计分析基础教程 [M]．北京：高等教育出版社，2004．

[3] 张文彤，董伟．SPSS 统计分析高级教程 [M]．北京：高等教育出版社，2011．

[4] 张文彤，钟云飞．IBM SPSS 数据分析与挖掘实战案例精粹 [M]．北京：清华大学出版社，2013．

[5] 汪海波，罗莉，吴为，等．SAS 统计分析与应用：从入门到精通（第二版）[M]．北京：人民邮电出版社，2013．

[6] 吴喜之，赵然．统计学：从数据到结论（第四版）[M]．北京：中国统计出版社，2013．

[7] 吴喜之，赵博娟．非参数统计（第三版）[M]．北京：中国统计出版社，2009．

[8] 李洁明．统计学原理（第七版）[M]．上海：复旦大学出版社，2017．

[9] 贾俊平，何晓群，金勇进．统计学（第 7 版）[M]．北京：中国人民大学出版社，2018．

[10] 何晓群．多元统计分析（第 5 版）[M]．北京：中国人民大学出版社，2019．

[11] 高惠璇．应用多元统计分析 [M]．北京：北京大学出版社，2014．

[12] 朱建平．应用多元统计分析（第三版）[M]．北京：科学出版社，2017．

[13] 朱建平．应用多元统计分析（第四版）[M]．北京：科学出版社，2021．

[14] 李卫东．应用多元统计分析（第二版）[M]．北京：北京大学出版社，2015．

[15] 汪冬华．多元统计分析与 SPSS 应用（第二版）[M]．上海：华东理工大学出版社，2018．

[16] 李静萍．多元统计分析—原理与基于 SPSS 的应用（第二版）[M]．北京：中国人民大学出版社，2015．

[17] 何晓群，刘文卿．应用回归分析（第 5 版）[M]．北京：中国人民大学出版社，2019．

［18］谢宇. 回归分析（修订版）［M］. 北京：社会科学文献出版社，2013.
［19］林建忠. 回归分析与线性统计模型［M］. 上海：上海交通大学出版社，2018.
［20］王静龙，邓文丽. 非参数统计分析（第二版）［M］. 北京：高等教育出版社，2020.
［21］王静龙，梁小筠. 非参数统计分析［M］. 北京：高等教育出版社，2006.
［22］薛薇. 统计分析与 SPSS 的应用（第五版）［M］. 北京：中国人民大学出版社，2017.
［23］吴明隆. 问卷统计分析实务—SPSS 操作与应用［M］. 重庆：重庆大学出版社，2018.
［24］武松，潘发明. SPSS 统计分析大全［M］. 北京：清华大学出版社，2014.
［25］杨维忠，陈胜可，刘荣. SPSS 统计分析从入门到精通（第四版）［M］. 北京：清华大学出版社，2018.
［26］周俊. 问卷数据分析—破解 SPSS 软件的六类分析思路（第 2 版）［M］. 北京：电子工业出版社，2020.
［27］王国平. SPSS 统计分析与行业应用实战［M］. 北京：清华大学出版社，2018.
［28］杨维忠，张甜，王国平. SPSS 统计分析与行业应用案例详解（第四版）［M］. 北京：清华大学出版社，2018.
［29］李昕. SPSS 22.0 统计分析从入门到精通［M］. 北京：电子工业出版社，2015.
［30］冯岩松. SPSS 22.0 统计分析应用教程［M］. 北京：清华大学出版社，2015.